国家科学技术学术著作出版基金资助出版

尘埃等离子体物理

周忠祥　袁承勋　王　莹　著

科学出版社

北　京

内 容 简 介

尘埃等离子体是一种含有尘埃颗粒的复杂等离子体系统。带电尘埃颗粒受到等离子体以及电磁力的作用，会显著地改变等离子体的许多性质并产生很多新的物理过程和现象。尘埃等离子体在空间物理、电波传播、半导体芯片加工等领域有着重要的影响。本书全面介绍尘埃等离子体的基础知识和研究前沿进展，详细介绍其基本概念、产生方式及诊断方法，分析尘埃颗粒与等离子体相互作用动力学过程，建立尘埃等离子体的流体模型、动理论模型、输运模型及其对电磁波的吸收模型，分析直流辉光放电尘埃等离子体、极区中层顶尘埃等离子体的重要特征及性质。

本书可供等离子体物理、空间物理领域的相关科研人员、工程技术人员及高年级本科生、研究生参阅。

图书在版编目（CIP）数据

尘埃等离子体物理 / 周忠祥，袁承勋，王莹著. -- 北京：科学出版社，2025.3. -- ISBN 978-7-03-081009-0

Ⅰ.O53

中国国家版本馆 CIP 数据核字第 2025G9U004 号

责任编辑：杨慎欣　狄源硕 / 责任校对：何艳萍
责任印制：徐晓晨 / 封面设计：无极书装

科学出版社 出版

北京东黄城根北街 16 号
邮政编码：100717
http://www.sciencep.com

三河市春园印刷有限公司印刷
科学出版社发行　各地新华书店经销

*

2025 年 3 月第 一 版　开本：720×1000　1/16
2025 年 3 月第一次印刷　印张：15 3/4
字数：318 000

定价：146.00 元
（如有印装质量问题，我社负责调换）

前　言

尘埃等离子体是指包含大量纳米或微米量级尘埃颗粒的复杂等离子体系统。等离子体中尘埃颗粒的引入能显著改变等离子体参量与物理性质，比如电子与离子密度、电子温度、空间电场分布以及电子能量分布函数等，并使尘埃等离子体展现出许多不同于普通等离子体的复杂动力学过程、波和不稳定性、特殊电势结构及反常电磁特性等物理现象。通常情况下，由于人类活动而形成的尘埃等离子体大多是弱电离尘埃等离子体，比如实验室与工业条件下通过气体放电产生的尘埃等离子体，以及航空航天领域中固体火箭喷焰与再入飞行器鞘套等。研究这些环境中尘埃颗粒对等离子体参量与性质的影响，对解决很多尘埃等离子体研究中存在的相关问题具有重要的实际意义。

本书以尘埃等离子体为研究对象，详细介绍尘埃等离子体物理基本概念、产生方式、诊断方法以及描述尘埃颗粒与等离子体相互作用的流体模型、动理论模型、输运模型，并对实验室直流辉光放电尘埃等离子体、火箭喷焰尘埃等离子体、极区中层顶尘埃等离子体等典型尘埃等离子体进行系统的分析和讨论。

全书共 10 章。第 1 章介绍尘埃等离子体的基本概念，包括尘埃等离子体的德拜半径、频率和库仑耦合系数，以及尘埃等离子体的产生和一些典型实验装置。第 2 章讨论尘埃颗粒与等离子体相互作用动力学过程，介绍尘埃等离子体充电碰撞过程，分析中性粒子对带电粒子相互作用的影响，并重点讨论尘埃等离子体电磁参量特征。第 3 章以直流辉光放电尘埃等离子体为例，建立一维轴对称和二维轴对称模型，通过分析流体模型的仿真结果揭示尘埃颗粒对等离子体放电参量的影响。第 4 章介绍尘埃等离子体的局域动理论方程及非局域动理论方程，以火箭喷焰尘埃等离子体为例，讨论尘埃颗粒对等离子体电子能量分布函数及电磁参量的影响。第 5 章介绍尘埃等离子体输运模型的基本方程组，通过建立尘埃等离子体双极性扩散模型、多极性扩散模型，分析带电尘埃颗粒对等离子体输运系数的影响。第 6 章以直流辉光放电尘埃等离子体为例，建立相应的输运模型并介绍带电尘埃颗粒对等离子体输运影响的评判标准，分析带电尘埃颗粒对电子、离子密度，电子、离子流量密度，电场及电子温度的影响。第 7 章讨论直流辉光放电中带电尘埃颗粒的输运过程，通过分析带电尘埃颗粒受力，建立带电尘埃颗粒的输运模型，讨论放电电流、尘埃颗粒尺寸对带电尘埃颗粒输运过程的影响。第 8 章介绍尘埃等离子体中电磁波传输与散射，建立尘埃等离子体电磁波吸收模型，分析尘埃颗粒性质对电磁波传输的影响，并与地面实验进行比较；介绍等离子体非相干散射理论，给出尘埃等离子体的非相干散射谱。第 9 章介绍极区中层顶尘埃等离子体的动力学过程，通过建立极区中层顶尘埃等离子体动力学模型、生长和运动模型、输运模型，讨论冰晶颗粒速度和运动轨迹及冰晶颗粒对等离子体分布的影响等。第 10 章介绍尘埃等离子体诊断方法和诊断技术，包括尘埃等离子体探针诊断、机器学习改进朗缪尔探针诊断、尘埃等离子体的发射光谱诊断等。

本书的章节设计、内容规划以及统稿工作由周忠祥负责。第 1 章、第 9 章、第 10 章由周忠祥撰写，第 3 章、第 6～8 章由袁承勋撰写，第 2 章、第 4 章、第 5 章由王莹撰写。本书是作者近十年来在尘埃等离子体物理方面研究的一些成果积累，感谢课题组等离子体物理方向已毕业的李辉、贾洁姝、高瑞林、梁勇敢、田瑞焕、丁哲、李书博、洪运海、李磊、姜昱、刘耀泽等十余位博士研究生及硕士研究生，他们在本书撰写过程给予了大力支持和帮助。此外，还要特别感谢国家自然科学基金项目（编号：61205093、11775062、11705040、12175050、12205067）对本书主要研究成果的资助。同时也要特别感谢中国电子科技集团公司第二十二研究所吴健研究员、哈尔滨工业大学王晓钢教授对本书提出的宝贵意见和建议。感谢在本书出版过程中给予帮助的所有人员。

本书获得 2022 年度国家科学技术学术著作出版基金资助。本书的相关研究工作得到了黑龙江省等离子体物理与应用技术重点实验室的支持。

本书内容紧扣尘埃等离子体的研究前沿，体系完整、保证科学性的同时又有一定的前瞻性，作者希冀本书的出版能够为国内尘埃等离子体领域的发展提供帮助。但近年来尘埃等离子体研究发展很快，本书疏漏与不足之处在所难免，恳请读者评判指正。

周忠祥

2023 年 2 月

目　　录

第1章　尘埃等离子体基本概念

1.1　尘埃等离子体概述

尘埃等离子体是一种含有尘埃颗粒的等离子体[1,2]（图 1.1）。在等离子体中的尘埃颗粒与电子或离子碰撞带上电荷，从而受电磁场的影响。尘埃等离子体是一个非常复杂的系统，因此也被称为"复杂等离子体"。在尘埃等离子体中，由于尘埃颗粒受到等离子体以及电磁力的作用，显著地改变了等离子体的许多性质，从而产生很多新的物理过程和现象，如孤立波[3]、尘埃激波[4,5]、尘埃空洞[6]等。尘埃等离子体在空间物理、等离子体工业技术和材料科学等领域有重要应用，已经发展成为活跃的研究领域。研究尘埃等离子体的基本性质，进一步深入、精确地研究电磁波在其中的传输和散射特性具有重要意义。

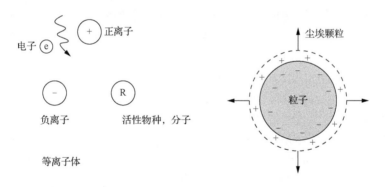

图 1.1　尘埃等离子体

尘埃等离子体概念的形成与空间物理的发展密切相关。1928 年，美国科学家朗缪尔（Langmuir）等引入了"plasma"[7]一词来描述放电管中远离边界的内部区域，给出了等离子体的明确定义：等离子体是包含大量非束缚态带电粒子的物质状态。在宇宙空间中，物质大多以等离子体状态存在，加之天体演化产生的各种颗粒和物质碎片形成尘埃，因而在大多数情况下，等离子体与尘埃颗粒是共存的，这些颗粒大小是微米量级，它们被周围的等离子体环境充电而带上负电荷或者正电荷。因此，在空间中很容易形成等离子体与尘埃共存的状态——尘埃等离子体[8]。空间物理中尘埃等离子体所独有的现象就是尘埃空洞，尘埃空洞经常出现在重力以及微重力条件下[9]，它的尺寸为厘米量级，有锐边界结构。在军事应用和工业应用的等离子体中，也经常会有杂质微粒的混入，例如火箭和飞行器的尾焰、热核火球以及微电子、半导体等器件制造中的等离子体加工（如计算机里的芯片）引入的杂质[2,10,11]。

飞行器在大气层高速飞行时会产生严重的气动加热现象，导致周围的空气分子电离，形成由正离子、电子和中性粒子组成的多粒子体系，称为等离子体鞘套[12]。同时，高温气体也会使飞行器表面的防热材料发生烧蚀，烧蚀颗粒悬浮在等离子体鞘套中，继而形成尘埃等离子体环境。尘埃等离子体鞘套会使入射的电磁波产生反射、折射及散射，同时吸收电磁波能量，使地面站与飞行器之间的通信受扰，这是发生通信"黑障"现象的主要原因之一[13,14]。通信"黑障"给飞行器的跟踪定位等带来影响，严重时甚至危害飞行员的生命安全。因此，解决通信"黑障"问题一直是航天测控的发展方向之一，也是目前的一项国际难题。国内外学者对于通信"黑障"的产生机理进行了大量的研究并提出了许多应对方法，但仍没有彻底解决这个问题。因此，研究等离子体鞘套中的烧蚀颗粒对电磁波传输的影响，在飞行器空间通信以及近地空间目标探测等领域有广阔的应用前景[15]。

位于距离地面 80～90km 的夏季极区中层顶是地球物理现象非常复杂的区域，这些复杂的地球物理现象与这一区域独特的热力学和动力学结构有很大的关系[16]。其中除了存在可以明显影响到无线电波传播的自由电子、离子及中性粒子外，还存在带电尘埃颗粒。

由于极区中层顶区域内夏天的平均温度要比冬天低很多，在这种极低的温度下，水分子凝结成冰晶颗粒[17]，被电离层的等离子体环境充电而带上电荷，从而形成尘埃等离子体。这些带电尘埃颗粒的存在，使得这个区域产生很多特殊的现象，如夜光云、极区中层云、极区中层夏季回波以及 50MHz～1.3GHz 的强雷达回波现象[18]。目前，通过火箭探测器已探测到中层区域内带电尘埃颗粒的存在，证实该区域有带负电和带正电的尘埃颗粒[19,20]。正是这些带电颗粒导致了空间内的电子密度不均匀分布，从而引起大气折射率的起伏变化。当雷达波入射到折射率起伏的区域就会发生散射和反射，形成极区中层夏季回波（polar mesosphere summer echoes，PMSE）现象。因此，以尘埃等离子体为背景，研究电磁波的传输特性为探索全球大气环境长期变化以及地球大气不同高度区域间耦合奠定了基础，在尘埃等离子体理论以及空间物理相关的基础研究中具有重要的科学意义，对极区空间环境的监测预报、空间信息技术的发展具有重要的应用价值。

尘埃颗粒对火箭尾焰等离子体的电磁特性也有很大的影响，火箭尾焰除了一些自由电子、离子和中性粒子外，还有推进剂燃料产物和杂质，这些杂质颗粒在与周围电子和离子的碰撞过程中会带电，从而形成尘埃等离子体环境[21]。而当雷达信号或电磁波信号通过火箭尾焰时，其中的带电粒子受迫振荡，消耗了传输信号的能量，对信号造成不同程度的干扰和破坏，导致信号失真、衰减以及中断现象产生，从而影响测控数据的判读，对飞行器测控带来不利的影响[22]。因此，研究电磁波在尘埃等离子体中的传输特性对于解决火箭尾焰对电磁波的衰减问题有着重要的意义。

尘埃等离子体对工业生产和气体放电也有着重要的影响。在微电子工业加工中，例如半导体基片刻蚀、溅射以及薄膜沉积等，尘埃颗粒会不可避免地从加工材料、放电室器壁、极板中产生，这些尘埃颗粒一些是放电室中的反应性气体聚合而成的，一些是等离子体中的高能电子或离子溅射器壁而生成的，也有一些是人工产生的。生成的尘埃颗粒会吸附等离子体中的电子和离子而使自身带电，从而对刻蚀和沉积过程造成污染，影响半导体集成电路加工的质量。近几年，为了发展新一代高密度电路集成、薄膜沉积等一系列等离子体加工技术，迫切需要解决尘埃颗粒对产品质量造成影响这一关键问题，这才使人们认识到研究等离子体加工过程中尘埃颗粒形成的机理和行为以及开展实验研究的重要性。因此，研究尘埃等离子体将为等离子体加工过程中有效控制尘埃颗粒的运动提供指导，在提高产品质量和经济效益方面具有深远的意义。

1.2　尘埃等离子体的基本性质

尘埃等离子体可以被看成一个在传统等离子体中加入微米或亚微米量级带电颗粒的系统。尘埃颗粒的加入增加了系统的复杂性，因此尘埃等离子体也通常被称为"复杂等离子体"。尘埃等离子体是低温完全电离或部分电离的导电气体，由电子、离子、带电尘埃颗粒以及中性粒子构成[1,23]。相对于电子和离子，尘埃颗粒的尺寸比较大，通常是几十纳米到几十微米[24]。对于不同的尘埃等离子体环境，尘埃颗粒的成分也不同，可能是金属、冰晶颗粒，也可能是化合物及杂质气体。除了实验室制备的尘埃颗粒，其他自然形成的颗粒形状和尺寸都是不同的，然而对于大空间等离子体背景，尘埃颗粒可以作为一个点电荷来研究。含有尘埃颗粒的等离子体可以被称为"尘埃等离子体"或者"等离子体中的尘埃"，这取决于其特征参量：尘埃颗粒的半径 r_d、颗粒之间的距离 a、等离子体德拜半径 λ_D 以及尘埃等离子体的尺寸。如果 $r_d \ll \lambda_D < a$（考虑带电尘埃颗粒相互孤立），就称其为"等离子体中的尘埃"；而 $r_d \ll a < \lambda_D$（考虑带电尘埃颗粒的集体行为），则称其为"尘埃等离子体"。当尘埃颗粒彼此孤立且 $a \gg \lambda_D$，需要考虑等离子体的不均匀性；相反，当 $a \ll \lambda_D$ 时，可以将尘埃颗粒看作负离子团或正离子团。

研究尘埃等离子体比研究普通等离子体更为烦琐，主要是由于尘埃颗粒带电，因此系统的一些基本参数发生了改变，具体区别见表 1.1。

表 1.1　尘埃等离子体与普通等离子体的区别[18]

特征参量	尘埃等离子体	普通等离子体
准中性条件	$Z_d n_d + n_e = Z_i n_i$	$n_e = Z_i n_i$
大粒子带电量	$\lvert q_i \rvert = Z_i e, \lvert q_d \rvert = Z_d e$	$q_i = Z_i e$
大粒子质量	$m_d \gg m_i$	m_i
等离子体频率	$\omega_p = \sqrt{\sum\limits_{\alpha = e,i,d} \omega_{p\alpha}^2}$	$\omega_p = \sqrt{\sum\limits_{\alpha = e,i} \omega_{p\alpha}^2}$
德拜半径	λ_D	λ_{De}

注：n_e 为电子密度；n_i 为正离子密度；Z_i 为正离子电荷数；Z_d 为尘埃颗粒表面电荷数；n_d 为尘埃颗粒密度；e 为单位电荷；m_i 为离子质量；m_d 为尘埃颗粒质量；$\omega_{p\alpha}$ 为尘埃等离子体中各种带电粒子的振动频率；ω_p 为尘埃等离子体振动频率；λ_{De} 为电子德拜半径；λ_D 为等离子体德拜半径。

1.2.1　尘埃等离子体德拜半径

等离子体能够屏蔽带电微粒或者非零电势表面的电场，这种现象称为德拜屏蔽，衡量德拜屏蔽作用的范围为德拜半径。在尘埃等离子体中同样存在德拜屏蔽的现象，且由于尘埃颗粒的存在，尘埃等离子体的德拜半径与普通等离子体的德拜半径不同。

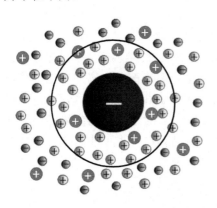

图 1.2　尘埃等离子体德拜屏蔽

假设一个带电小球放入含有电子、离子以及带电尘埃颗粒的尘埃等离子体中，由于小球带电，在尘埃等离子体中会产生一个电场。如图 1.2 所示，若小球本身带负电，那么小球将会吸引正的离子和带正电的尘埃颗粒，因此在小球周围形成一个鞘层。假设在小球的表面不会发生电子、离子的复合，这样鞘层中的电荷量与小球上的电荷量基本相等，形成了一个完美的鞘层。在鞘层之外的空间中，带电颗粒不会受到带电小球电场的作用。

为了计算德拜半径的大小，假设鞘层电势为 φ_s，带电小球表面处电势为 φ_{s0}。由于尘埃颗粒的质量要远大于电子、离子的质量，因此把尘埃颗粒看成均匀的背景。当电子、离子达到了热平衡状态时，满足玻尔兹曼（Boltzmann）分布：

$$n_e = n_{e0} \exp\left(\frac{e\varphi_s}{k_B T_e}\right) \tag{1.1}$$

$$n_i = n_{i0} \exp\left(-\frac{e\varphi_s}{k_B T_i}\right) \tag{1.2}$$

式中，k_B 为玻尔兹曼常数；n_{e0}、n_{i0} 分别为等离子体初始电子密度和离子密度；T_e、T_i 分别为电子、离子温度。

静电场电势满足泊松方程：

$$\nabla^2 \varphi_s = -\frac{1}{\varepsilon_0}(e n_i + q_d n_d - e n_e) \tag{1.3}$$

式中，假设正离子带一个单位电荷，ε_0 为真空介电常数。根据准中性条件，通常可以认为鞘层内外的尘埃颗粒浓度相同：$q_d n_d = q_d n_{d0} = e n_{e0} - e n_{i0}$。

当 $\frac{e\varphi_s}{k_B T_e} \ll 1$、$\frac{e\varphi_s}{k_B T_i} \ll 1$ 时，由式（1.3）可推出：

$$\nabla^2 \varphi_s = \left(\frac{1}{\lambda_{De}^2} + \frac{1}{\lambda_{Di}^2}\right)\varphi_s \tag{1.4}$$

式中，$\lambda_{De} = \sqrt{\varepsilon_0 k_B T_e / (n_{e0} e^2)}$、$\lambda_{Di} = \sqrt{\varepsilon_0 k_B T_i / (n_{i0} e^2)}$ 分别为等离子体中电子和离子的德拜半径。对于带电小球附近的区域，并不满足 $e\varphi_s/(k_B T_e) \ll 1$ 和 $e\varphi_s/(k_B T_i) \ll 1$，但该区域相对于德拜鞘层来说非常窄，因此可以假设 $\varphi_s(r) = \varphi_{s0} \exp(-r/\lambda_D)$，可得到尘埃等离子体德拜半径 λ_D 为

$$\lambda_D = \frac{\lambda_{De} \lambda_{Di}}{\sqrt{\lambda_{De}^2 + \lambda_{Di}^2}} \tag{1.5}$$

从式（1.5）中可以看出，尘埃等离子体德拜半径的大小取决于电子、离子的密度和温度。

1.2.2 尘埃等离子体频率

当没有任何外界干扰存在时，尘埃等离子体和普通等离子体一样宏观上呈电中性。因此，平衡状态下尘埃等离子体的电中性条件[18,25]为

$$q_i n_{i0} = e n_{e0} - q_d n_{d0} \tag{1.6}$$

式中，$n_{\alpha0}$ 表示等离子体粒子密度（α 指代电子 e、离子 i 和尘埃颗粒 d）；$q_i = Z_i e$ 表示离子所带电荷；$q_d = \pm Z_d e$ 表示尘埃颗粒的（正负）带电量。通常一个尘埃颗粒可以带几百到几千个电荷，因此 $Z_d n_{d0}$ 的数值与 n_{i0} 接近。然而在许多实验室和

空间等离子体情况下，在充电过程中等离子体中大部分电子附着在尘埃颗粒表面，使得周围的电子密度发生明显变化。

当处于平衡状态下的等离子体受到扰动，在其内部将会产生一个振荡的电场，电场使带电粒子朝着恢复电中性的方向振荡。这种为恢复电中性的集体运动频率称为等离子体频率。在尘埃等离子体中，有电子、离子和尘埃颗粒，而每种粒子都满足粒子数连续性方程、动量方程以及整个体系的泊松方程[25]：

$$\frac{\partial n_\alpha}{\partial t} + \nabla \cdot (n_\alpha \boldsymbol{v}_\alpha) = 0 \tag{1.7}$$

$$\frac{\partial \boldsymbol{v}_\alpha}{\partial t} + (\boldsymbol{v}_\alpha \cdot \nabla)\boldsymbol{v}_\alpha = -\frac{q_\alpha}{m_\alpha}\nabla\varphi \tag{1.8}$$

$$\nabla^2\varphi = -\frac{1}{\varepsilon_0}\sum_\alpha q_\alpha n_\alpha \tag{1.9}$$

式中，$\boldsymbol{v}_\alpha$ 为粒子速度；φ 为电势。

为了简化计算，这里忽略了粒子总数的起伏以及压力梯度力。

在存在外界干扰的情况下，考虑粒子密度有一个微小的变化，$n_\alpha = n_{\alpha 0} + n_{\alpha 1}$，且 $n_{\alpha 0} \gg n_{\alpha 1}$，从方程（1.7）～方程（1.9）可以推出[26]：

$$\frac{\partial^2}{\partial t^2}\nabla^2\varphi + \sum_\alpha \frac{n_{\alpha 0}q_\alpha^2}{\varepsilon_0 m_\alpha}\nabla^2\varphi = 0 \tag{1.10}$$

对式（1.10）在 $r(x,y,z)$ 空间中积分两次，考虑边界条件 $\varphi = 0$，化简为

$$\frac{\mathrm{d}^2\varphi}{\mathrm{d}t^2} + \omega_p^2\varphi = 0 \tag{1.11}$$

$$\omega_p^2 = \sum_\alpha \frac{n_{\alpha 0}q_\alpha^2}{\varepsilon_0 m_\alpha} = \sum_\alpha \omega_{p\alpha}^2 \tag{1.12}$$

式中，$\omega_{p\alpha} = \sqrt{n_{\alpha 0}q_\alpha^2 / (\varepsilon_0 m_\alpha)}$ 代表尘埃等离子体中各种带电粒子的振动频率。

对于尘埃等离子体的频率，可做如下说明：当等离子体中的微粒偏离了平衡位置时，在特定的方向上将会形成空间电场，电场拖拽微粒使之回到平衡位置处，保持电中性。但是由于惯性的存在，微粒始终在平衡位置来回振荡，该振荡频率即为尘埃等离子体频率。对尘埃等离子体中的电子、离子以及尘埃颗粒来说，振荡频率是不一样的，这与它们的质量以及带电量有关。

1.2.3　尘埃等离子体库仑耦合系数

尘埃等离子体的另一个重要特征参数就是库仑耦合系数。库仑耦合系数决定了尘埃等离子体晶体形成的可能性。为了得到这个特征参量，假定两个带相同电荷量的尘埃颗粒间的距离为 R_d，则可以得到其库仑势能：

$$\varphi_c = \frac{Z_d^2 e^2}{R_d} \exp\left(-\frac{R_d}{\lambda_D}\right) \tag{1.13}$$

尘埃颗粒的热能约为 $k_B T_d$（T_d 为尘埃颗粒温度）。库仑耦合系数 Γ_c 是库仑势能与热能的比值，可以得到

$$\Gamma_c = \frac{Z_d^2 e^2}{R_d k_B T_d} \exp\left(-\frac{R_d}{\lambda_D}\right) \tag{1.14}$$

当 $\Gamma_c \ll 1$ 时尘埃等离子体为弱耦合，而当 $\Gamma_c \gg 1$ 时尘埃等离子体为强耦合。因此，尘埃等离子体是强耦合还是弱耦合，与尘埃颗粒表面电荷数 Z_d、尘埃颗粒间的距离与德拜半径的比值（R_d / λ_D），以及尘埃颗粒的热能 $k_B T_d$ 有关。

1.3　尘埃等离子体的产生

1.3.1　自然界中的尘埃等离子体

尘埃等离子体在自然界中是无处不在的[1]。有很多众所周知的空间现象，如星际云、行星环、太阳系等证实了带电尘埃颗粒的存在[27]。星际空间充满了大量的气体和尘埃颗粒，尘埃颗粒来自宇宙空间中的微流星体、空间碎片、人为的太空垃圾污染、月球喷发物等，主要是一些电介质（冰、硅酸盐等）和金属（石墨、磁铁矿、无定型碳等），其主要的物理特性（如尺寸、质量、密度、电荷等）取决于它们的起源和周围环境[7]。

20 世纪 80 年代初期，旅行者 2 号宇宙飞船到达土星时向地球传回的土星环辐条状物质照片如图 1.3 所示。照片中显示出土星环中有径向辐条状的物质，这些辐条状物质由于散射太阳光而能够被拍摄到，当飞船缓慢飞向土星时，拍摄到的是比明亮背景更暗的暗辐条，当飞船缓慢飞离土星时，拍摄到的是比背景明亮的亮辐条，如图 1.3 所示。经过进一步分析，这些辐条状物质由精细微粒组成，而且在做快速的运动，每次运动的时间非常短，受到各种碰撞而停止运动，同时还受到电磁力的影响，可以推测出精细颗粒是带电的。最后归结于小流星与土星环一系列碰撞产生的等离子体使颗粒带电。这是早期对于空间尘埃等离子体的探索，唤起了空间尘埃等离子体研究者浓厚兴趣。

图 1.3　土星环辐条状物质照片[28]

极区中层夏季回波（PMSE）是研究者于 20 世纪 70 年代观测到的一种现象，在夏季用甚高频雷达观测高纬度地区能够得到很强的雷达回波[29]。这种现象的产生与极区中层大气的状态有关。中层区位于海平面以上 85km 左右，在该区域由于不存在臭氧，紫外线很快穿透该区域，因此，该区域顶部温度仅为 −85℃。低温导致该区域能形成冰晶颗粒，同时，在中层区上方还有电离层的存在，从而在极区上方形成等离子体区，在一些研究中学者将该区域当作尘埃等离子体来处理。伴随 PMSE 现象出现的还有夜光云，如图 1.4 所示的就是在夏季极区傍晚天空出现的夜光云。这一系列现象的出现很可能是因为极区上空形成了尘埃等离子体区域，当电磁波与尘埃等离子体相互作用时，产生了特殊的发光效果。

图 1.4　夜光云现象

航天飞行器从外太空返回地球时，在超高速运动下进入大气层，在飞行器头部将产生激波。飞行器表面材料与周围气体分子产生黏滞和摩擦，同时产生的热量不容易散失，在飞行器表面产生一个高达几千开尔文的高温区。在高温区内，气体分子电离，材料燃烧，形成了一个等离子体鞘套，如图 1.5 所示。等离子体鞘套的存在将完全阻隔信号电磁波的传输，导致一段时间内地面与飞行器失去联系，产生这种现象的区域称为"黑障"区，而这种现象称为"黑障"现象。

固体火箭采用固体燃料作为推进剂，推进剂点燃后在燃烧室中燃烧，产生高温高压的燃气，最后在喷管中膨胀，将热能转化为动能对火箭进行加速。燃气最后从火箭尾部喷出，形成尾焰。固体火箭尾焰由分子、离子、电子，以及助推剂燃烧产生的各种悬浮颗粒组成。在高温高压的环境下，这些组分形成的复杂的物质可以被当作尘埃等离子体来处理，如图 1.6 所示。很多情况下，火箭尾焰形成的区域甚至要比火箭本身要大。在火箭飞行的过程中，地面对火箭的控制由电磁波传输来完成，由于尾焰的存在，会对传输信号造成非常大的衰减，不利于地面对火箭的控制。同时在军事上，敌方的导弹或者火箭飞入我方区域时，由于尾焰的存在，我方雷达可能探测不到，从而在军事战略上处于劣势地位。关于火箭尾焰中电磁波传输衰减问题的研究，国内外有大量科研人员在做这方面的工作，这在航空航天以及军事上都具有重要意义。

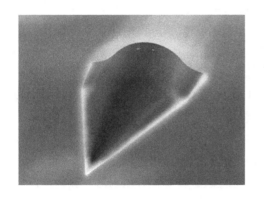

图 1.5　飞行器返回舱进入大气层形成的　　　图 1.6　火箭喷焰形成尘埃等离子体
　　　　　　等离子体鞘套

1.3.2　人工产生的尘埃等离子体

利用直流气体放电可以产生尘埃等离子体[26,30-32]，实验装置如图 1.7 所示。实验时放电腔为一个垂直放置的柱形管，尘埃颗粒加入装置中，由于受外加力作用可以悬浮在等离子体中。利用一束激光对尘埃颗粒进行照明，同时用 CCD（charge coupled device，电荷耦合器件）摄像机记录尘埃颗粒的图像。放电条件如下：压强为 10～600Pa，放电电流为 0.1～10mA。实验中可以在辉光放电的正柱区观测到有序的竖条纹，而且通过调节电场的大小可以实现尘埃颗粒的悬浮。

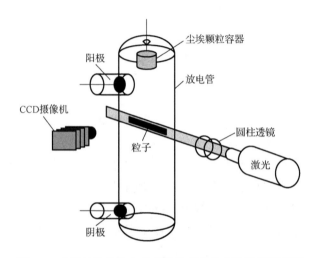

图 1.7　直流气体放电中有序结构研究的实验装置原理图

　　Jaiswal 及其团队成员搭建了尘埃等离子体实验装置[33-36]，如图 1.8 所示。实验装置的左臂连接旋转泵，右臂连接入气孔，利用控制气流的装置连接旋转泵和入气孔，可以调节腔内的气压，同时可以利用气流带入尘埃颗粒。阳极为不锈钢圆盘（直径 4cm，厚度 5mm），轴向悬挂在左臂的腔底，接地阴极为不锈钢板，放置在连接管的底部，阴极板两侧弯曲 1.5cm，这是为了防止尘埃颗粒向两侧滑落，保证尘埃颗粒在气流的作用下在阴极板上运动而不会落下。当放电气压为 10～20Pa、放电电压为 250～350V 时，腔内电子密度可以达到 $10^{15}m^{-3}$，电子温度为 2～4eV，加入的尘埃颗粒密度约为 10^9m^{-3}。

　　Maiorov 等[37]、Ramazanov 等[38,39]和 Fedoseev 等[40]也利用直流辉光放电产生尘埃等离子体，实验装置如图 1.9 所示。放电腔为一个垂直放置的玻璃管，内径为 4.5cm，两个电极之间距离为 50cm。放电气体为氩气，放电气压为 25～50Pa，放电电流为 1～15mA。尘埃颗粒放置在阳极上方的容器里，当振动容器时尘埃颗粒下落。尘埃颗粒为直径1μm、密度 $1.51g/cm^3$ 的三聚氰胺甲醛颗粒。由于在低温放电等离子体中，尘埃颗粒通常带电量为 $10^3e～10^5e$，轴向电场可以使尘埃颗粒悬浮在等离子体中，而径向电场将带负电的尘埃颗粒束缚在放电管的中心区域，以防止它们落在放电腔壁上。因此，带电的尘埃颗粒形成"尘埃云"。为了能够直观观测到尘埃颗粒的运动,利用二极管激光器（波长为 532nm,功率为 0~250mW）照射,可以看到"尘埃云"的形成。

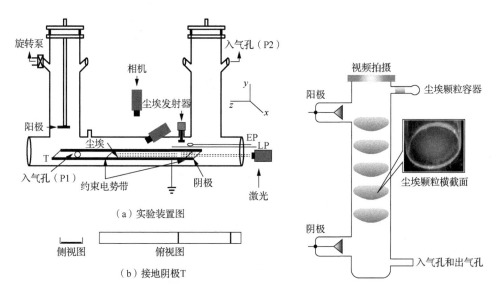

（a）实验装置图

（b）接地阴极T

图 1.8　尘埃等离子体实验装置[36]
LP：朗缪尔探针，EP：反射探针，T：接地阴极

图 1.9　直流辉光放电产生尘埃等离子体的实验装置图

Meyer[41]也开展了直流辉光放电尘埃等离子体的实验研究，实验装置图如图 1.10 所示。放电气体为氩气，放电气压为 13~26Pa，放电腔为金属圆柱腔体，长度为 0.9m，直径为 0.6m，在腔体两侧各放置 6 个水冷式线圈，可以施加 30mT 的轴向磁场来对电子进行径向约束。阳极直径为 3.2cm，其轴向方向电场可以达到 (200 ± 25)V/m，放电电压为 250~300V，放电电流为 1~10mA。实验中电子密度为 10^{14}~10^{15}m^{-3}，电子温度为 2~4eV。尘埃颗粒为二氧化硅颗粒，尘埃颗粒半径为 0.5μm，尘埃颗粒密度为 10^{10}~10^{11}m^{-3}。

射频放电也是产生尘埃等离子体的一种方式[42]，图 1.11 为一个圆柱形射频放电腔室侧视图。腔体两侧是外置电极，放电电源为 14MHz 的射频功率放大器，腔体底座为接地电极，底座上连接一个圆环槽，用来俘获粒子，顶部为玻璃，并用光学显微镜观察腔内的粒子运动状态。腔体内的压强是靠底部的真空泵来控制的。尘埃颗粒放入实验装置中后，由于重力作用下落，落至槽内，在外加电场作用下形成集体运动现象。

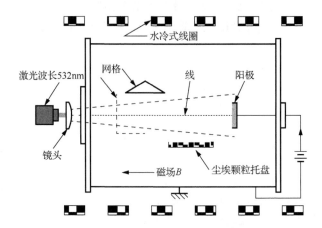

图 1.10 直流辉光放电尘埃等离子体实验装置图

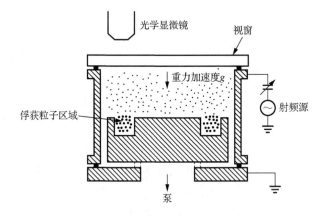

图 1.11 圆柱形射频放电腔室侧视图

参 考 文 献

[1] 贾洁妹. 电磁波在尘埃等离子体中的传输特性研究[D]. 哈尔滨: 哈尔滨工业大学, 2017: 1-3.

[2] Bonitz M, Horing N, Ludwig P. Introduction to complex plasmas[M]. Berlin, Germany: Springer, 2010: 2-6.

[3] Eslami E, Baraz R. Rarefactive and compressive soliton waves in unmagnetized dusty plasma with non-thermal electron and ion distribution[J]. AIP Advances, 2014, 4(2): 1296-1303.

[4] Roy K, Chatterjee P, Kausik S S, et al. Shock waves in a dusty plasma having q-nonextensive electron velocity distribution[J]. Astrophysics and Space Science, 2014, 350(2): 599-605.

[5] Shahmansouri M, Rezaei M. Shock structures in dusty plasma in the presence of strong electrostatic interaction[J]. Astrophysics and Space Science, 2014, 351(1): 197-205.

[6] Arp O, Caliebe D, Piel A. Cavity dynamics and particle alignment in the wake of a supersonic projectile penetrating a dusty plasma[J]. Physical Review E, 2011, 83(2): 1971-1980.

[7]　Suits C G, Martin M J. Biographical memoir of irving Langmuir[M]. Washington, D. C.: National Academy of Sciences, 1974: 221-234.

[8]　Bliokh P, Sinitsin V, Yaroshenko V. Dusty and self-gravitational plasmas in space[M]. Berlin, Germany: Springer, 1995: 2-4.

[9]　Tsytovich V N, Vladimirov S V, Morfill G E. Theory of dust and dust-void structures in the presence of the ion diffusion[J]. Physical Review E, 2004, 70(2): 223-226.

[10]　Hyde T W, Matthews L S, Land V. Guest editorial special issue on dusty plasmas[J]. IEEE Transactions on Plasma Science, 2013, 41(4): 733-734.

[11]　Morfill G E, Ivlev A V. Complex plasmas: An interdisciplinary research field[J]. Review of Modern Physics, 2009, 81(4): 1353-1404.

[12]　李江挺, 郭立新, 方全杰, 等. 高超声速飞行器等离子鞘套中的电磁波传播[J]. 系统工程与电子技术, 2011, 33(5): 969-973.

[13]　曾学军, 马平, 部绍清, 等. 高超声速球模型及其尾迹电磁散射试验研究[J]. 实验流体力学, 2008, 22(4): 5-10.

[14]　袁忠才, 时家明. 飞行器再入大气层通信黑障的消除方法[J]. 航天器环境工程, 2012, 29(5): 504-507.

[15]　Harris B J, Matthews L S, Hyde T W. Dusty plasma cavities: Probe-induced and natural[J]. Physical Review E, 2015, 91(6): 063105.

[16]　Havnes O, Sigernes F. On the influence of background dust on radar scattering from meteor trails[J]. Journal of Atmospheric and Solar-Terrestrial Physics, 2005, 67(6): 659-664.

[17]　Platov Y V, Kulikova G N, Chernouss S A. Classification of gas-dust structures in the upper atmosphere associated with the exhausts of rocket-engine combustion products[J]. Cosmic Research, 2003, 41(2): 153-158.

[18]　Shukla P K, Mamun A A. Introduction to dusty plasma physics[M]. Boca Raton, USA: CRC Press, 2001: 1-4.

[19]　Rapp M, Hedin J, Strelnikova I, et al. Observations of positively charged nanoparticles in the nighttime polar mesosphere[J]. Geophysical Research Letters, 2005, 32(23): 113-133.

[20]　Havnes O, Kassa M, Hoz C L. Time evolution of artificial electron heating in polar mesosphere summer echo layers[J]. Journal of Geophysical Research, 2007, 112(D8): 271-283.

[21]　Corso G J. Potential effects of cosmic dust and rocket exhaust particles on spacecraft charging[J]. Acta Astronautica, 1985, 12(4): 265-267.

[22]　杨森, 陈新华. 火箭尾焰等离子体浓度分布数值计算[J]. 科学技术与工程, 2008, 8(4): 965-970.

[23]　洪运海. 等离子体中尘埃颗粒对微波传输影响研究[D]. 哈尔滨: 哈尔滨工业大学, 2017: 1-5.

[24]　Fortov V E, Morfill G E. Complex and dusty plasmas: From laboratory to space[M]. Boca Raton, USA: CRC Press, 2010: 2-5.

[25]　Fortov V E, Ivlev A V, Khrapak S A, et al. Complex (dusty) plasmas: Current status, open issues, perspectives[J]. Physics Reports, 2005, 421(2): 50-52.

[26]　Shukla P K. A survey of dusty plasma physics[J]. Physics of Plasmas, 2001, 8(5): 1791-1803.

[27]　Verheest F. Waves in dusty space plasmas[M]. Berlin, Germany: Kluwer Academic Publishers, 2000: 21-24.

[28]　Smith B A, Suomi V E, Batson R, et al. A new look at the Saturn system: The voyager 2 images[J]. Science, 1982, 215(4532): 504-537.

[29]　Cho J Y N, Kelley M C. Polar mesosphere summer radar echoes: Observations and current theories[J]. Reviews of Geophysics, 1993, 31(3): 243-265.

[30]　Nefedov A P, Petrov O F, Molotkov V I, et al. Formation of liquidlike and crystalline structures in dusty plasmas[J]. JETP Letters, 2000, 72(4): 218-226.

[31] Mendonça J T, Resendes D P, Shukla P K. Multifacets of dusty plasmas[C]. 5th International Conference on the Physics of Dusty Plasmas, 2008: 1041.

[32] Sarma A, Sanyal M K, Littlewood P B. Evidence of the charge-density wave state in polypyrrole nanotubes[J]. Physical Review B, 2015, 91(16): 165409.

[33] Jaiswal S, Bandyopadhyay P, Sen A. Flowing dusty plasma experiments: Generation of flow and measurement techniques[J]. Plasma Sources Science and Technology, 2016, 25(6): 1-8.

[34] Jaiswal S, Bandyopadhyay P, Sen A. Experimental investigation of flow induced dust acoustic shock waves in a complex plasma[J]. Physics of Plasmas, 2016, 23(8): 083701.

[35] Choudhary M, Mukherjee S, Bandyopadhyay P. Propagation characteristics of dust-acoustic waves in presence of a floating cylindrical object in the DC discharge plasma[J]. Physics of Plasmas, 2016, 23(8): 3093-3096.

[36] Jaiswal S, Bandyopadhyay P, Sen A. Dusty plasma experimental (DPEx) device for complex plasma experiments with flow[J]. Review of Scientific Instruments, 2015, 86(11): 3093-3183.

[37] Maiorov S A, Ramazanov T S, Dzhumagulova K N, et al. Investigation of plasma-dust structures in He-Ar gas mixture[J]. Physics of Plasmas, 2008, 15(9): 093701.

[38] Ramazanov T S, Dzhumagulova K N, Jumabekov A N, et al. Structural properties of dusty plasma in direct current and radio frequency gas discharges[J]. Physics of Plasmas, 2008, 15(5): 053704.

[39] Ramazanov T S, Daniyarov T T, Maiorov S A, et al. Ion heating in dusty plasma of noble gas mixtures[J]. Contributions to Plasma Physics, 2011, 51(6): 505-508.

[40] Fedoseev A V, Sukhinin G I, Dosbolayev M K, et al. Dust-void formation in a DC glow discharge[J]. Physical Review E, 2015, 92(2): 023106.

[41] Meyer J K. Experiments in flowing and freely expanding dusty plasmas[D]. Iowa, USA: The University of Iowa, 2015: 86-94.

[42] Chu J H, Lin I. Direct observation of Coulomb crystals and liquids in strongly coupled RF dusty plasmas[J]. Physical Review Letters, 1994, 72(25): 4009-4012.

第 2 章　尘埃颗粒与等离子体相互作用动力学

尘埃颗粒与等离子体相互作用的动力学过程是整个尘埃等离子体物理研究的核心部分，它是理解尘埃等离子体物理特性和电磁特性的首要前提和基础[1]。尘埃等离子体的一个重要特征就是尘埃高度带电，尘埃颗粒在等离子体中的带电过程是尘埃等离子体物理研究中最基础的问题，尘埃颗粒带电量的多少直接决定着尘埃颗粒与等离子体中的电子和离子以及电磁场之间的相互作用。由于等离子体需要满足电中性条件，最终尘埃颗粒表面的电荷会趋于稳态值。通常情况下，尘埃颗粒表面带电量的多少取决于尘埃颗粒尺寸、密度以及周围的等离子体环境等参数[2]。当尘埃等离子体受到外部扰动时，尘埃等离子体中的各带电粒子之间会发生碰撞。由于尘埃颗粒带电，等离子体中的电子和离子与带电尘埃颗粒的碰撞会变得极其复杂，可以分为弹性碰撞和非弹性碰撞，弹性碰撞主要考虑带电粒子之间的库仑碰撞，非弹性碰撞主要考虑尘埃颗粒对周围带电粒子的吸附过程，即吸附碰撞类型。这两种碰撞动力学性质与等离子体和尘埃颗粒的许多参数相关，无论哪种碰撞过程都会对等离子体的物理特性产生很大影响。鉴于这两种碰撞物理过程上的巨大差异，在研究带电尘埃颗粒与等离子体相互作用时，分开进行描述，便于突出其中主要的物理过程，简化烦琐的数学计算，还可以借鉴传统的等离子体理论来进行理论建模。

2.1　孤立尘埃颗粒充电过程

在讨论非孤立尘埃颗粒的充电过程之前，先简单介绍一下轨道运动限制（orbital motion limited, OML）充电理论。作为最简单也是最常用的描述尘埃等离子体中尘埃颗粒充电过程的方法，其原理示意图如图 2.1 所示。通常情况下，OML充电理论应用需要满足三个假设条件[3]，分别为：①尘埃颗粒相互孤立、互不影响，即电子和离子在向尘埃运动的过程中不受其他尘埃颗粒的影响，或者说尘埃颗粒平均间距 R_d 大于等离子体的德拜半径 λ_D；②电子和离子在从鞘层边界向尘埃颗粒表面运动的过程中不会和其他粒子（主要指中性粒子）碰撞；③尘埃颗粒周围电势单调分布，不存在势垒。也就是说尘埃颗粒参数应该满足 $r_d \ll \lambda_D \ll l_k$，式

中 r_d 是尘埃颗粒半径，λ_D 是等离子体德拜半径，l_k 是电子或离子与中性粒子之间碰撞的平均自由程。

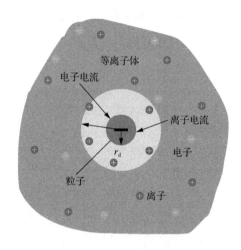

图 2.1　尘埃颗粒充电过程示意图[3]

根据以上假设条件，为了得到尘埃颗粒对任意等离子体带电粒子的吸附截面，假设带电粒子 k 以初始速度 v_k 向尘埃颗粒运动，且该带电粒子到达尘埃颗粒表面后速度方向恰好为尘埃颗粒表面切线方向，如图 2.2 所示。根据粒子的动量和能量守恒定律，可以得到

$$m_k v_k b_k = m_k v_{kg} r_d \tag{2.1}$$

$$\frac{1}{2} m_k v_k^2 = \frac{1}{2} m_k v_{kg}^2 + q_k \varphi_d \tag{2.2}$$

式中，b_k 为带电粒子 k 的碰撞临界入射参数；v_{kg} 为带电粒子 k 到达尘埃颗粒表面时的速度；m_k 为带电粒子 k 的质量；q_k 为带电粒子 k 的电荷；v_k 为带电粒子 k 的初始速度；φ_d 为尘埃颗粒表面电势。

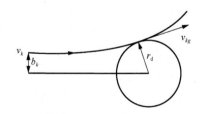

图 2.2　带电粒子与尘埃颗粒的碰撞示意图

根据式（2.1）和式（2.2）可以解得

$$b_k = r_d \sqrt{1 - \frac{q_k \varphi_d}{m_k v_k^2}} \tag{2.3}$$

带电粒子 k 与尘埃颗粒的碰撞截面 σ_k 为

$$\sigma_k = \pi b_k^2 = \pi r_d^2 \left(1 - \frac{q_k \varphi_d}{m_k v_k^2}\right) \tag{2.4}$$

则相应的充电电流为

$$I_k = q_k \int_{v_k^{\min}}^{\infty} v_k \sigma_k f_k (v_k) \mathrm{d} v_k \tag{2.5}$$

式中，$v_k^{\min}$ 为带电粒子 k 克服尘埃势垒到达尘埃颗粒表面所需的最小速度。对正离子而言 $v_k^{\min} = 0$，而对负离子以及电子而言 $v_k^{\min} = \sqrt{2 q_k \varphi_d / m_k}$。假设等离子体中离子均为单电荷正离子且电子和离子速度均满足麦克斯韦分布，对式（2.5）进行积分可以计算得到球形尘埃颗粒的电子充电电流 I_e 和离子充电电流 I_i 为

$$I_e = -4 \pi r_d^2 n_e e \left(\frac{k_B T_e}{2 \pi m_e}\right)^{1/2} \exp\left(\frac{e \varphi_d}{k_B T_e}\right) \tag{2.6}$$

$$I_i = 4 \pi r_d^2 n_i e \left(\frac{k_B T_i}{2 \pi m_i}\right)^{1/2} \left(1 - \frac{e \varphi_d}{k_B T_i}\right) \tag{2.7}$$

式中，k_B 为玻尔兹曼常数；T_e 和 T_i 分别为电子温度和离子温度；n_e 和 n_i 分别为电子密度和离子密度；m_e 和 m_i 分别为电子质量和离子质量。

尘埃颗粒表面电荷积累的动态过程则可以表示为

$$\frac{\mathrm{d} q_d}{\mathrm{d} t} = I_e + I_i \tag{2.8}$$

式中，q_d 为尘埃颗粒带电量。

通常情况下，等离子体中电子热运动速度远大于离子速度，尘埃颗粒表面会首先积累负电荷，导致尘埃颗粒表面电势低于周围等离子体环境，随着尘埃颗粒表面电荷数的增加，电子受排斥而导致充电电流下降，离子受吸引而充电电流增强，最终二者相等达到充电平衡状态，即

$$I_e + I_i = 0 \tag{2.9}$$

式（2.9）即为尘埃颗粒充电平衡方程。尘埃颗粒密度较小时，有 $Z_d n_d \ll n_e \approx n_i$，这时根据式（2.9）即可计算得到尘埃颗粒表面电势 φ_d，而尘埃颗粒带电量由 $q_d = C_0 \varphi_d$ 计算，式中 $C_0 = 4 \pi \varepsilon_0 r_d$ 为真空中球形尘埃颗粒电容。

2.2　非孤立尘埃颗粒充电过程

在 OML 充电理论基础上分析非孤立尘埃颗粒的充电过程。非孤立尘埃颗粒指的是尘埃颗粒密度较大，且尘埃颗粒之间平均距离已经接近或小于等离子体德拜半径的尘埃颗粒，此时尘埃颗粒的电势无法被很好地屏蔽，可以相互影响，也就是说前文中 OML 充电理论三条假设中的第一条不再成立。这种情况下，如果尘埃颗粒密度空间分布均匀，尘埃颗粒表面电势虽然会被周围尘埃颗粒影响而变化，依然可以认为尘埃颗粒周围电势分布在一定范围内单调变化，也就是说等离子体粒子在向尘埃颗粒运动时依旧遵守动量和能量守恒定律，式（2.6）和式（2.7）也可以继续用于描述电子和离子的充电电流。

通常情况下尘埃颗粒周围的电势在距离尘埃颗粒周围几个德拜半径范围内，可用德拜-休克尔（Debye-Hückel）库仑屏蔽势[4]来表示，设尘埃颗粒表面电荷数为 Z_d，则

$$\varphi_d(r) = -\frac{Z_d e}{4\pi\varepsilon_0 r}\exp\left(-\frac{r-r_d}{\lambda_D}\right) \tag{2.10}$$

假设系统中有 $1, 2, \cdots, N_d$ 个尘埃颗粒，对应的空间位置分别为 $r_1, r_2, \cdots, r_{N_d}$，那么对于任意尘埃颗粒 j，其表面电势可表示为

$$\varphi_{d\_tot} \approx \varphi_d(r_d) + \sum_{k\neq j}\varphi_d(R_{kj}) \tag{2.11}$$

式中，R_{kj} 为任意尘埃颗粒 k 和颗粒 j 之间的距离。为了简化计算过程，在实际计算式（2.11）时，由于等离子体的屏蔽作用，尘埃颗粒表面电势随着距离增大衰减很快，可以只考虑每个尘埃颗粒周围最邻近的几个其他尘埃颗粒的作用。在尘埃等离子体晶体中，每个尘埃颗粒周围一般有 8 或 12 个其他尘埃颗粒[4]，这里取数值 12 代入式（2.11）进行计算，可得到

$$\varphi_{d\_tot} \approx -\frac{Z_d e}{4\pi\varepsilon_0 r_d}\left[1 + 12\frac{r_d}{R_d}\exp\left(-\frac{R_d-r_d}{\lambda_D}\right)\right] \tag{2.12}$$

由式（2.12）可以得到考虑了尘埃颗粒之间相互作用的尘埃颗粒电容表达式：

$$C \approx \frac{4\pi\varepsilon_0 r_d}{1 + 12\dfrac{r_d}{R_d}\exp\left(-\dfrac{R_d-r_d}{\lambda_D}\right)} \tag{2.13}$$

可以看到考虑了尘埃颗粒间的相互作用后，尘埃颗粒电容变小，且在满足 $r_\mathrm{d} \ll R_\mathrm{d} \ll \lambda_\mathrm{D}$ 条件时，式（2.13）会自动退化为真空中球形电容表达式。

随着尘埃颗粒密度的增大，尘埃颗粒电荷密度增大，近似条件 $n_\mathrm{e} \approx n_\mathrm{i}$ 也逐渐不再适用，这时需要引入尘埃等离子体准中性条件描述电子与离子密度的关系，即

$$\frac{n_\mathrm{e}}{n_\mathrm{i}} = 1 - \frac{Z_\mathrm{d} n_\mathrm{d}}{n_\mathrm{i}} \tag{2.14}$$

将式（2.12）和式（2.14）代入尘埃颗粒充电平衡方程（2.9）中，得到

$$\left(\frac{T_\mathrm{i} m_\mathrm{e}}{T_\mathrm{e} m_\mathrm{i}}\right)^{1/2} \left(1 - \frac{e\varphi_\mathrm{d\_tot}}{k_\mathrm{B} T_\mathrm{i}}\right) \exp\left(-\frac{e\varphi_\mathrm{d\_tot}}{k_\mathrm{B} T_\mathrm{e}}\right) = \frac{n_\mathrm{i} + n_\mathrm{d} C \varphi_\mathrm{d\_tot}/e}{n_\mathrm{i}} \tag{2.15}$$

通过求解式（2.15）即可得到不同等离子体参数（德拜半径）与不同尘埃颗粒参数（尘埃颗粒半径、尘埃颗粒密度）下的尘埃颗粒表面电势，并进一步计算得到尘埃颗粒带电量。

根据式（2.13）和式（2.15），在典型的低气压实验室辉光放电尘埃等离子体参数范围内对尘埃颗粒电容与尘埃颗粒表面电势进行了数值计算与讨论。图 2.3 和图 2.4 分别为不同尘埃颗粒密度下归一化的尘埃颗粒电容（C/C_0）和尘埃颗粒表面电势随等离子体离子密度变化曲线，具体的计算参数为：电子温度 $T_\mathrm{e} = 1.5\mathrm{eV}$，离子温度 $T_\mathrm{i} = 300\mathrm{K}$，尘埃颗粒半径 $r_\mathrm{d} = 3\mathrm{\mu m}$。

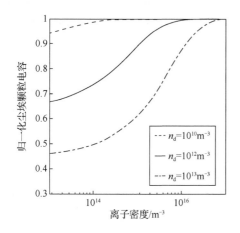
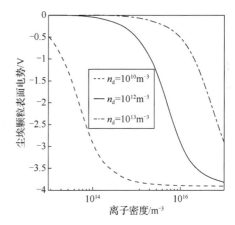

图 2.3　不同尘埃颗粒密度下归一化尘埃　　　图 2.4　不同尘埃颗粒密度下尘埃颗粒表面
颗粒电容随等离子体离子密度变化曲线　　　　电势随等离子体离子密度变化曲线

从图 2.3 中可以看到，当离子密度较低时，尘埃颗粒电容明显小于真空中球形电容值，并随离子密度升高而不断增大，直至趋近于真空中球形电容值。这是

因为当离子密度较低时，等离子体屏蔽半径较大，对尘埃颗粒的屏蔽作用较弱，尘埃颗粒之间的相互作用效果明显，尘埃颗粒表面电势大于孤立尘埃颗粒表面电势，而尘埃颗粒带电量没有变化，这也就意味着尘埃颗粒电容的下降。同时，随着离子密度的增加，相应的等离子体屏蔽半径会变小，对尘埃颗粒的屏蔽作用增强，尘埃颗粒之间相互作用减弱，这也就意味着尘埃颗粒表面电势变得更接近于孤立尘埃颗粒表面电势，因此尘埃颗粒电容也会逐渐接近于真空中球形电容值。同时还可以看到，尘埃颗粒密度较高时，其相应的电容值要低于尘埃颗粒密度较低时对应的电容值，这是因为尘埃颗粒密度越高，尘埃颗粒平均间距就越短，尘埃颗粒之间的相互作用也就越强，尘埃颗粒表面电势越大，从而尘埃颗粒电容越小。从图 2.4 中可以看到，尘埃颗粒表面电势绝对值随离子密度的下降或是尘埃颗粒密度的升高而降低，最终趋于零。这一点很容易理解，由于准中性条件的限制，尘埃颗粒电荷密度要小于离子密度，等离子体中单个的尘埃颗粒很容易达到充电饱和状态，而随着离子密度下降或是尘埃颗粒密度增大到一定程度后，没有足够的电子使尘埃颗粒达到充电饱和状态，相应的尘埃颗粒平均带电量下降，尘埃颗粒表面电势绝对值也会随之下降。

图2.5和图2.6分别为不同尘埃颗粒半径下归一化的尘埃颗粒电容和尘埃颗粒表面电势随等离子体离子密度变化曲线，具体的计算参数为：电子温度 $T_e = 1.5\text{eV}$，离子温度 $T_i = 300\text{K}$，尘埃颗粒密度 $n_d = 10^{12}\,\text{m}^{-3}$。从图2.5中可以看到，与图2.3的结果类似，当离子密度较低时，尘埃颗粒电容明显小于真空中球形电容值，同时随离子密度升高和尘埃颗粒半径的减小而不断增大，直至趋近于真空中球形电容值。尘埃颗粒电容值与离子密度的关系前文已经详细解释，尘埃颗粒电容值随尘

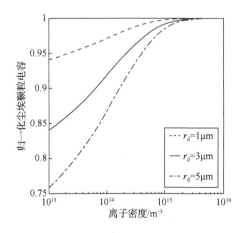

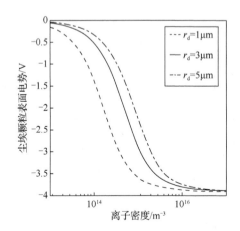

图2.5　不同尘埃颗粒半径下归一化尘埃颗粒
电容随等离子体离子密度变化曲线

图2.6　不同尘埃颗粒半径下尘埃颗粒表面电
势随等离子体离子密度变化曲线

埃颗粒半径的减小而不断增大的原因，是随着尘埃颗粒半径减小尘埃颗粒表面与其他尘埃颗粒的距离增大，其他尘埃颗粒对该尘埃颗粒表面电势的贡献变弱，也就是说尘埃颗粒表面电势会下降，即尘埃颗粒电容增大。从图 2.6 中则可以看到，尘埃颗粒表面电势绝对值除了随离子密度的降低而降低之外，还会随尘埃颗粒半径的增大而降低，这是因为尘埃颗粒半径增大和尘埃颗粒密度增大的效果类似，都会使尘埃颗粒更难达到充电饱和状态，在一定条件下使尘埃颗粒平均带电量降低，进而降低其表面电势绝对值。

2.3　离子-中性粒子碰撞对尘埃颗粒充电过程的影响

在 OML 充电理论中，为了能够使用动量与能量守恒定律计算尘埃颗粒对电子与离子的吸附截面，往往假设电子和离子在与尘埃颗粒碰撞的路径上不会发生任何其他碰撞。然而，不论是实验室环境下还是工业上用于材料处理的等离子体大多数都是通过气体放电获得，产生的等离子体也多为弱电离等离子体，也就是说其中含有大量的中性粒子成分，相应地，电子、离子与中性粒子碰撞过程不可避免，这时往往需要考虑这些碰撞过程对尘埃颗粒充电的影响[5]。

根据等离子体德拜半径 λ_D 和离子平均自由程 l_i 之间的关系，通常可以把等离子体分为三种类型，分别为：满足条件 $l_i > \lambda_D$ 时的弱碰撞等离子体，满足条件 $l_i \leqslant \lambda_D$ 时的强碰撞等离子体以及满足条件 $l_i \ll \lambda_D$ 时的完全碰撞等离子体。只有在满足限制条件 $l_i \gg \lambda_D$ 时，根据 OML 充电理论得到的尘埃颗粒参量才比较准确。在过去的二十几年，人们也陆续从理论推导、实验测量以及模拟仿真等不同角度验证了尘埃颗粒表面电势与等离子体中性粒子碰撞过程尤其是离子-中性粒子碰撞过程关系密切[6-10]。

在研究离子-中性粒子碰撞对尘埃颗粒充电过程的影响之前，需要先了解一下等离子体中离子-中性粒子碰撞电荷转移过程的原理。当正离子与中性原子碰撞时，正离子可以捕获中性原子的价电子而变成中性分子，相应地，原子由于失去电子而变成正离子。如果该正离子是被碰撞中性原子的电离产物，则二者在发生电荷转移的过程中没有能量损失，以氩原子为例，其反应方程式为[11]

$$Ar^+(fast) + Ar(slow) \rightarrow Ar(fast) + Ar^+(slow) \tag{2.16}$$

式中，fast 代表快粒子；slow 代表慢粒子。该过程叫作共振电荷转移过程。当碰撞的粒子能量较低时，共振电荷转移过程的碰撞截面很大，因此该过程属于弱电离等离子体中非常重要的一个过程。

从式（2.16）中可以看到，如果离子在朝向尘埃颗粒运动的过程中与中性粒子发生电荷转移碰撞，新产生离子的能量要低于原入射离子的能量。根据式（2.4），尘埃颗粒对离子的吸附截面大小与离子能量成反比，也就是说新产生的离子与尘埃颗粒的碰撞截面越大，越容易被尘埃颗粒收集，从而使离子充电电流增大。离子-中性粒子碰撞对离子充电电流的影响由等离子体德拜半径与离子平均自由程的比值决定，由于等离子体本身的复杂性，直接推导其与 λ_D / l_i 的定量关系十分困难，因此目前人们研究离子-中性粒子碰撞对离子充电电流的影响时，通常都是采用实验测量总结经验公式、数值仿真计算或是在某些假定条件下粗略估算等方法[8,12]。下面借鉴 Lampe 等[7]的方法对离子-中性粒子碰撞影响离子充电电流的程度进行估算。首先定义半径 r_T 为尘埃颗粒周围等离子体鞘层的外边界，r_T 满足条件：

$$\varphi_d\left(r_T\right) = -\frac{3k_B T_i}{2e} \tag{2.17}$$

一般来说，半径 r_T 的大小介于 λ_D 与 $2\lambda_D$ 之间。在尘埃颗粒周围，假设一个离子以很快的速度入射，此时离子与尘埃颗粒的碰撞截面很小，被收集的概率也比较低，但是如果该离子在 $r < r_T$ 范围内与中性粒子发生了电荷转移碰撞并产生一个新的慢速离子，那么这个新的慢速离子由于能量较低很难从势阱中逃离。如果这个新离子的角动量比较小，它会直接落到尘埃颗粒上，反之，如果其角动量较大，则它可能在绕行尘埃颗粒数圈后落到尘埃颗粒上。这样，可以粗略地认为在 $r < r_T$ 范围内，每一次离子-中性粒子碰撞过程都会导致一个离子被尘埃颗粒吸附，也就是说尘埃颗粒对离子的吸附区域变成 πr_T^2，这要远大于尘埃颗粒的横截面 πr^2。再考虑到在尘埃颗粒周围 $r < r_T$ 范围，离子-中性粒子电荷转移碰撞的概率约为 r_T / l_i，可以得到离子-中性粒子碰撞导致的尘埃颗粒吸附截面为 $\pi r_T^3 / l_i$，因此相应的离子充电电流为

$$I_i^{coll} \approx \frac{4\pi r_T^3 n_i e}{l_i}\left(\frac{k_B T_i}{2\pi m_i}\right)^{1/2} \tag{2.18}$$

需要注意的是，根据式（2.18）估算的离子-中性粒子碰撞离子充电电流比实际值要偏小一些，因为在 $r > r_T$ 时，部分离子-中性粒子碰撞过程也可能会导致离子充电电流的增加。将式（2.18）和式（2.7）相加，就可以得到考虑了离子-中性粒子碰撞过程的离子总充电电流为

$$I_i \approx 4\pi r_d^2 n_i e\left(\frac{k_B T_i}{2\pi m_i}\right)^{1/2}\left(1 - \frac{e\varphi_d}{k_B T_i} + \frac{r_T^3}{r_d^2 l_i}\right) \tag{2.19}$$

为了进一步化简式（2.19），引入尘埃等离子体热散射参量 β_T [6]：

$$\beta_T = \frac{R_C}{\lambda_D} \tag{2.20}$$

式中，$R_C = Z_d e^2 / (4\pi\varepsilon_0 k_B T_i)$ 为离子库仑半径。β_T 表征离子与尘埃颗粒的耦合强度，$\beta_T \ll 1$ 时为弱耦合，$\beta_T \gg 1$ 时为强耦合。这样可以把式（2.19）中的最后一项写为 β_T 的函数

$$\frac{r_T^3}{r_d^2 l_i} = H(\beta_T)\left(\frac{e\varphi_d}{k_B T_i}\right)^2 \frac{\lambda_D}{l_i} \qquad (2.21)$$

式中，$H(\beta_T) = (r_T/\lambda_D)^3 \beta_T^2$。结合式（2.10）和式（2.17）可以得到函数 $H(\beta_T)$ 随 β_T 的变化曲线，如图 2.7 所示。

从图 2.7 中可以看到，随着热散射参量 β_T 的增大，$H(\beta_T)$ 函数值先增大后减小，在 $\beta_T \approx 1.3$ 时达到峰值。对于典型的实验室气体放电尘埃等离子体来说，热散射参量 β_T 的取值一般为 $0.1 \sim 10$[6]，在此区间范围内 $H(\beta_T)$ 值对 β_T 的依赖性较弱，保持在 $H(\beta_T) \approx 0.05$ 附近。

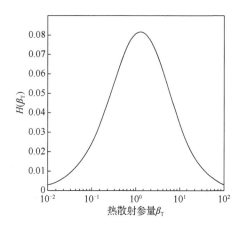

图 2.7　函数 $H(\beta_T)$ 随 β_T 的变化曲线

因此，对于实验室环境下的尘埃等离子体，尘埃颗粒的离子充电电流又可以近似写为一个直接与 λ_D/l_i 相关的更简单的形式：

$$I_i \approx 4\pi r_d^2 n_i e \left(\frac{k_B T_i}{2\pi m_i}\right)^{1/2} \left[1 - \frac{e\varphi_d}{k_B T_i} + \frac{1}{20}\left(\frac{e\varphi_d}{k_B T_i}\right)^2 \frac{\lambda_D}{l_i}\right] \qquad (2.22)$$

该离子电流来源于碰撞增强吸附（collision enhanced collection, CEC）模型[5]。从式（2.22）中可以直观地看到，实验室放电尘埃等离子体中由于 $e\varphi_d/(k_B T_e)$ 量级为 1，且有 $T_e \gg T_i$，因此，$e\varphi_d/(k_B T_i)$ 一般可达上百的量级，因此即使在德拜半径与离子平均自由程比值 λ_D/l_i 较小的情况下，离子-中性粒子碰撞对离子充电电流的影响依然相当可观。

　　假设等离子体中尘埃颗粒密度较低,满足孤立尘埃颗粒条件,且$Z_d n_d \ll n_e \approx n_i$。这样可以单独研究离子-中性粒子碰撞对尘埃颗粒表面电势的影响,将式(2.6)与式(2.22)代入尘埃颗粒充电平衡方程中,可以得到

$$\left(\frac{T_i m_e}{T_e m_i}\right)^{1/2}\left[1-\frac{e\varphi_d}{k_B T_i}+\frac{1}{20}\left(\frac{e\varphi_d}{k_B T_i}\right)^2\frac{\lambda_D}{l_i}\right]\exp\left(-\frac{e\varphi_d}{k_B T_e}\right)=1 \qquad (2.23)$$

根据式(2.23)可求解得到考虑了尘埃-中性粒子碰撞过程影响的尘埃颗粒表面电势,以及相应的尘埃颗粒带电量。

　　图2.8为不同λ_D/l_i下根据OML充电理论和CEC模型解得的尘埃颗粒表面电势对比结果,具体计算条件为:放电气压$p=50\text{Pa}$,电子温度$T_e=1.5\text{eV}$,离子温度$T_i=300\text{K}$,尘埃颗粒半径$r_d=1\mu\text{m}$。这里只讨论离子-中性粒子碰撞对尘埃颗粒充电过程的影响,因此,为避免尘埃颗粒之间的相互影响,将其密度设为比较低的值$n_d=10^6\text{m}^{-3}$,计算时通过改变离子密度来改变λ_D/l_i大小。从图2.8中可以看到,在假设尘埃颗粒密度很低以及限定条件$Z_d n_d \ll n_e \approx n_i$下,根据OML充电理论得到的尘埃颗粒表面电势为一个常数,与λ_D/l_i无关。而通过CEC模型得到的尘埃颗粒表面电势绝对值要低于OML充电理论结果,这是因为离子-中性粒子碰撞过程使离子充电电流变大,能够到达尘埃颗粒表面的离子变多,导致尘埃颗粒表面积累的净负电荷数降低,表面电势绝对值降低。同时,随着λ_D/l_i的增大,根据CEC模型得到的尘埃颗粒表面电势绝对值越来越低,这是因为λ_D/l_i越大,尘埃-中性粒子碰撞的概率越高,对离子充电电流的影响也就越大,自然地也就导致尘埃颗粒表面积累的净负电荷越少,即尘埃颗粒表面电势绝对值越小。

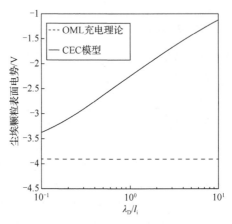

图2.8　不同λ_D/l_i下根据OML充电理论和CEC模型得到的尘埃颗粒表面电势对比

2.4　带电尘埃颗粒与等离子体碰撞动力学过程

2.4.1　基础理论和物理模型

　　通常情况下，用来表征等离子体电磁特性的介电常数和电导率等参量除了与等离子体密度以及电磁波频率相关外，还依赖于等离子体中各粒子之间的碰撞，因此要充分理解尘埃等离子体电磁特性，首先需要研究各粒子之间的碰撞动力学过程。由于尘埃在等离子体中变成了带电颗粒，等离子体与带电尘埃颗粒的碰撞过程将变得非常复杂，等离子体中的电子和离子与带电尘埃颗粒的碰撞除了吸附碰撞，还存在典型的库仑碰撞过程，显然带电尘埃颗粒在等离子体中引入了新的碰撞机制，而且由于尘埃颗粒的尺寸和电荷数要远远大于离子，电子与离子的库仑碰撞与带电的尘埃颗粒碰撞相比是微不足道的。根据经典的带电粒子库仑碰撞理论，通常假设带电粒子在有限半径的原子或分子内部存放着较强电荷静电势，由于等离子体中的带电尘埃颗粒周围出现异性电荷颗粒聚集和同性电荷排斥现象，形成库仑屏蔽势能会对其他带电粒子产生较强的屏蔽作用，这个屏蔽势能会改变等离子体中各带电粒子之间的碰撞动力学物理性质[1]。

　　要研究等离子体与带电尘埃颗粒的碰撞动力学问题，可以简单地用两个钢球的碰撞过程来进行分析研究。从碰撞物理过程上来分析，等离子体中电子和离子与带电尘埃颗粒之间的碰撞主要考虑库仑碰撞和吸附碰撞。显然，这两种碰撞过程都与带电尘埃颗粒的尺寸和浓度密切相关，一般而言，带电尘埃颗粒的尺寸越大、密度越高，碰撞的概率也越大。其中库仑碰撞还和尘埃颗粒表面电荷数有关，表面电荷数越多，周围的屏蔽势能越大，库仑碰撞的概率也会相应地增加。考虑到两种碰撞过程性质上的巨大差异，对这两种碰撞过程分别进行研究。对非弹性的吸附碰撞来说，其碰撞截面和带电尘埃颗粒的尺寸直接相关，而球形尘埃颗粒的碰撞截面一般可以直接定义为[13]

$$\sigma_{\mathrm{c}} = \pi b_{\mathrm{c}}^2 = \pi r_{\mathrm{d}}^2 \left(1 - \frac{2q\varphi(r)}{mv^2}\right) \tag{2.24}$$

　　对于库仑碰撞，根据经典的库仑散射理论，其碰撞截面主要与库仑半径以及等离子体德拜半径等参数相关。引入坐标系，其坐标系原点放在相碰撞颗粒的中心，而对称轴取颗粒运动速度方向，则碰撞微分截面可以定义为 $\mathrm{d}\sigma = \sigma(\theta, \varphi)\mathrm{d}\Omega$，其物理意义是在一定距离上的入射粒子被散射到立体角 $\mathrm{d}\Omega$ 中的概率。如果点电荷

在等离子体中的库仑屏蔽势能是经典的汤川（Yukawa）势能分布，则总的库仑散射截面为

$$\sigma_s(v) = 4\pi \int_{\rho_{\min}}^{\rho_{\max}} \frac{\rho(v)}{1 + (\rho(v)/\rho_0(v))} \, \mathrm{d}\rho(v) = 4\pi \rho_0^2(v)\Gamma(v) \tag{2.25}$$

$$\Gamma(v) = \ln\left[\frac{\rho_0^2(v) + \rho_{\max}^2(v)}{\rho_0^2(v) + \rho_{\min}^2(v)}\right]^{1/2} \tag{2.26}$$

式中，$\rho_0(v) = |Q|e/(m_e v^2)$ 表示库仑半径；积分区间 $\rho_{\max}(v) = \lambda_D$ 表示德拜半径；$\rho_{\min}(v) = b_c$ 表示尘埃颗粒不再吸附电子和离子的距离。利用截面公式（2.24）和公式（2.25），假定带电粒子都满足麦克斯韦分布，通过积分求解，可以给出电子和离子与带电尘埃颗粒之间的碰撞频率理论表达式，统一写成如下形式：

$$\nu_{\alpha d}(v) = (8\sqrt{2\pi}/3)n_d r_d^2 v_{\alpha,\mathrm{th}}\Phi(z,L) \tag{2.27}$$

式中，$\Phi(z,L) = \Phi^{\mathrm{coll}}(z) + \Phi^{\mathrm{coul}}(z,L)$ 表示总碰撞因子，表示等离子体中电子（$\alpha = e$）和离子（$\alpha = i$）与带电尘埃颗粒存在的两种碰撞过程对总的碰撞频率的贡献程度，$\Phi^{\mathrm{coll}}(z) = (1 + z/2)\mathrm{e}^{-z}$ 表示非弹性的吸附碰撞因子，$\Phi^{\mathrm{coul}}(z,L) = z^2\Lambda_{\alpha d}/4$ 表示弹性的库仑碰撞因子；在描述电子与带电尘埃颗粒之间碰撞频率 ν_{ed} 的过程中，$z \equiv Z_d e^2/(r_d T_e)$ 是无量纲的尘埃颗粒表面势能，Z_d 是尘埃颗粒表面电荷数；$L = \lambda_D/r_d$ 定义为德拜半径与尘埃颗粒半径之间的比值，电子与带电尘埃颗粒碰撞的库仑对数 Λ_{ed} 经过修正，可采取如下的积分形式[14]：

$$\Lambda_{ed} = \int_0^\infty \mathrm{e}^{-x}\ln\left(1 + 4L^2\frac{x^2}{z^2}\right)\mathrm{d}x - 2\int_z^\infty \mathrm{e}^{-x}\ln\left(\frac{2x}{z} - 1\right)\mathrm{d}x \tag{2.28}$$

显然，在已知尘埃颗粒半径、密度和等离子体参数的情况下，利用上述公式可以计算出等离子体中的电子与带电尘埃颗粒之间的碰撞频率。

2.4.2　数值计算结果及讨论

为了直观地分析以上两种碰撞过程对碰撞频率的贡献度，可以通过数值计算给出等离子体中电子与带电尘埃颗粒的碰撞关系。为了简化计算，公式（2.28）中库仑对数的积分可以简化为 $\Lambda_{ed} \approx 2\ln[(2/z)(\lambda_D/r_d)]$ 形式[14]。

图 2.9 是电子与带电尘埃颗粒的两种碰撞因子随 z 的变化曲线，由图可知，当 $z \ll 1$ 时，电子与带电尘埃颗粒的非弹性的吸附碰撞频率要远大于弹性的库仑碰撞频率，二者之间的碰撞以吸附碰撞为主。反之，当 $z \geq 1$ 时，如果尘埃颗粒半径不变，即尘埃颗粒表面所带电荷数变多时，电子与带电尘埃颗粒之间的库仑碰撞

随 z 的平方而线性对数增加，而吸附碰撞则呈指数递减。显然，当 $z \geqslant 1$ 时，电子与带电尘埃颗粒之间的库仑碰撞占主导地位。

图 2.10 表示尘埃颗粒半径对电子与带电尘埃颗粒碰撞的影响，显然尘埃颗粒半径会对电子与带电尘埃颗粒的碰撞产生很大影响。当等离子体密度和温度等参数保持不变，尘埃颗粒半径越大，二者之间的碰撞频率也越大，尤其在 $z \geqslant 1$ 时，碰撞频率会呈现量级上的增加趋势。

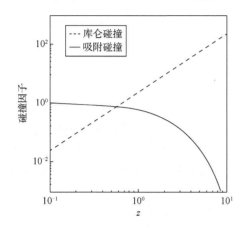

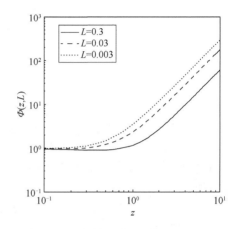

图 2.9　电子与带电尘埃颗粒的两种碰撞　　　　图 2.10　尘埃颗粒半径对电子与带电尘埃
因子随 z 的变化曲线　　　　　　　　　　　　颗粒碰撞的影响

由以上研究结果可知，带电尘埃颗粒在等离子体中引入了新的带电颗粒种类和新的碰撞机制，必然会对普通等离子体的物理性质和电磁特性产生很大的影响，尤其是新的碰撞机制引入，改变了等离子体中电子和离子的动力学行为，会影响波在等离子体环境中的传播过程等。

2.5　中性粒子对带电粒子相互作用的影响

值得注意的是，经典的 OML 充电理论忽略了电子和离子与中性粒子的碰撞，上述研究尘埃颗粒与等离子体相互作用也都是基于完全电离的等离子体情况，然而许多空间等离子体环境和火箭喷焰等离子体都属于弱电离的情况，其中含有大量的中性成分。关于等离子体与中性粒子碰撞对尘埃颗粒表面势能的影响，已经有许多学者开展过相关的研究工作[15-21]，研究结果也表明，等离子体与中性粒子的碰撞会显著改变尘埃颗粒的表面势能的大小，尤其是离子-中性粒子碰撞[1]。按照现有的等离子体碰撞的定义，当 $l_i > \lambda_D$ 时属于弱碰撞等离子体，$l_i \leqslant \lambda_D$ 时属于强碰撞等离子体，$l_i \ll \lambda_D$ 时属于完全碰撞等离子体，如图 2.11 所示[8]。

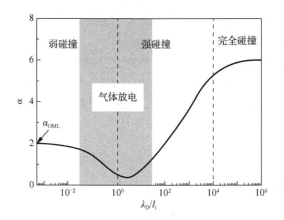

图 2.11　离子-中性粒子碰撞对尘埃颗粒表面势能的影响

图 2.11 中，$l_i = v_{i,th} / v_{in}$ 表示离子自由程，v_{in} 和 $v_{i,th}$ 分别表示离子与中性粒子的碰撞频率以及离子的热力学速度；α_{OML} 为在 OML 近似下计算得到的尘埃颗粒表面势能。由图可知，在碰撞等离子体区域，随着离子碰撞的增加，尘埃颗粒表面势能先减少后增加。

在上述研究等离子体与带电尘埃颗粒之间的库仑碰撞时，是基于尘埃颗粒表面势能满足 Yukawa 势能分布的假设，离子-中性粒子碰撞不仅会影响尘埃颗粒表面势能的大小，而且会影响尘埃颗粒表面势能分布，导致尘埃颗粒表面势能偏离传统的 Yukawa 势能分布形式，上述的等离子体与带电尘埃颗粒的库仑碰撞关系也要得到相应的修正。因此，要研究中性粒子的存在对尘埃等离子体中各带电粒子之间碰撞的影响，应该首先分析弱电离尘埃等离子体环境中尘埃颗粒表面的电势分布情况。通常标准的势能分布可以写成如下的积分形式：

$$\varphi(r) = \frac{4\pi q_d}{(2\pi)^3} \int \frac{\exp(ikr)}{k^2 \varepsilon(\omega, k)} dk \tag{2.29}$$

式中，k 表示波数；$\varepsilon(\omega, k) = 1 + \chi_e + \chi_i$ 表示普通等离子体的介电常数。如果不考虑中性粒子碰撞的影响，电子和离子的极化率分别为 $\chi_e = (k\lambda_{De})^{-2}$ 和 $\chi_i = (k\lambda_{Di})^{-2}$。式（2.29）势能分布的解就是熟悉的 Yukawa 势能分布形式 $\varphi(r) = (q_d / r)\exp(-r / \lambda_D)$。当考虑离子与中性粒子碰撞时，离子的极化率修正为

$$\chi_i(\omega, k) = \frac{1}{(k\lambda_{Di})^2}\left(1 + \varsigma_i z(\varsigma_i)\right)\left(1 + \frac{i v_{in}}{\sqrt{2k}v_{i,th}} z(\varsigma_i)\right)^{-1}, \quad \varsigma_i = \frac{\omega + i v_{in}}{\sqrt{2k}v_{i,th}} \tag{2.30}$$

由于离子与中性粒子的碰撞，离子极化率产生了附加项，这样相应的势能分布形式就会偏离 Yukawa 势能分布。把势能分布函数方程（2.29）分成两部分进行

分析，即 $\varphi(r) = \varphi_1 + \varphi_2$，式中 $\varphi_1 = (q_d / r)\exp(-r / \lambda_D)$ 是标准的 Yukawa 势能分布，φ_2 是与中性粒子碰撞相关的势能项。为了简化数学计算，引入 $M = v / v_{i,th}$，同时将波数和德拜半径归一化处理，即 $k\lambda_D$ 表示为 k，z / λ_D 表示为 z，把式（2.30）代入式（2.29）便可以求得与中性粒子碰撞相关的偏离 Yukawa 势能分布函数 φ_2 为

$$\varphi_2 \simeq \frac{2eM}{\pi\lambda_D z}\left(\frac{\lambda_D}{l} \int_0^{\lambda_D/l_i} \frac{\sin(kz) - kz\cos(kz)}{k(1+k^2)^2}\mathrm{d}k + \sqrt{\frac{\pi}{2}} \int_{\lambda_D/l_i}^{k_{\max}} \frac{\sin(kz) - kz\cos(kz)}{(1+k^2)^2}\mathrm{d}k \right) \quad (2.31)$$

则可以把电子与带电尘埃颗粒的库仑碰撞频率改成如下形式：

$$\nu_{ed} = (4/3)n_d r_d^2 v_{e,th} z^2 (\alpha + \sqrt{2\pi}\Lambda) \quad (2.32)$$

式中，α 表示离子-中性粒子碰撞对电子与尘埃颗粒碰撞频率的影响因子。利用数值求解方法给出影响因子 α 与碰撞指数 λ_D / l_i 的关系，如图 2.12 所示。

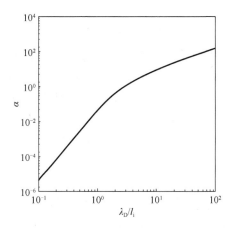

图 2.12　影响因子随碰撞指数的变化

由图 2.12 可知，影响因子 α 随碰撞指数 λ_D / l_i 的增大而增大，在等离子体弱碰撞区域，离子与中性粒子的碰撞对势能分布的影响很小，在强碰撞等离子体区域，离子与中性粒子的碰撞会对带电粒子之间库仑散射结果造成一定的影响，随着离子-中性粒子碰撞频率的增加，影响也越大。因此在中性粒子密度非常高的强碰撞尘埃等离子体环境中，不能忽略离子-中性粒子碰撞对带电颗粒相互之间碰撞的影响。

需要强调的是，中性成分的引入会使尘埃等离子体的一些物理性质变得极其复杂。由电子和离子构成的球形尘埃带电模型通常假设等离子体环境完全电离，颗粒之间的静电势是独立的且粒子表面处于悬浮电势，现有的尘埃等离子体 OML 充电理论还具有太多的局限性，不能直接用来描述弱电离等离子体情况下的尘埃

颗粒带电问题。因此，本节给出的中性粒子对各带电颗粒碰撞的影响只是近似定性的结果，相关问题还需要后续进一步的完善和研究。

2.6　尘埃等离子体电磁参量理论

常用来描述物质与电磁波相互作用的主要电磁参数包括介电常数、电导率及磁导率。通常情况下，等离子体这种媒质的介电常数和电导率一般由带电粒子的密度分布和碰撞频率以及波的频率等参数来表征，而等离子体的磁导率为真空磁导率常数。前面详细研究了尘埃颗粒与等离子体的相互作用过程，其特点是由于尘埃特殊的荷电性质，在等离子体中引入了新的碰撞机制，改变了普通等离子体中电子和离子的动力学性质，这种改变一定程度上会对等离子体的电磁特性产生影响。同时，尘埃颗粒表面电荷的动态涨落在等离子体中引入了新的耗散机制，尤其是波的频段和电荷涨落频率相接近时，它对等离子体的物理和电磁特性的影响是不能忽略的。此外，带电尘埃颗粒作为等离子体的一种新带电粒子成分，在研究尘埃等离子体低频纵波传播时，需要考虑本征振荡对等离子体电磁特性及其色散关系的影响。除了这些影响，尘埃颗粒形状在等离子体中还会引入一些新的物理过程，如柱状带电颗粒在等离子体电场力作用下会转动，这一物理过程也会对尘埃等离子体的物理和电磁特性产生新的影响。大量磁性带电尘埃颗粒的存在还将改变尘埃等离子体的磁导率，磁导率的改变将引入一些新的磁损耗机制，在一定程度上改变普通等离子体的电磁特性。本节将围绕这些问题，分别给出不同条件下用来描述尘埃等离子体电磁参量的理论表达式[1]。

通常情况下，严格求解等离子体介电常数等电磁参量采取的是动理学方法。首先，采用分布函数来描述各带电粒子的分布状态，等离子体中各带电粒子分布函数通常包括三部分，粒子的位置、速度和时间；然后用等离子体动理学方程研究分布函数随时间的演化规律，数学上对动理学方程进行线性化处理，从而可以得到描述等离子体的介电常数和电导率的理论表达式。而用来研究颗粒磁导率的方法，一般是通过经典的磁化强度运动方程来进行理论推导。因此，本节将以等离子体动理论方法为基础，建立描述尘埃等离子体电磁特性的物理模型，给出不同条件下的尘埃等离子体介电常数和磁导率的理论表达式，为研究电磁波在尘埃等离子体中的传播问题奠定理论基础。

对等离子体进行的描述可以从粒子分布函数的变化规律出发，用统计力学方法确定系统内带电粒子的全部物理状态和性质及其随时间的变化过程。这种用分布函数描述和处理等离子体粒子体系的方法称为动理学理论。与传统流体力学理论不一样的是，统计力学不是考虑单个粒子的动力学行为，而是引入了分布函数来描述大量粒子组成的体系。用函数 $f(v,r,t)$ 来表征等离子体的分布函数，其随时间的变化规律主要取决于带电粒子的运动以及粒子之间的相互碰撞。1872 年，玻尔兹曼提出了包含碰撞因素的关于粒子分布函数随时间变化的方程，也就是通常所说的玻尔兹曼方程[22]：

$$\frac{\partial f_\alpha}{\partial t} + v\frac{\partial f_\alpha}{\partial r} + \frac{F_\alpha}{m_\alpha}\frac{\partial f_\alpha}{\partial v} = \frac{\partial f_\alpha}{\partial t}\bigg|_c \qquad (2.33)$$

式中，α 表示粒子种类；m_α 表示各粒子的质量；f_α 表示等离子体中各粒子的分布函数；F_α 表示粒子受到的力场，包含外场和等离子体内部的自洽静电场；$\partial f_\alpha/\partial t|_c$ 表示由于碰撞引起的分布函数随时间的变化率，碰撞包括各种类型粒子的碰撞效应总和，也包括同类粒子之间的碰撞过程。

方程右边的碰撞项可用各种模型或近似方法求得，因而动理学方程经常会以不同的形式出现。如果只考虑一次两体碰撞结果，可以通过具有特定的相对速度的粒子和具有速度分布的粒子之间的散射截面来计算碰撞项。虽然玻尔兹曼方程不是计算等离子体因碰撞而改变分布的唯一方法，但它是计算弱电离等离子体电导率和介电常数的一种很实用的计算方法。

式（2.33）形式的玻尔兹曼方程是一个极其复杂的非线性方程，它包含了众多变量，碰撞积分形式又极其复杂。通常情况下，必须用某种近似来简化这一问题，而避免碰撞积分复杂性的一种简单方法就是平均自由时间法，这里采取如下的表达式来代替方程的碰撞积分项：

$$\frac{\partial f_\alpha}{\partial t}\bigg|_c = \frac{f_0 - f(r,v,t)}{\tau} = -v_c\big(f(r,v,t) - f_0\big) \qquad (2.34)$$

式中，τ 为特征时间；$v_c = 1/\tau$ 为平均碰撞频率；f_0 为平衡态下等离子体的分布函数。式中的碰撞形式称为 BGK（巴特纳格尔-格劳斯-克鲁克，Bhatnagar-Gross-Krook）方程碰撞近似。一般情况下，τ 是速度的函数，而且和分布函数的形式密切相关。为了简化计算量，通常在研究碰撞项时取 τ 为常数，这样 BGK 方程的求解也就变得容易多了，所以 BGK 碰撞项也常常被称为弛豫时间近似。假设离子带一个单位正电荷，这样就得到了修正的等离子体玻尔兹曼方程：

$$\frac{\partial f_\alpha}{\partial t} + v\frac{\partial f_\alpha}{\partial r} + \frac{e}{m_\alpha}\bigg|\boldsymbol{E} + \frac{1}{c}\boldsymbol{v}\times\boldsymbol{H}\bigg|\frac{\partial f_\alpha}{\partial v} = -v_c\big(f_\alpha - f_0\big) \qquad (2.35)$$

式中，c 为真空中光速。

需要特别注意的是，对于带电尘埃颗粒，由于其表面电荷在等离子体中是一个可变量，不能简单地当作重离子组分来处理，因此常常引入函数 $f_d(v,r,t,q)$ 来

对尘埃颗粒分布进行描述，在忽略带电尘埃颗粒与其他粒子碰撞的影响下，修正后的带电尘埃颗粒动理论方程为[3,23]

$$\frac{\partial f_{\mathrm{d}}}{\partial t} + v\frac{\partial f_{\mathrm{d}}}{\partial r} + \frac{Z_{\mathrm{d}}e}{m_{\mathrm{d}}}\left| \boldsymbol{E} + \frac{1}{c}\boldsymbol{v}\times\boldsymbol{H}\right| \frac{\partial f_{\mathrm{d}}}{\partial v} = -\frac{\partial}{\partial q}\big(I(q)f_{\mathrm{d}}\big) \tag{2.36}$$

式中，$I(q)$ 表示尘埃颗粒表面的充电电流，它具有如下表达式：

$$I(q) = \sum_{\alpha}\int e\sigma_{\alpha}f_{\alpha}v\mathrm{d}v \tag{2.37}$$

其中，σ_{α} 表示吸收碰撞截面。式（2.34）～式（2.37）就是描述尘埃等离子体的基本动理学方程组，利用上述方程组可以研究尘埃等离子体的介电常数和电导率的表达式。

2.6.1　各向同性尘埃等离子体的介电常数模型

下面利用上述动理论方程来研究各向同性尘埃等离子体的介电常数。考虑到尘埃加入等离子体中引入了许多新的物理机制和物理过程，比如等离子体中的电子和离子与带电尘埃颗粒相互作用引入了新的碰撞机制，尘埃颗粒表面电荷的动态涨落引入了新的耗散机制，尘埃作为新的带电颗粒种类在等离子体中引入了本征振荡，非球形尘埃颗粒在力的作用下引入了转动过程等，这些物理过程一定程度上都会对普通等离子体的介电特性产生深刻影响。当研究波在尘埃等离子体中的传播时，等离子体这种物质的介电常数与波的频率紧密相关，导致在不同的波段或者不同的波模，以上每个物理过程对介电常数的影响程度不一样，需要考虑的物理参量也不一样。为了便于突出每个物理过程对等离子体介电常数影响的效果，以下分别考虑库仑碰撞、尘埃颗粒表面电荷涨落、尘埃颗粒形状等情况。

1. 库仑碰撞对等离子体介电常数的影响

等离子体的介电常数反映的是其对外部扰动的响应，某种程度上由带电粒子的运动来决定。忽略尘埃颗粒的运动和其表面电荷涨落的影响，只考虑等离子体与带电尘埃颗粒库仑碰撞对普通等离子体介电常数的影响。当等离子体处于平衡状态且不存在外部电磁场时，假设等离子体满足麦克斯韦分布：

$$f_{\alpha 0}(v) = N_{\alpha 0}\left(\frac{m_{\alpha}}{2\pi k_{\mathrm{B}}T_{\alpha}}\right)^{3/2}\exp\left(-\frac{m_{\alpha}v^2}{2k_{\mathrm{B}}T_{\alpha}}\right) \tag{2.38}$$

式中，$\alpha = \mathrm{i,e}$ 分别表示离子和电子；$N_{\alpha 0}$ 表示颗粒密度；T_{α} 表示温度。由于受

外部扰动，采用微扰方法，假设分布函数相对麦克斯韦分布函数发生很小的偏离 δf_α，则其分布函数为

$$f_\alpha = f_{\alpha 0} + \delta f_\alpha, \quad |\delta f_\alpha| \ll |f_\alpha| \tag{2.39}$$

为了求解玻尔兹曼方程（2.33），将式（2.39）代入等离子体动理论方程，暂且忽略磁场的作用，可得

$$\frac{\partial \delta f_\alpha}{\partial t} + v \frac{\partial \delta f_\alpha}{\partial r} + \frac{eE}{m_\alpha} \frac{\partial f_{\alpha 0}}{\partial v} = -v_{\text{eff}} \delta f_\alpha \tag{2.40}$$

式中，v_{eff} 表示有效碰撞频率。等离子体偏离了平衡态分布导致出现了电荷和电流密度的扰动，它们与扰动分布函数 δf_α 的关系表示为

$$\rho = \sum_\alpha e \int \delta f_\alpha \mathrm{d}v, \qquad j = \sum_\alpha e \int v \delta f_\alpha \mathrm{d}v \tag{2.41}$$

因此，只要求出了扰动分布函数，通过积分就可以得出扰动电荷和电流密度的大小。为了求解扰动分布函数，近似假设 $\delta f_\alpha \sim \exp(-i\omega t + ikr)$，通过对式（2.40）进行线性化处理，可以得出等离子体扰动分布函数 δf_α 为

$$\delta f_\alpha = -\frac{\mathrm{i}}{\omega - kv + \mathrm{i}v_{\text{eff}}} \frac{eE}{m_\alpha} \frac{\partial f_{\alpha 0}}{\partial v} \tag{2.42}$$

根据电动力学的观点，引入电极化矢量 $\boldsymbol{P}(r,t)$，它满足

$$\frac{\partial \boldsymbol{P}(r,t)}{\partial t} = \boldsymbol{j}, \quad \nabla \cdot \boldsymbol{P}(r,t) = -\rho \tag{2.43}$$

由于扰动产生的电荷和电流密度与扰动分布函数密切相关，则电极化矢量同样具有 $\exp(-i\omega t + ikr)$ 的形式，对式（2.43）进行线性化处理，可得出：

$$\mathrm{i}\boldsymbol{k} \cdot \boldsymbol{P} = -\rho, \quad \mathrm{i}\omega \boldsymbol{P} = \boldsymbol{j} \tag{2.44}$$

按照电动力学中的公式，电位移矢量 $\boldsymbol{D}(r,t)$ 满足

$$\boldsymbol{D}(r,t) = \boldsymbol{E}(r,t) + 4\pi \boldsymbol{P}(r,t) = \varepsilon_{ij} \boldsymbol{E}(r,t) \tag{2.45}$$

由于电位移矢量对波矢的依赖造成了等离子体的介电常数具有特定的方向，因此对于各向同性等离子体，其介电常数由横向和纵向两个方向的介电常数组成[22]，定义为

$$\varepsilon_{ij}(\omega,k) = \varepsilon_1(\omega,k) \frac{k_i k_j}{k^2} + \varepsilon_{\text{t}}(\omega,k) \left(\delta_{ij} - \frac{k_i k_j}{k^2} \right) \tag{2.46}$$

式中，$\varepsilon_{\mathrm{l}}(\omega,k)$ 和 $\varepsilon_{\mathrm{t}}(\omega,k)$ 分别为纵向介电常数和横向介电常数。联合式（2.41）～式（2.46），可求得尘埃等离子体的纵向介电常数和横向介电常数的表达式分别为

$$\varepsilon_{\mathrm{l}}(\omega,k)=1+\frac{4\pi}{k^2}\sum_{\alpha}\frac{e^2}{m_{\alpha}}\int\frac{k}{(\omega-kv+\mathrm{i}\nu_{\mathrm{eff}})}\frac{\partial f_{\alpha0}}{\partial v}\mathrm{d}v \qquad (2.47)$$

$$\varepsilon_{\mathrm{t}}(\omega,k)=1+\frac{4\pi}{\omega}\sum_{\alpha}\int\frac{e^2}{m_{\alpha}}\frac{v}{(\omega-kv+\mathrm{i}\nu_{\mathrm{eff}})}\frac{\partial f_{\alpha0}}{\partial v}\mathrm{d}v \qquad (2.48)$$

由式（2.47）和式（2.48）可知，在仅考虑碰撞的情况下，尘埃等离子体的介电常数的表达式和普通等离子体一样，尘埃颗粒对等离子体介电常数的影响主要体现在有效碰撞频率 ν_{eff} 上，带电尘埃颗粒的存在增加了等离子体的有效碰撞频率，它对普通等离子体介电常数的实部和虚部都具有一定的贡献。

以上讨论的尘埃等离子体介电常数假设尘埃静止不动，如果研究低频尘埃声波在尘埃等离子体中的传播，介电常数还需要考虑尘埃本身运动的影响。依据上述研究观点，可以把尘埃等离子体的纵向介电常数分成电子和离子的极化率以及尘埃颗粒极化率两部分，并写成如下形式：

$$\varepsilon_{\mathrm{l}}(\omega,k)=1+\sum_{\alpha}\chi_{\alpha}+\chi_{\mathrm{d}} \qquad (2.49)$$

式中，χ_{α} 表示电子（$\alpha=\mathrm{e}$）和离子（$\alpha=\mathrm{i}$）的极化率；χ_{d} 表示尘埃颗粒的极化率。同理，要求解出尘埃颗粒极化率的大小，首先要给出尘埃颗粒的扰动分布函数。可以按照上述微扰方法对尘埃颗粒的动理论方程进行线性化处理，假设 $f_{\mathrm{d}}=f_{\mathrm{d0}}+\delta f_{\mathrm{d}}$，$|\delta f_{\mathrm{d}}|\ll|f_{\mathrm{d0}}|$，暂且不考虑尘埃颗粒表面电荷的涨落以及尘埃颗粒与其他粒子碰撞的影响，通过求解尘埃颗粒动理论方程可以得出相应的尘埃颗粒扰动分布函数表达式为

$$\delta f_{\mathrm{d}}=\frac{-\mathrm{i}}{\omega-kv_{\mathrm{d}}}\frac{Z_{\mathrm{d}}eE}{m_{\mathrm{d}}}\frac{\partial f_{\mathrm{d0}}}{\partial v_{\mathrm{d}}} \qquad (2.50)$$

式中，Z_{d} 表示尘埃颗粒表面电荷数。则由于尘埃颗粒运动引起的电荷密度为

$$\rho_{\mathrm{d}}=Z_{\mathrm{d}}e\int\delta f_{\mathrm{d}}\mathrm{d}v_{\mathrm{d}} \qquad (2.51)$$

把式（2.51）代入泊松方程 $\nabla^2\varphi=-\dfrac{\rho_{\mathrm{d}}}{\varepsilon_{\mathrm{d}}}$ 可得尘埃颗粒极化率为

$$\chi_{\mathrm{d}}=\frac{4\pi}{k^2}\frac{Z_{\mathrm{d}}^2e^2}{m_{\mathrm{d}}}\int\frac{k}{\omega-kv_{\mathrm{d}}}\frac{\partial f_{\mathrm{d0}}}{\partial v_{\mathrm{d}}}\mathrm{d}v_{\mathrm{d}} \qquad (2.52)$$

因此，在考虑尘埃参与集体扰动时，尘埃等离子体纵向介电常数应修正为

$$\varepsilon_1\left(\omega,k\right)=1+\frac{4\pi}{k^2}\left(\sum_\alpha\frac{e^2}{m_\alpha}\int\frac{k}{\omega-kv+\mathrm{i}\,\nu_{\mathrm{eff}}}\frac{\partial f_{\alpha0}}{\partial v}\mathrm{d}v+\frac{Z_\mathrm{d}^2e^2}{m_\mathrm{d}}\int\frac{k}{\omega-kv_\mathrm{d}}\frac{\partial f_{d0}}{\partial v_\mathrm{d}}\mathrm{d}v_\mathrm{d}\right)\quad(2.53)$$

利用式（2.53）可以研究尘埃等离子体的集体扰动以及尘埃低频波的色散关系等。

2. 尘埃颗粒表面电荷涨落对等离子体介电常数的影响

上述尘埃等离子体介电常数的研究中仅把尘埃颗粒当作等离子体中一个质量更大的重离子来对待，研究了等离子体与带电尘埃颗粒库仑碰撞和带电尘埃颗粒运动对普通等离子体介电常数的影响。需要注意的是，当等离子体中存在扰动时尘埃颗粒的电荷量将不再是一个常数，由于其电荷量在等离子体的集体作用中是个可变量，尤其对于低频纵向扰动，当电荷涨落频率与波的频率同量级时，电荷涨落这一复杂动力学过程会对等离子体介电特性产生明显的影响，此时就不能简单地把尘埃颗粒看作一种带负电的重离子来处理，这也是尘埃颗粒与重离子本质的区别。尘埃颗粒的带电量与周围的等离子体参数密切相关，这就导致尘埃颗粒表面电荷的涨落在等离子体中存在一个相互耦合的复杂物理过程，当受到外部扰动时，等离子体中电子和离子密度的变化会引起尘埃颗粒表面电荷的变化，尘埃颗粒表面电荷的变化必然会影响周围电场（势能）的变化，反过来又会影响等离子体系统中电子和离子的密度分布及运动速度，从而影响整个等离子体的电荷和电流密度等参量。因此，要考虑尘埃颗粒表面电荷的涨落对等离子体介电常数的影响，需要对原有的等离子体动理论方程进行修正，加入尘埃颗粒表面电荷扰动对等离子体密度分布影响的附加项。针对尘埃颗粒表面电荷涨落对等离子体分布函数的影响，Tsytovich 等[23]在忽略空间色散和磁场以及其他各粒子之间的碰撞影响下，将普通等离子体动理论方程经过线性化处理，简化为如下形式：

$$\frac{\partial\delta f_\alpha}{\partial t}+v\frac{\partial\delta f_0}{\partial r}+\frac{eE}{m_\alpha}\frac{\partial f_{\alpha0}}{\partial v}=-\nu_{\alpha\mathrm{d}}\delta f_\alpha+\delta\nu_{\alpha\mathrm{d}}f_{\alpha0}\quad(2.54)$$

则相应的等离子体扰动分布函数可表示为

$$\delta f_\alpha=\frac{-\mathrm{i}}{\omega-kv+\mathrm{i}\,\nu_{\alpha\mathrm{d}}}\left(\frac{eE}{m_\alpha}\frac{\partial f_{\alpha0}}{\partial v}+\delta\nu_{\alpha\mathrm{d}}f_{\alpha0}\right)\quad(2.55)$$

式中，$\delta\nu_{\alpha\mathrm{d}}=\int v\sigma_\alpha\delta f_\mathrm{d}\mathrm{d}q$ 表示尘埃颗粒表面电荷动态涨落对等离子体分布函数的影响效果。因此，要求解尘埃颗粒表面电荷涨落对普通等离子体的介电常数的影响，其关键还在于如何求解出 $\delta\nu_{\alpha\mathrm{d}}$。要求解 $\delta\nu_{\alpha\mathrm{d}}$ 首先需要知道尘埃颗粒的扰动分布函数

δf_{d}，然后再进行积分。为了考察尘埃颗粒表面电荷涨落对等离子体介电常数的影响，暂时假设由于尘埃颗粒质量大静止不动，带电尘埃颗粒对等离子体介电常数的影响仅仅表现在尘埃颗粒表面电荷的动态涨落这一物理过程上，这样带电尘埃颗粒的扰动分布函数可以近似表达为 $\delta f_{\mathrm{d}} = n_{\mathrm{d}} \big(\delta(q + Z_{\mathrm{d}}e - \delta q) - \delta(q + Z_{\mathrm{d}}e) \big)$，这样假设是完全合理的。式中变量 δq 表示电荷涨落的大小，它与等离子体对尘埃颗粒的充电电流相关且满足如下的充电方程[3]：

$$\frac{\partial \delta q}{\partial t} + \eta \delta q = \delta I_{\mathrm{d}}(q) \tag{2.56}$$

式中，η 表示尘埃颗粒表面电荷涨落频率，相应的表达式为

$$\eta = \frac{e|I_{\mathrm{e0}}|}{4\pi \varepsilon_0 r_{\mathrm{d}}} \left(\frac{1}{kT_{\mathrm{e}}} + \frac{1}{kT_{\mathrm{i}} - Z_{\mathrm{d}}e^2 / (4\pi \varepsilon_0 r_{\mathrm{d}})} \right) \tag{2.57}$$

其中，$|I_{\mathrm{e0}}|$ 表示平衡态的电子电流值。式（2.56）的等号右边表示流向尘埃颗粒表面的充电扰动电流，它和等离子体的扰动分布函数紧密相关：

$$\delta I_{\mathrm{d}}(q) = \sum_{\alpha} \int e_{\alpha} \sigma_{\alpha} v \delta f_{\alpha} \mathrm{d}v \tag{2.58}$$

尘埃等离子体中总的扰动电荷密度修正为

$$\rho_{\mathrm{tot}} = \sum_{\alpha} e_{\alpha} \int \delta f_{\alpha} \mathrm{d}v + n_{\mathrm{d}} \delta q \tag{2.59}$$

整个系统又满足泊松方程：

$$\nabla \cdot \boldsymbol{E} = 4\pi \sum_{\alpha} e_{\alpha} \int \delta f_{\alpha} \mathrm{d}v + 4\pi n_{\mathrm{d}} \delta q \tag{2.60}$$

显然式（2.54）～式（2.60）是几个相互耦合的方程组，尘埃颗粒表面电荷的涨落变化由等离子体的扰动分布函数来决定，电荷的涨落反过来又影响了等离子体扰动分布函数。同样，要求解出尘埃等离子体的介电常数，按照前面的求解方法，先求解出等离子体的扰动分布函数，再引入电极化矢量并根据相应的电动力学公式，就可以求解出受尘埃颗粒表面电荷扰动影响的尘埃等离子体的纵向介电常数和横向介电常数，具体表达式如下：

$$\varepsilon_{\mathrm{l}}(\omega, k) = 1 + \frac{4\pi}{k^2} \sum_{\alpha} \frac{e^2}{m_{\alpha}} \int \frac{k}{(\omega - kv + \mathrm{i}\nu_{\alpha\mathrm{d}})} \left(1 + \frac{\mathrm{i}\nu_{\alpha\mathrm{d}}}{\omega + \mathrm{i}\eta} \frac{1 + Q_1(\omega, k)}{1 + Q_2(\omega, k)} \right) \frac{\partial f_{\alpha 0}}{\partial v} \mathrm{d}v \tag{2.61}$$

$$\varepsilon_{\mathrm{t}}(\omega, k) = 1 + \frac{4\pi}{\omega} \sum_{\alpha} \frac{e^2}{m_{\alpha}} \int \frac{1}{(\omega - kv + \mathrm{i}\nu_{\alpha\mathrm{d}})} \left(v + \frac{\mathrm{i}\nu_{\alpha\mathrm{d}}}{\omega + \mathrm{i}\eta} \frac{Q_1(\omega, k)}{1 + Q_2(\omega, k)} \right) \frac{\partial f_{\alpha 0}}{\partial v} \mathrm{d}v \tag{2.62}$$

式中,

$$Q_1(\omega,k) = \sum_{\alpha}\int \frac{-\mathrm{i}e\sigma'_{\alpha\mathrm{d}}v^2 f_{\alpha 0}}{\omega - kv + \mathrm{i}\nu_{\alpha\mathrm{d}}}\mathrm{d}v, \quad Q_2(\omega,k) = \frac{-1}{\omega + \mathrm{i}\eta}\sum_{\alpha}\int \frac{ev_{\alpha\mathrm{d}}\sigma'_{\alpha\mathrm{d}}vf_{\alpha 0}}{\omega - kv + \mathrm{i}\nu_{\alpha\mathrm{d}}}\mathrm{d}v \quad (2.63)$$

式 (2.61) 和式 (2.62) 是用来描述包含尘埃颗粒表面电荷涨落影响的尘埃等离子体介电常数的理论表达式,利用它们可以分别研究纵波和横波在尘埃等离子体中的一些传播规律。从以上获得的表达式来看,球形尘埃颗粒加入等离子体会改变普通等离子体的介电常数,这些改变主要来源于如下三个方面:一是等离子体与带电尘埃颗粒碰撞,二是尘埃颗粒表面电荷的动态涨落,三是尘埃颗粒作为一种新的带电组分参与等离子体的集体扰动。在研究波在尘埃等离子体中的传播或尘埃等离子体中的不稳定性时,可以分别采取相对应的介电常数理论表达式,由于获得的理论表达式极其复杂,尤其引入尘埃颗粒表面电荷涨落时,针对不同的情况,数学上可以对上述表达式进行合理的简化处理。

3. 尘埃颗粒形状对等离子体介电常数的影响

以上研究的尘埃颗粒都是基于球形颗粒假设,实际情况下的尘埃颗粒并非都是球状,如天体和空间等离子体中存在的尘埃颗粒大多数为柱状,这些柱状颗粒与周围的等离子体相互作用,经常能获得很高的转动速度,颗粒的转动在等离子体中引入了新的物理过程,同时也会对等离子体的介电常数产生新的影响。要了解尘埃颗粒形状对尘埃等离子体介电常数的影响,首先需要引入一些新的物理变量来对等离子体中尘埃颗粒的转动过程进行理论描述。关于柱状尘埃颗粒转动等问题,有不少类似的文献发表[24-30]。2001 年,Shukla 等[3]建立了有关柱状尘埃颗粒的理论,并给出了柱状尘埃颗粒的动力学描述方法。在忽略尘埃颗粒表面电荷涨落的情况下,引入转动后,柱状尘埃颗粒的分布函数 $f_\mathrm{d}(r,v,t,\Omega,\varphi)$ 满足如下的动理学方程:

$$\frac{\partial f_\mathrm{d}}{\partial t} + v\frac{\partial f_\mathrm{d}}{\partial r} + \Omega\frac{\partial f_\mathrm{d}}{\partial \varphi} + (\boldsymbol{d}\times\boldsymbol{E})_z\frac{\partial f_\mathrm{d}}{\partial M} + \frac{q}{m_\mathrm{d}}\left|\boldsymbol{E} + \frac{1}{c}\boldsymbol{v}\times\boldsymbol{H}\right|\frac{\partial f_\mathrm{d}}{\partial v} = 0 \quad (2.64)$$

式中,角动量 $M = I \cdot \Omega$, Ω 表示角速度,I 表示转动惯量。如果仅考虑尘埃一维平面旋转,这样角动量可以写成 $M = (0,0,M)$。为了求解式 (2.64),同样可以采取微扰的方法,引入小扰动,$f_\mathrm{d} = f_{\mathrm{d}0} + \delta f_\mathrm{d}$,$|\delta f_\mathrm{d}| \ll |f_{\mathrm{d}0}|$。$f_{\mathrm{d}0}$ 表示柱状尘埃平衡态的分布函数,具有如下形式:

$$f_{\mathrm{d}0}(v) = N_{\mathrm{d}0}\left(\frac{1}{2\pi m_\mathrm{d}k_\mathrm{B}T_\mathrm{d}}\right)^{3/2}\left(\frac{1}{2\pi I k_\mathrm{B}T_\mathrm{d}}\right)\exp\left(-\frac{m_\alpha v^2}{2k_\mathrm{B}T_\alpha} - \frac{(M - M_0)^2}{2I k_\mathrm{B}T_\mathrm{d}}\right) \quad (2.65)$$

式中，$M_0 = I \cdot \Omega_0$。按照同样的方法，对式（2.64）进行线性化处理，可以求出柱状尘埃颗粒密度扰动分布函数为

$$\delta f_{\mathrm{d}} = \frac{-\mathrm{i}}{\omega - kv} \frac{qE}{m_{\mathrm{d}}} \frac{\partial f_{\mathrm{d}0}}{\partial v} + \frac{d}{2M} \frac{\partial f_{\mathrm{d}0}}{\partial v} \left(\frac{E_x - \mathrm{i}E_y}{\omega - kv - \Omega} \mathrm{e}^{\mathrm{i}\varphi} - \frac{E_x + \mathrm{i}E_y}{\omega - kv + \Omega} \mathrm{e}^{-\mathrm{i}\varphi} \right) \quad (2.66)$$

引入柱状尘埃颗粒转动后，尘埃等离子体的介电常数具有如下的表达式[3]：

$$\varepsilon_{i,j}(\omega, k) = \varepsilon_{\mathrm{l}}(\omega, k) \frac{k_i k_j}{k^2} + \varepsilon_{\mathrm{t}}(\omega, k) \left(\delta_{ij} - \frac{k_i k_j}{k^2} \right) + \varepsilon_{\mathrm{d}}(\omega, k) \left(\delta_{ij} - \frac{\Omega_i \Omega_j}{k^2} \right) \quad (2.67)$$

方程右边前面两项表示等离子体的纵向介电常数和横向介电常数，后面一项 $\varepsilon_{\mathrm{d}}(\omega, k)$ 表示尘埃颗粒转动对介电常数的影响，同样根据电动力学的观点，联合式（2.64）～式（2.66）可以得出：

$$\varepsilon_{\mathrm{d}}(\omega, k) = -\frac{\Omega_{\mathrm{r}}^2}{\omega^2} \frac{k^2}{K^2} \frac{\omega}{\omega - \Omega_0} \mathrm{J}\left(\frac{\omega - \Omega_0}{kv} \right) + \frac{\Omega_{\mathrm{r}}^2}{K^2 v^2} \left(\frac{k^2}{K^2} + \frac{k^2}{K^2} \frac{\Omega_0}{\omega} \right) \left(1 - \mathrm{J}\left(\frac{\omega - \Omega_0}{kv} \right) \right)$$

$$(2.68)$$

式中，$\Omega_{\mathrm{r}} = (4\pi d^2 n_{\mathrm{d}0} / (4I))^{1/2}$；$K = (k^2 + \kappa^2)^{1/2}$，$\kappa = (m_{\mathrm{d}} / I)^{1/2}$。式（2.68）的形式非常复杂，相应的推导过程可以参考文献[3]。式中的贝塞尔函数 $\mathrm{J}(x)$ 具有如下积分表达式：

$$\mathrm{J}(x) = \frac{x}{\sqrt{2\pi}} \int_{-\infty}^{+\infty} \frac{\exp\left(-z^2 / 2 \right)}{x - z} \mathrm{d}z \quad (2.69)$$

由式（2.68）可知，考虑柱状尘埃颗粒转动后的等离子体介电常数表达式变得极其复杂，通常情况下，在研究这一类尘埃等离子体波动和相关的色散关系问题时，可以按照波的频率来进行近似分析处理。

2.6.2 尘埃等离子体的复磁导率

通常情况下，普通等离子体的磁导率实际上等于 1，如果在等离子体中掺杂的尘埃颗粒具有一定的磁特性，比如铁磁尘埃颗粒，它除了能改变等离子体的介电常数还有可能改变等离子体的磁导率，使得等离子体的电磁性质产生显著变化，从而有可能改变等离子体对电磁波的传播特性。要计算尘埃等离子体的磁导率，首先要知道尘埃颗粒的磁化率。计算颗粒的磁化率通常可以利用宏观的经典磁化强度运动方程来进行理论推导。磁化强度的运动方程由朗道（Landau）在 1935 年首次提出，假设磁性颗粒处于磁化平衡状态，其磁矩 $\boldsymbol{M}$ 平行于总的有效场 $\boldsymbol{H}_{\mathrm{eff}}$，如果受外部扰动的方向发生改变导致 $\boldsymbol{M}$ 与有效场 $\boldsymbol{H}_{\mathrm{eff}}$ 不平行，必然会导致磁矩 $\boldsymbol{M}$

受到一个力矩 L 的作用，其受力大小可表示为

$$L = M \times H_{\text{eff}} \tag{2.70}$$

由力矩引起的动量变化以及磁矩与动量矩之间的关系分别为

$$L = \frac{\mathrm{d}p}{\mathrm{d}t}, \quad M = -\gamma p \tag{2.71}$$

式中，γ 为磁力比。由此可得到磁矩运动方程：

$$\frac{\mathrm{d}M}{\mathrm{d}t} = -\gamma(M \times H_{\text{eff}}) \tag{2.72}$$

该方程物理上表示磁矩在力矩的作用下，围绕有效场 H_{eff} 而运动。按照方程描述，在无阻尼的情况下，磁矩将围绕着有效场永无停止地运动，但实际情况下，物质内部存在阻尼作用会导致运动过程终止。因此，经常在磁矩运动方程右边加入阻尼项 T_{D}，它的表达式较为复杂，不仅微观机制目前还不清楚，其宏观表达式也没有统一的写法，暂且利用朗道给出的如下近似表达：

$$T_{\text{D}} = -\lambda M \times (M \times H) / M_{\text{s}}^2 \tag{2.73}$$

由于阻尼作用的存在，交变场所产生的磁场强度一般落后于磁感应强度，它们的数值大小表达式为

$$\begin{aligned} H &= H_0 \cos(\omega t) \\ B &= B_0 \cos(\omega t - \phi_\mu) \end{aligned} \tag{2.74}$$

当二者之间存在线性关系时有

$$B = \mu' H_0 \cos(\omega t) + \mu'' H_0 \sin(\omega t) \tag{2.75}$$

式中，μ' 和 μ'' 分别表示磁导率的实部和虚部：

$$\mu' = \frac{B_0}{H_0} \cos \phi_\mu, \quad \mu'' = \frac{B_0}{H_0} \sin \phi_\mu, \quad \tan \phi_\mu = \frac{\mu''}{\mu'} \tag{2.76}$$

对式（2.72）进行线性化处理。式中介质内场量 $H = (h_x, h_y, H_z + h_z)$，$M = (m_x, m_y, M_z + m_z)$，则对于频率为 ω 的电磁波，线性化方程很容易得到

$$\mathrm{i}\omega m_x = -\mathrm{i}\gamma(m_y H_x - M h_y) - \frac{\lambda}{\chi_0} m_x + \lambda h_x$$

$$\mathrm{i}\omega m_y = -\mathrm{i}\gamma(M h_x - m_z H_z) - \frac{\lambda}{\chi_0} m_y + \lambda h_y \tag{2.77}$$

$$\mathrm{i}\omega m_z = 0$$

对于正负圆偏振态，用 h_+ 和 h_- 以及相应的 m_+ 和 m_- 来进行简化运算，假设 $\chi_0 = m_{z0}/H_{z0}$，经整理后可求得磁化率为

$$\chi = \frac{m}{h} = \frac{\lambda + \mathrm{i}\gamma m_0}{\lambda/\chi_0 + \mathrm{i}(\omega - \gamma H)} \qquad （2.78）$$

则对应磁导率可以写成如下形式：

$$\mu = 1 + 4\pi n_{\mathrm{d}}\chi = 1 + \frac{4\pi n_{\mathrm{d}}(\lambda + \mathrm{i}\gamma m_0)}{\lambda/\chi_0 + \mathrm{i}(\omega - \gamma H)} \qquad （2.79）$$

显然，加入铁磁尘埃颗粒的等离子体的磁导率大于 1，而且磁导率是一个复数。复磁导率的物理意义表示含磁性尘埃颗粒的等离子体既有磁能的存储又有磁能的损耗，这种损耗不是一般的涡流损耗，也不是磁滞损耗，而是由于磁化过程中磁矩运动的阻尼产生的，这种阻尼使磁化对于磁场有一定时间上的滞后。

2.6.3　尘埃等离子体的复电导率

当电磁波在尘埃等离子体中传播时，在尘埃等离子体中加入了电场，尘埃等离子体中的各带电粒子在电场力的作用下定向加速运动形成电流，又由于尘埃等离子体存在许多碰撞耗散机制，使产生的电流不能无限制，最终会达到一个稳态值，电流和电场之间保持平衡关系，这个关系反映的就是物质的导电性质。因此，电导率也是描述尘埃等离子体电磁特性的一个重要参数。

带电尘埃颗粒对等离子体电导率的影响同样涉及等离子体与带电尘埃颗粒的碰撞、尘埃颗粒表面电荷涨落等几个方面，本节只考虑带电尘埃颗粒引入的新碰撞机制对等离子体电导率的影响效果。对于尘埃等离子体电导率的求解，同样可以采取上述等离子体动理论的微扰方法，利用式（2.42）首先求出等离子体扰动分布函数，再给出扰动产生的电流密度，然后根据欧姆定理 $\boldsymbol{J} = \sigma\boldsymbol{E}$，在忽略空间色散的影响下，可得出尘埃等离子体的复电导率的表达式为

$$\sigma_{\mathrm{complex}} = \sum_\alpha \frac{\varepsilon_0\omega_{\mathrm{p}\alpha}^2\nu_{\mathrm{eff}}}{\omega^2 + \nu_{\mathrm{eff}}^2} - \mathrm{i}\omega\frac{\varepsilon_0\omega_{\mathrm{p}\alpha}^2}{\omega^2 + \nu_{\mathrm{eff}}^2} \qquad （2.80）$$

式中，$\alpha = \mathrm{e,i,d}$ 分别表示尘埃等离子体中的电子、离子以及尘埃颗粒；$\omega_{\mathrm{p}\alpha}$ 表示各带电粒子的振荡频率。

式（2.80）就是利用等离子体动理论方程推导的尘埃等离子体电导率的基础表达式，利用该表达式可以研究尘埃加入等离子体后对普通等离子体电导率的影响。因为尘埃颗粒和离子的质量比电子大很多，所以尘埃等离子体电导率主要

来源于等离子体中的电子流。为了研究尘埃颗粒加入等离子体对普通等离子体电导率影响的大小，可以选取典型的火箭喷焰尘埃等离子体数据来进行数值分析。

图 2.13 是尘埃等离子体电导率随尘埃颗粒半径和密度变化的数值曲线，图（a）对应的尘埃颗粒密度 $n_d = 10^{12}\,\mathrm{m}^{-3}$，图（b）对应的尘埃颗粒半径 $r_d = 1\mu\mathrm{m}$，其他参数为：电子密度 $n_e = 10^{17}\,\mathrm{m}^{-3}$，等离子体温度 $T = 2000\mathrm{K}$。为了比较加入尘埃颗粒以后的效果，同时给出了不含尘埃颗粒的普通等离子体的电导率数值结果。

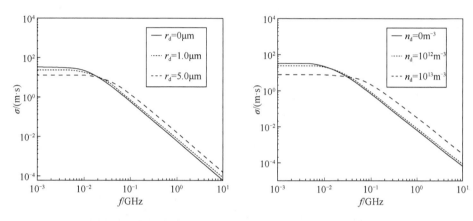

图 2.13　带电尘埃颗粒半径和密度对等离子体电导率的影响

由图 2.13 可知，尘埃颗粒加入等离子体显著改变了普通等离子体电导率的大小，这些变化主要体现在带电尘埃颗粒在等离子体中引入了新的碰撞机制，变化率的大小与尘埃颗粒的尺寸和浓度以及电磁波的频率紧密相关。在低频情况下尘埃颗粒的加入降低了等离子体的电导率，相反在高频情况下，尘埃等离子体的电导率比普通等离子体要大，且在相同浓度下，尘埃颗粒半径越大，电导率的变化也越大。物理上可以解释为，尺寸较大的尘埃颗粒不仅具有较大的散射截面，而且能拥有较多的电荷，导致等离子体中的电子与带电尘埃库仑碰撞增强，最终导致更多的电子能量损耗。同样，尘埃颗粒浓度的增加也增加了电子与带电尘埃颗粒的碰撞，导致电导率的值增加。数值模拟结果一定程度上可以用来解释为什么实验观测到的火箭喷焰中尘埃颗粒密度和尺度增加都能显著增加微波衰减。

参 考 文 献

[1] 李辉. 尘埃等离子体动力学及电磁特性研究[D]. 哈尔滨: 哈尔滨工业大学, 2017: 26-27.

[2] 梁勇敢. 尘埃颗粒对直流辉光放电与火箭喷焰等离子体参量特性的影响[D]. 哈尔滨: 哈尔滨工业大学, 2020: 28-36.

[3] Shukla P K, Mamun A A. Introduction to dusty plasma physics[M]. Boca Raton, USA: CRC Press, 2001: 1-3.

[4] Sukhinin G I, Fedoseev A V, Antipov S N, et al. Dust particle radial confinement in a DC glow discharge[J]. Physical Review E, 2013, 87(1): 013101.

[5] Fortov V E, Morfill G E. Complex and dusty plasmas: From laboratory to space[M]. Boca Raton, USA: CRC Press, 2010: 13.

[6] Khrapak S A, Ratynskaia S V, Zobnin A V, et al. Particle charge in the bulk of gas discharges[J]. Physical Review E, 2005, 72(1): 016406.

[7] Lampe M, Goswami R, Sternovsky Z, et al. Trapped ion effect on shielding, current flow, and charging of a small object in a plasma[J]. Physics of Plasmas, 2003, 10(5): 1500-1513.

[8] Khrapak S A, Morfill G E. Basic processes in complex (dusty) plasmas: Charging, interactions, and ion drag force[J]. Contributions to Plasma Physics, 2009, 49(3): 148-168.

[9] Bose S, Kaur M, Chattopadhyay P K, et al. Langmuir probe in collisionless and collisional plasma including dusty plasma[J]. Journal of Plasma Physics, 2017, 83(2): 615830201.

[10] Momot A I, Zagorodny A G, Momot O V. Electron density fluctuations in collisional dusty plasma with variable grain charge[J]. Physical Review E, 2019, 99(1): 013206.

[11] Lieberman M A, Lichtenberg A J. Principles of plasma discharges and materials processing[M]. New York, USA: John Wiley and Sons, 2005: 800.

[12] D'yachkov L G, Khrapak A G, Khrapak S A, et al. Model of grain charging in collisional plasmas accounting for collisionless layer[J]. Physics of Plasmas, 2007, 14(4): 042102.

[13] Khrapak S A, Ivlev A V, Morfill G E, et al. Ion drag force in complex plasmas[J]. Physical Review E, 2002, 66(4): 046414.

[14] Khrapak S A, Morfill G E. Dusty plasmas in a constant electric field: Role of the electron drag force[J]. Physical Review E, 2004, 69(6): 066411.

[15] Zobnin A V, Nefedov A P, Sinel'shchikov V A, et al. On the charge of dust particles in a low-pressure gas discharge plasma[J]. Journal of Experimental and Theoretical Physics, 2000, 91(3): 483-487.

[16] Lampe M, Gavrishchaka V, Ganguli G, et al. Effect of trapped ions on shielding of a charged spherical object in a plasma[J]. Physical Review Letters, 2001, 86(23): 5278-5281.

[17] Sternovsky Z, Robertson S. Effect of charge exchange ions upon Langmuir probe current[J]. Applied Physics Letters, 2002, 81(11): 1961-1963.

[18] Taccogna F, Longo S, Capitelli M. PIC model of the ion collection by a Langmuir probe[J]. Contributions to Plasma Physics, 2004, 44(7-8): 594-600.

[19] Ivlev A V, Samsonov D, Goree J, et al. Acoustic modes in a collisional dusty plasma[J]. Physics of Plasmas, 1999, 6(3): 741-750.

[20] Khrapak S A, Yaroshenko V V. Low-frequency waves in collisional complex plasmas with an ion drift[J]. Physics of Plasmas, 2003, 10(12): 4616-4621.

[21] Bystrenko O, Zagorodny A. Screening of dust grains in a weakly ionized gas: Effects of charging by plasma currents[J]. Physical Review E, 2003, 67(6): 066403.

[22] Alexandrov A F, Bogdankevich L S, Rukhadze A A. Principles of plasma electrodynamics[M]. Berlin, Germany: Springer, 1984: 56-58.

[23] Tsytovich V N, de Angelis U. Kinetic theory of dusty plasmas. I. General approach[J]. Physics of Plasmas, 1999, 6(4): 1093-1106.

[24] Vladimirov S V, Ostrikov K. Dynamic self-organization phenomena in complex ionized gas systems: New paradigms and technological aspects[J]. Physics Reports, 2004, 393(3-6): 175-380.

[25] Mohideen U, Rahman H U, Smith M A, et al. Intergrain coupling in dusty-plasma coulomb crystals[J]. Physical Review Letters, 1998, 81(2): 349-352.

[26] Molotkov V I, Nefedov A P, Pustyl'nik M Y, et al. Liquid plasma crystal: Coulomb crystallization of cylindrical macroscopic grains in a gas-discharge plasma[J]. Journal of Experimental and Theoretical Physics Letters, 2000, 71(3): 102-105.

[27] Annaratone B M, Khrapak A G, Ivlev A V, et al. Levitation of cylindrical particles in the sheath of an RF plasma[J]. Physical Review E, 2001, 63(3): 036406.

[28] Vladimirov S V, Nambu M. Interaction of a rodlike charged macroparticle with a flowing plasma[J]. Physical Review E, 2001, 64(2): 026403.

[29] Ivlev A V, Khrapak A G, Khrapak S A, et al. Rodlike particles in gas discharge plasmas: Theoretical model[J]. Physical Review E, 2003, 68(2): 026403.

[30] Maiorov S A. Charging of a rodlike grain in a plasma flow[J]. Plasma Physics Reports, 2004, 30(9): 766-771.

第3章 直流辉光放电尘埃等离子体流体模型

在粒子之间相互作用比较频繁的系统中，单个粒子的特性并不突出，大量粒子的集体运动特征较为明显，这时可以将系统作为流体处理，研究其密度场、温度场以及速度场等宏观参量[1]。对等离子体而言，虽然在某些情况下，等离子体中相同粒子之间的碰撞频率可能较低，但等离子体中存在很多比如微湍流、回旋运动、不稳定性以及各种粒子漂移等与碰撞等效的特征过程，一般也能够使等离子体达到局域热平衡状态，在实际应用中，使用流体理论可以很好地描述等离子体系统中的许多物理过程[2]。此外，与一般流体模型不同的是，由于等离子体中包含大量带电粒子，会受到电磁力的影响，流体的运动过程也会产生电磁场，在不考虑磁场影响的情况下，等离子体流体模型中除了包含各种粒子的连续性方程，一般还会耦合泊松方程以描述电场的分布。

当等离子体系统中包含大量尘埃颗粒形成尘埃等离子体时，其中的尘埃颗粒能够通过与等离子体粒子（电子、离子以及亚稳态原子等）发生碰撞等相互作用影响等离子体的某些参数和性质。考虑到尘埃颗粒的影响，尘埃等离子体流体模型方程组相较于普通等离子体的情况将会变得更加复杂。首先，尘埃等离子体中电子和离子源源不断地通过与尘埃颗粒碰撞而被吸附，尘埃颗粒相当于电子和离子的"汇"，当尘埃颗粒密度较高时，它对等离子体电子及离子密度的影响将会变得相当可观；其次，由于尘埃颗粒带电，尘埃颗粒还会对等离子体的电荷空间分布有一定影响，即影响等离子体的空间电势与电场分布；再者，通过对空间电场分布的影响，尘埃颗粒还可能对等离子体的电子温度这一重要参量产生一定影响，这一点也已经在尘埃等离子体相关实验中得到了证实[3]，但目前人们使用流体模型研究尘埃等离子体性质时大多使用漂移扩散近似模型，模型中并不包含电子能量守恒方程，无法描述尘埃等离子体电子温度的分布状态。除了以上尘埃颗粒对等离子体性质的影响之外，等离子体性质的变化也会反过来影响尘埃颗粒的带电特性。针对以上尘埃颗粒对等离子体参量性质影响的问题，本章建立了实验室低气压直流辉光放电尘埃等离子体流体模型，该模型在漂移扩散近似模型的基础上加入了电子能量守恒方程。根据放电管的放电结构与尺寸的不同，使用商业软件COMSOL Multiphysics 分别建立了直流辉光放电尘埃等离子体一维和二维轴对称模型，并使用有限元方法对流体模型方程组进行求解，对不同尘埃颗粒参数和不同放电条件下尘埃等离子体参量与性质的时空演化过程进行了仿真研究。

3.1　尘埃等离子体流体模型方程组

在等离子体流体模型中，可以认为等离子体是由多种互相贯穿的流体组成，也就是说等离子体中的每一种粒子都是一种单独的流体。等离子体中的粒子都满足玻尔兹曼方程，通过求每种粒子玻尔兹曼方程的速度零阶、一阶、二阶矩就可以分别得到相应粒子的粒子数守恒方程、动量守恒方程以及能量守恒方程[1]，这些守恒方程分别用以描述粒子密度、粒子平均速度以及粒子能量密度等宏观量，是一般流体模型的基本组成部分。

对尘埃等离子体而言，如果不考虑磁场的作用，除了在上述守恒方程中考虑尘埃颗粒的影响外，还需考虑描述电场时空演化过程的泊松方程，才能形成一个自洽的尘埃等离子体流体模型。下面对尘埃等离子体流体模型进行详细介绍。

当等离子体中含有大量尘埃颗粒时，等离子体粒子连续性方程中应加入尘埃颗粒对各带电粒子的吸附项，即

$$\frac{\partial n_{\alpha}}{\partial t} + \nabla \cdot \boldsymbol{\Gamma}_{\alpha} = S_{\alpha} - \nu_{\alpha d}^{\text{coll}} n_{\alpha} \tag{3.1}$$

式中，$\alpha = \text{e, i}$ 分别代表电子和离子；$\nu_{\alpha d}^{\text{coll}}$ 代表电子和离子与尘埃颗粒进行吸附碰撞的频率，也被称为吸附率；S_{α} 代表等离子体系统中各种碰撞过程导致的粒子源项，其具体含义将在后续内容中详细介绍；$\boldsymbol{\Gamma}_{\alpha}$ 代表粒子流通量，它由放电等离子体达到稳态时的粒子动量守恒方程忽略惯性项后得到，具体表示为

$$\boldsymbol{\Gamma}_{\alpha} = -D_{\alpha} \nabla n_{\alpha} + \mu_{\alpha} Z_{\alpha} n_{\alpha} \boldsymbol{E} \tag{3.2}$$

式中，n_{α}、D_{α} 和 μ_{α} 分别为相应等离子体粒子的粒子密度、扩散系数和迁移率，D_{α} 和 μ_{α} 满足爱因斯坦关系 $D_{\alpha} = k_{\text{B}} T_{\alpha} \mu_{\alpha} / e$；$Z_{\alpha}$ 为等离子体带电粒子的电荷数。式（3.2）通常被称作漂移扩散近似方程。

低气压直流辉光放电等离子体中，由于离子质量和中性粒子相当，离子能够通过与中性粒子发生频繁的碰撞与中性粒子保持能量一致，而中性粒子密度远大于离子密度而且不受加热电场的影响，因此二者都接近于室温。电子由于质量很小而无法通过碰撞过程与中性粒子保持相同的能量，在加热电场的作用下，电子温度一般远大于离子温度且在放电区域有一定的空间分布。因此，对于等离子体中众多种类的粒子，我们只需求解电子能量守恒方程，考虑到尘埃颗粒对电子的吸附作用，其表达式为

$$\frac{\partial n_{\varepsilon}}{\partial t} + \nabla \cdot \boldsymbol{\Gamma}_{\varepsilon} = -e \boldsymbol{\Gamma}_{\text{e}} \cdot \boldsymbol{E} + S_{\varepsilon} - e \varphi_{\text{d}} I_{\text{e}} n_{\text{d}} \tag{3.3}$$

式中，n_{ε} 为电子能量密度；$e \varphi_{\text{d}}$ 为单个电子被尘埃颗粒吸附时损失的能量；$\boldsymbol{\Gamma}_{\text{e}}$ 为

电子流通量；$\boldsymbol{\Gamma}_\varepsilon$ 为电子能量流量密度，它由两部分组成，分别是由温度梯度引起的热传导和电子在电场中漂移运动引起的能量通量，具体可以表示为

$$\boldsymbol{\Gamma}_\varepsilon = -D_\varepsilon \nabla n_\varepsilon - \mu_\varepsilon n_\varepsilon \boldsymbol{E} \tag{3.4}$$

其中，μ_ε 为电子能量迁移率，D_ε 为电子能量扩散系数。如果电子能量服从麦克斯韦分布，则 μ_ε 和 D_ε 与电子迁移率 μ_e 的关系可以写为如下形式：

$$\mu_\varepsilon = \frac{5}{3}\mu_e, \quad D_\varepsilon = \frac{k_B T_e \mu_\varepsilon}{e} \tag{3.5}$$

在式（3.3）中，S_ε 为能量源项，它包括电子与等离子体粒子之间的各种碰撞导致的能量损失。对于弱电离等离子体，中性粒子成分占绝大部分，电子弹性碰撞主要发生在电子和中性粒子之间，S_ε 的表达式可写为

$$S_\varepsilon = -\frac{3}{2}\delta_e \nu_{en} n_e \left(T_e - T_g\right) + \sum_j \Delta\varepsilon_j R_j \tag{3.6}$$

式中，$\delta_e = 2m_e / m_i$ 为电子弹性碰撞的平均能量损失率；ν_{en} 为电子-中性粒子碰撞频率；T_e 为电子温度；T_g 为中性气体温度；$\Delta\varepsilon_j$ 为第 j 个电子非弹性碰撞反应中电子的能量变化值；R_j 则是相应的碰撞反应速率。

尘埃等离子体中的电势与电场的空间分布特征由泊松方程描述，考虑到尘埃颗粒的带电性质，泊松方程可以写为

$$\nabla^2 \varphi = -\frac{e\left(n_i - n_e - Z_d n_d\right)}{\varepsilon_0} \tag{3.7}$$

$$\boldsymbol{E} = -\nabla\varphi \tag{3.8}$$

式中，φ 为尘埃等离子体电势。

式（3.1）～式（3.8）就是能够描述气体放电尘埃等离子体参量与性质的流体模型方程组，在不同的放电条件以及尘埃颗粒参数下对上述方程组进行求解就可以得到不同条件下尘埃等离子体相关参量的空间分布结果。

3.2　直流氩气辉光放电等离子体模型

3.2.1　氩气放电等离子体的化学反应

人们在研究尘埃颗粒对等离子体参量的影响时，往往希望所研究的等离子体本身成分简单且性质均匀稳定，以避免其他因素的干扰。在实验室环境下，氩气放电容易实现，碰撞截面参数齐全，是人们研究放电等离子体较常用的气体之

一[4]。同时，在柱形管中通过低气压直流辉光放电产生的等离子体，其正柱区具有轴向分布均匀、径向分布对称的特点，是研究尘埃等离子体性质的最佳环境之一[5]。结合以上两点，本节选择氩气作为放电气体，并在柱形放电管辉光放电环境下研究尘埃颗粒对等离子体相关参量的影响[1]，放电模型中考虑的主要化学反应如表 3.1 所示，可以看到所有反应里只包含四种粒子，分别是基态氩原子 Ar、电子 e、氩离子 Ar^+ 和激发态氩原子 Ar^*，存在的主要化学反应类型则包括弹性碰撞、直接电离、激发、分步电离、潘宁电离和光子辐射等。

表 3.1　氩气直流辉光放电管中的等离子体化学反应[6]

序号	反应方程	类型	能量损失/eV	速率常数
1	$e + Ar \rightarrow e + Ar$	弹性碰撞	0	g_1
2	$e + Ar \rightarrow 2e + Ar^+$	直接电离	15.8	g_2
3	$e + Ar \rightarrow e + Ar^*$	激发	11.7	g_3
4	$e + Ar \rightarrow e + Ar^*$	激发	13.2	g_4
5	$e + Ar^* \rightarrow 2e + Ar^+$	分步电离	4.4	g_5
6	$2Ar^* \rightarrow e + Ar^+ + Ar$	潘宁电离	—	$6.2 \times 10^{-16} \mathrm{m^3/s}$
7	$Ar^* \rightarrow h\nu + Ar$	光子辐射	—	$1.0 \times 10^7 \mathrm{s^{-1}}$

其中电子碰撞反应的速率常数 g_i 的表达式为

$$g_i = \int_0^\infty \sigma_i(\varepsilon) \sqrt{\varepsilon} f_0(\varepsilon) \mathrm{d}\varepsilon \tag{3.9}$$

式中，ε 为电子能量；$\sigma_i(\varepsilon)$ 为第 i 个反应的电子碰撞截面，氩气放电中，电子参与的不同反应过程的碰撞截面随电子能量变化的关系曲线如图 3.1 所示[6]；$f_0(\varepsilon)$ 为电子能量分布函数，假设其服从麦克斯韦分布，即

$$f_0(\varepsilon) = \frac{A_0}{(k_B T_e)^{3/2}} \exp\left(-\frac{\varepsilon}{k_B T_e}\right) \tag{3.10}$$

其中，A_0 为归一化常数，使式（3.10）满足 $\int f_0(\varepsilon) \varepsilon^{1/2} \mathrm{d}\varepsilon = 1$。

式（3.1）中的粒子源项 S_α 表示等离子体粒子 α 的产生或损失的速率，其表达式为

$$S_\alpha = \sum_i c_{\alpha,i} R_{\alpha,i} \tag{3.11}$$

式中，$c_{\alpha,i}$ 为单位体积内第 i 个反应对粒子 α 的贡献量；$R_{\alpha,i}$ 为相应过程的反应速率，其与反应物的粒子浓度和反应速率常数 g_i 成正比。

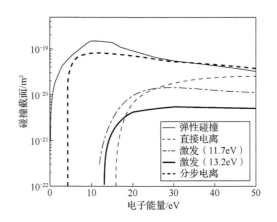

图 3.1   氩气放电等离子体不同反应的电子碰撞截面随电子能量变化关系曲线

3.2.2   仿真模型边界条件设置

仿真模型的边界条件设置与模型的几何结构以及材料性质有关，对于不同的等离子体参量相应的边界条件也有所不同。通常来说，模型的边界可以分为电极（导体）边界、对称轴、介质壁（绝缘材料）等，而需要考虑的等离子体参量则包括等离子体粒子种类以及等离子体电势等。根据具体情况，不同边界条件分析如下。

（1）电子的边界条件。

电子由于热运动流入壁面时，壁面对电子的黏附系数为 1，没有电子发生反射，这导致电子损失发生在壁面。正离子轰击壁面时，会引起二次电子发射，进而导致电子数量增加，二次电子的发射系数与壁面材料以及入射离子的能量等因素相关。电子的漂移速度远小于其热运动速度，故忽略电子漂移运动导致的损失。

（2）重粒子（离子、激发态的原子等）的边界条件。

与电子一样，重粒子由于热运动流入壁面时，壁面对重粒子的黏附系数为 1，没有重粒子发生反射，这导致重粒子损失发生在壁面。重粒子能量较低，热运动速度较慢，在壁面附近的漂移运动不可忽略，运动方向朝向壁面时会导致粒子损失。

（3）电子能流密度的边界条件。

电子能流密度的边界条件和电子流量的边界条件相对应，在电子流量的基础上乘上平均电子能量即可。

（4）等离子体电势的边界条件。

放电的阴极电势为零，阳极电势为外加电压，具体数值视情况而定。放电管介质壁上的电势分布则根据壁面上积累的净电荷由高斯定律计算。

　　此外，由于本节建立的尘埃等离子体流体模型为轴对称模型，因此在几何模型的对称轴处，两侧等离子体参量的通量完全相同且方向相反，可以互相抵消，以上各项通量都应设置为零。

　　综上所述，仿真模型里不同等离子体参量在不同壁面处的边界条件设置如表 3.2 所示。

表 3.2　不同等离子体参量在不同壁面处的边界条件

	阳极	阴极	介质壁	对称轴
n_e	$\boldsymbol{n}\cdot\boldsymbol{\Gamma}_e=\frac{1}{4}u_{e,th}n_e$	$\boldsymbol{n}\cdot\boldsymbol{\Gamma}_e=\frac{1}{4}u_{e,th}n_e-\gamma\boldsymbol{n}\cdot\boldsymbol{\Gamma}_i$	$\boldsymbol{n}\cdot\boldsymbol{\Gamma}_e=\frac{1}{4}u_{e,th}n_e$	$\boldsymbol{n}\cdot\boldsymbol{\Gamma}_e=0$
n_i	$\boldsymbol{n}\cdot\boldsymbol{\Gamma}_i=\frac{1}{4}u_{i,th}n_i+\alpha\mu_in_i\boldsymbol{n}\cdot\boldsymbol{E}$	$\boldsymbol{n}\cdot\boldsymbol{\Gamma}_i=\frac{1}{4}u_{i,th}n_i+\alpha\mu_in_i\boldsymbol{n}\cdot\boldsymbol{E}$	$\boldsymbol{n}\cdot\boldsymbol{\Gamma}_i=\frac{1}{4}u_{i,th}n_i+\alpha\mu_in_i\boldsymbol{n}\cdot\boldsymbol{E}$	$\boldsymbol{n}\cdot\boldsymbol{\Gamma}_i=0$
n_{Ar^*}	$\boldsymbol{n}\cdot\boldsymbol{\Gamma}_{Ar^*}=\frac{1}{4}u_{Ar^*,th}n_{Ar^*}$	$\boldsymbol{n}\cdot\boldsymbol{\Gamma}_{Ar^*}=\frac{1}{4}u_{Ar^*,th}n_{Ar^*}$	$\boldsymbol{n}\cdot\boldsymbol{\Gamma}_{Ar^*}=\frac{1}{4}u_{Ar^*,th}n_{Ar^*}$	$\boldsymbol{n}\cdot\boldsymbol{\Gamma}_{Ar^*}=0$
n_ε	$\boldsymbol{n}\cdot\boldsymbol{\Gamma}_\varepsilon=\frac{5}{12}u_{e,th}n_\varepsilon$	$\boldsymbol{n}\cdot\boldsymbol{\Gamma}_\varepsilon=\frac{5}{12}u_{e,th}n_\varepsilon-\gamma\bar\varepsilon\,\boldsymbol{n}\cdot\boldsymbol{\Gamma}_i$	$\boldsymbol{n}\cdot\boldsymbol{\Gamma}_\varepsilon=\frac{5}{12}u_{e,th}n_\varepsilon$	$\boldsymbol{n}\cdot\boldsymbol{\Gamma}_\varepsilon=0$
φ	V_0	0	$\dfrac{\partial\rho_s}{\partial t}=\boldsymbol{n}\cdot\boldsymbol{\Gamma}_i+\boldsymbol{n}\cdot\boldsymbol{\Gamma}_e,$ $-\boldsymbol{n}\cdot\boldsymbol{D}=\rho_s$	$\boldsymbol{n}\cdot\boldsymbol{E}=0$

　　注：$\boldsymbol{n}$ 为指向边界的单位向量；$u_{e,th}$，$u_{i,th}$，$u_{Ar^*,th}$ 为电子、离子和 Ar^* 粒子的热速度；$\bar\varepsilon$ 为离子轰击阴极产生的二次发射电子的平均能量；γ 为二次电子发射率；μ_i 为离子迁移率；$\boldsymbol{E}$ 为电场强度；$\boldsymbol{D}$ 为电位移矢量；α 为与电场方向有关的常量，电场方向指向边界时 $\alpha=1$，反之 $\alpha=0$。

3.2.3　模型稳定性处理

　　气体放电等离子体中，在类似鞘层区的某些区域内，电子密度有可能在很短的距离内发生数个量级的变化，过大的电子密度梯度会为方程的数值求解带来很多不稳定因素，为了避免这种情况的发生，一般不直接求解电子密度，而是求解电子密度的对数值 N_e，这里 $N_e=\ln n_e$。由于电子平均能量定义为电子能量密度与电子密度的比值，$\bar\varepsilon=n_\varepsilon/n_e$，因此定义 $N_e=\ln n_e$ 不仅可以有效避免电子连续性方程求解过程中的一些不稳定性，还可以避免求解平均电子能量时分母为零的情况。

　　同时为了保证电子连续性方程（3.1）和电子能量守恒方程（3.3）中源项的稳定，在式（3.1）中还应添加一个额外的源项，表示为

$$R_e=N_A\exp\left(-\xi\ln n_e\right) \tag{3.12}$$

式中，ξ 为一个自定义的可调参数。式（3.12）的存在可以在电子密度很低时确保电子密度不会等于零。随着电子密度的增大，源项式（3.12）变得很小可以忽略。与式（3.12）类似，在电子能量守恒方程中也有一个类似的源项，表示为

$$R_\varepsilon=N_A\exp\left(-\xi\ln n_\varepsilon\right) \tag{3.13}$$

3.3　直流辉光放电尘埃等离子体参量仿真

对柱形放电管中的辉光放电等离子体，如果放电管横截面积较大，其径向尺寸远大于电子能量弛豫尺度，则电子在向管壁运动的过程中能够通过各种碰撞过程达到平衡状态，此时可以认为放电管中的等离子体参量径向分布均匀。由于放电管壁边界条件对等离子体影响较小，只需分析放电管中等离子体参量的轴向分布即可掌握放电管中等离子体参量特点，可以选择比较简单的一维轴对称模型对放电过程进行模拟仿真。反之，如果放电管径向尺寸较小，放电管中各等离子体参量由于管壁的影响会存在一定的径向分布特点，这时需要建立更为复杂的二维轴对称甚至三维模型来描述相应的放电过程，才能得到准确的等离子体参量的时空分布。因此，在研究辉光放电管中尘埃颗粒对等离子体参量的影响时，根据放电管径向尺寸不同，分别建立了相应的一维和二维轴对称模型，以高效且准确地分析不同情况下尘埃颗粒对放电等离子体参量与性质的影响[1]。

3.3.1　一维轴对称模型的仿真

当放电管径向尺寸较大时，建立气体放电尘埃等离子体一维轴对称模型，仿真模型的几何结构如图 3.2 所示，z 是一维轴向坐标，坐标原点为阴极处。

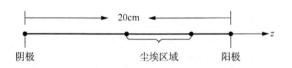

图 3.2　一维轴对称仿真模型的几何结构

从式（3.1）和式（3.3）中可以看到，尘埃颗粒的充电电流是影响尘埃等离子体性质的关键因素，选择合理且准确的尘埃颗粒充电模型对尘埃等离子体的模拟研究至关重要。这里首先使用比较简单的 OML 充电理论描述尘埃颗粒充电过程，并结合尘埃等离子体流体模型方程组［式（3.1）～式（3.8）］，对尘埃等离子体参量进行估算，然后根据仿真得到的尘埃等离子体参量选择合理的尘埃颗粒充电模型。图 3.3 为尘埃等离子体电子密度、离子密度和尘埃颗粒电荷密度轴向空间分布结果，具体的仿真条件为放电气压 $p = 65\text{Pa}$，放电电压 $V_0 = 500\text{V}$，尘埃颗粒半径 $r_d = 1\mu\text{m}$，尘埃颗粒密度 $n_d = 10^{10}\text{m}^{-3}$。在尘埃颗粒区域中心 $z = 13\text{cm}$ 处取值进行估算，该处电子密度 $n_e = 4.01 \times 10^{15}\text{m}^{-3}$，离子密度 $n_i = 4.03 \times 10^{15}\text{m}^{-3}$，中性粒子密度 $n_g = 1.56 \times 10^{22}\text{m}^{-3}$，可得相应的德拜半径 $\lambda_D \approx 20\mu\text{m}$，离子平均自由程 $l_i \approx 80\mu\text{m}$，进而可以得到德拜半径和离子平均自由程比值 $\lambda_D/l_i \approx 0.25$，此时 OML 充电理论已经不能很好地描述尘埃颗粒的离子充电过程，当尘埃颗粒尺寸或是密度继续增大时，由于等离子体密度的下降比值 λ_D/l_i 也会进一步增大，因此选择使用 OML 充电理论描述电子充电过程，同时使用 CEC 模型描述离子充电过程。

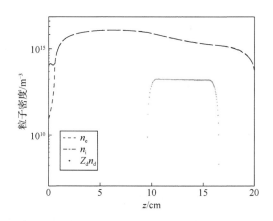

图 3.3　尘埃等离子体电子密度、离子密度和尘埃颗粒电荷密度轴向空间分布结果
（扫封底二维码查看彩图）

在尘埃颗粒半径以及密度固定的情况下，根据尘埃颗粒充电平衡方程，尘埃颗粒表面电势可写为等离子体电子温度与离子密度的函数，即

$$\varphi_d = \varphi_d\left(T_e, n_i\right) \tag{3.14}$$

式（3.14）无解析解，可通过定义插值函数的方法将式（3.14）代入流体模型方程组，在相应的放电条件以及边界条件下即可对尘埃等离子体流体模型方程组进行数值求解，得到相应条件下尘埃等离子体参量的分布结果。

基于上述尘埃等离子体流体模型，我们研究了不同尘埃颗粒密度以及不同尘埃颗粒半径下尘埃颗粒对等离子体主要参数的影响。仿真模型中的放电条件设置如下：放电管横截面积 $S_{tube} = 0.1\text{m}^2$，放电气压 $p = 65\text{Pa}$，放电电压 $V_0 = 500\text{V}$，镇流电阻 $R_b = 5000\Omega$，尘埃颗粒分布范围为 $10\text{cm} \leqslant z \leqslant 16\text{cm}$。为减少计算过程中出现的不稳定因素，对尘埃颗粒区域边界处的尘埃颗粒密度分布进行了二阶可导平滑处理。同时在仿真过程中将放电管设置为竖直放置，这样尘埃颗粒在重力与轴向电场力的综合作用下能够悬浮于放电管中[3]。

为了便于后面分析尘埃颗粒对等离子体参量的影响结果，表 3.3 列出了不同尘埃颗粒参数下，放电管 $z = 13\text{cm}$ 处尘埃等离子体主要参数的仿真结果，表中 J_{ez} 表示等离子体轴向电子电流密度，E_z 表示等离子体轴向电场。

表 3.3　放电管 z=13cm 处不同尘埃颗粒参数下尘埃等离子体主要参数仿真结果

$r_d/\mu m$	n_d/m^{-3}	n_e/m^{-3}	n_i/m^{-3}	$Z_d n_d/m^{-3}$	$J_{ez}/(A/m^2)$	$E_z/(V/m)$	T_e/eV
0	0	1.91×10^{16}	1.91×10^{16}	0	-0.875	10.8	1.34
0.3	10^{11}	4.54×10^{15}	4.6×10^{15}	5.9×10^{13}	-0.868	36	1.48
1	10^{10}	4.04×10^{15}	4.06×10^{15}	1.94×10^{13}	-0.867	39	1.48
1	10^{11}	1.48×10^{14}	2.88×10^{14}	1.41×10^{14}	-0.834	-16	1.51
1	10^{12}	4.2×10^{13}	1.83×10^{15}	1.78×10^{15}	-0.765	-245.9	1.81
3	10^{11}	3.61×10^{13}	4.92×10^{14}	4.56×10^{14}	-0.796	-158.8	2.04

　　图 3.4 和图 3.5 分别为不同尘埃颗粒密度和半径下等离子体电子密度的轴向空间分布结果。从图 3.4 中可以看到，放电管中存在一定浓度的尘埃颗粒时，等离子体电子密度明显下降，且随着尘埃颗粒密度的增加电子密度持续下降。这是由于电子充电电流的存在，尘埃颗粒能够大量吸附电子，从而导致了放电管中电子密度的降低，而且尘埃颗粒越多对电子的吸附就越强。同时，从图 3.5 中可以看到，电子密度随着尘埃颗粒半径的增大而降低，这和电子密度随尘埃颗粒密度的增加而降低的原因类似，尘埃颗粒半径越大对电子的吸附截面也就越大，进而导致电子密度越低。

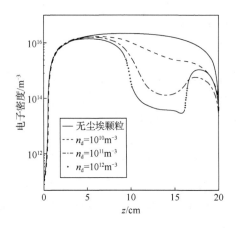 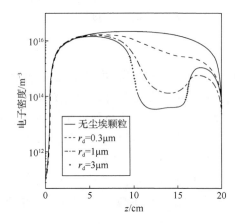

图 3.4　$r_d=1\mu m$ 时不同尘埃颗粒密度下　　　图 3.5　$n_d=10^{11}m^{-3}$ 时不同尘埃颗粒半径下
电子密度轴向空间分布结果　　　　　　　　　电子密度轴向空间分布结果

　　此外，从图 3.4 和图 3.5 中还可以发现，由于尘埃颗粒的引入而导致的电子密度下降值要远远大于尘埃颗粒电荷密度，比如在尘埃颗粒参量为 $r_d=1\mu m$ 和 $n_d=10^{11}m^{-3}$ 时，电子密度相较于无尘埃颗粒情况下下降了 $1.51\times10^{16}m^{-3}$，而此时的尘埃颗粒电荷密度仅仅为 $1.94 \times 10^{13} \mathrm{m}^{-3}$，这比电子密度的下降值要低得多。这一点并不难理解，实际上尘埃颗粒能够影响等离子体的电子密度是因为电子对尘埃颗粒的充电过程。电子对尘埃颗粒的总充电电流越大，尘埃颗粒对电子密度的影响就越明显，而尘埃颗粒的带电量由尘埃颗粒充电平衡方程决定，它并不只与电子充电电流相关，还与离子充电电流有关。

为了具体地解释上述现象，我们给出了放电管中无尘埃颗粒和有尘埃颗粒时等离子体电离速率和尘埃颗粒对电子的吸附速率结果对比，如图 3.6 所示。

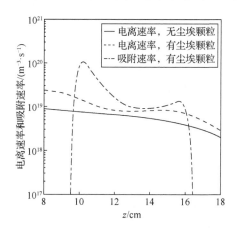

图 3.6　尘埃颗粒区域等离子体电离速率和尘埃颗粒对电子的吸附速率结果对比

从图 3.6 中可以看到，尘埃颗粒参量为 $r_{\mathrm{d}} = 1\mu\mathrm{m}$ 和 $n_{\mathrm{d}} = 10^{11} \mathrm{m}^{-3}$ 时，尘埃颗粒对电子的吸附速率始终高于等离子体电离速率，即尘埃颗粒区域的电子产生率要低于电子吸附率，这说明虽然此时尘埃颗粒电荷密度较低，其对电子密度的影响却非常明显，而该区域电子密度能够维持稳定还需要尘埃颗粒区域之外的电子向尘埃颗粒区域扩散以补充电子的损失。从图 3.6 中还可以看到，尘埃等离子体中尘埃颗粒区域的电离速率要高于无尘埃颗粒时的情况，也就是说尘埃颗粒的引入能够提高等离子体电离速率，这主要是因为尘埃颗粒作为电子和离子的"汇"使电子密度下降，系统为了能够维持放电而提高电子产生速率即增大了电离速率。

图 3.7 和图 3.8 分别为不同尘埃颗粒密度和半径下等离子体离子密度空间分布结果。可以看到，当尘埃颗粒密度较低以及半径较小时，尘埃颗粒的引入会使离子密度下降，且随尘埃颗粒密度的增加与半径的增大离子密度越来越低，这是尘埃颗粒大量吸附离子导致的结果。然而当尘埃颗粒密度与半径增大到一定程度时，离子密度不再随尘埃颗粒密度的增加与半径的增大而降低，反而会有所升高，这是因为系统中尘埃颗粒较少时会造成电子、离子密度的大幅下降，而随着尘埃颗

粒密度的增加与半径的增大，尘埃颗粒对电子、离子的吸附作用越来越强，尘埃颗粒表面积累的电子也越来越多；当尘埃颗粒密度与半径继续增大时，会出现尘埃颗粒电荷密度远高于电子密度的现象，此时为了维持等离子体准中性，离子密度变得与尘埃颗粒密度相当，并出现离子密度高于尘埃颗粒密度较低与半径较小时离子密度的现象。

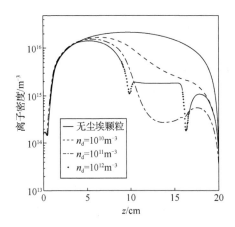 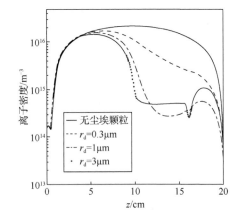

图 3.7　　$r_d = 1\mu m$ 时不同尘埃颗粒密度下　　　图 3.8　　$n_d = 10^{11} m^{-3}$ 时不同尘埃颗粒半径下
离子密度空间分布结果　　　　　　　　　　　　离子密度空间分布结果

图 3.9 和图 3.10 分别为不同尘埃颗粒密度和半径下尘埃颗粒电荷密度的空间分布结果。可以看到，随着尘埃颗粒密度的增加和半径的增大，尘埃颗粒电荷密度增大，根据尘埃颗粒电荷密度表达式 $Z_d n_d \approx 4\pi\varepsilon_0 r_d \varphi_d n_d$ 可以直观地看到尘埃颗粒电荷密度与尘埃颗粒密度及半径均成正比。同时，结合上述结果不难发现，对于不同尘埃颗粒密度和半径，当参数 $n_d r_d^2$ 值接近时，即使尘埃颗粒电荷密度相差较大，其对等离子体参量的影响也比较接近。这是因为等离子体电子和离子充电电流大小是尘埃颗粒对等离子体参量影响程度的决定因素且其值与 $n_d r_d^2$ 成正比，而尘埃颗粒电荷密度 $Z_d n_d$ 则与 $n_d r_d$ 成正比，因此当尘埃颗粒半径增大时对等离子体参量的影响程度比同等幅度地增大尘埃颗粒密度效果更明显。

图 3.11 和图 3.12 分别为不同尘埃颗粒密度和半径下等离子体电势的轴向分布结果。可以看到，放电管中不存在尘埃颗粒时，电势的轴向空间分布较平滑，尘埃颗粒的引入导致尘埃颗粒区域电势降低，且随着尘埃颗粒密度的增加与半径的增大电势有越来越低的趋势，这是尘埃颗粒大量吸附电子，在尘埃颗粒区域聚集大量负电荷导致的结果。此外，尘埃颗粒的引入还使电势空间分布变得起伏较大，这会导致一定强度的空间电场的产生。

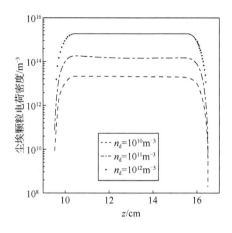

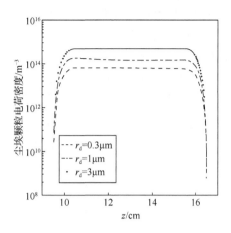

图 3.9　$r_d = 1\mu m$ 时不同尘埃颗粒密度下
尘埃颗粒电荷密度空间分布结果

图 3.10　$n_d = 10^{11} m^{-3}$ 时不同尘埃颗粒半径下
尘埃颗粒电荷密度空间分布结果

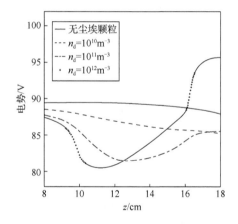

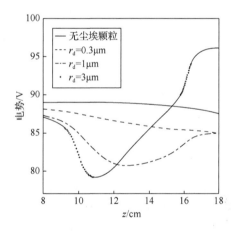

图 3.11　$r_d = 1\mu m$ 时不同尘埃颗粒密度下
尘埃颗粒区域等离子体电势轴向分布结果

图 3.12　$n_d = 10^{11} m^{-3}$ 时不同尘埃颗粒半径下
尘埃颗粒区域等离子体电势轴向分布结果

　　图 3.13 和图 3.14 分别为不同尘埃颗粒密度和半径下等离子体轴向电场的空间分布结果。可以看到，当等离子体中不存在尘埃颗粒时，轴向电场很小而且空间分布相对均匀，这个电场为电子加热场，它存在的意义是补偿电子由于碰撞过程所损失的能量，从而维持放电平衡状态。当系统中引入尘埃颗粒后，可以看到，在尘埃颗粒区域的左侧和右侧边界附近都产生了明显的空间电场，左侧边界附近电场为正能够阻碍电子从左向右进入尘埃颗粒区域，右侧边界附近电场为负能够阻碍电子从右向左进入尘埃颗粒区域。随着尘埃颗粒密度的增加以及半径的增大，尘埃颗粒区域边界附近电场的绝对值也越来越大。为了解释这一现象，我们可以

将整个尘埃颗粒区域看作一个整体,并将该整体区域称为尘埃云。当尘埃云最开始出现时,由于电子能量高、扩散速度快,会迅速在尘埃云区域内积累使尘埃云带上大量负电荷,从而在尘埃云区域形成一个负的空间电荷区,尘埃云周围则形成一个空间电场,该电场的作用就是阻碍电子向尘埃云区域扩散并促进离子向尘埃云区域扩散,这个过程与单个尘埃颗粒的充电过程类似。同时,由于尘埃云区域边界附近的尘埃颗粒密度梯度很大,前文中也讨论过尘埃颗粒对等离子体电子密度影响很大,因此在尘埃颗粒密度较高或半径较大时,尘埃颗粒区域边界附近相应的电子密度也有一个很大的变化梯度,为了阻碍这一具有大密度梯度的电子进入尘埃云区域,所需要的电场也较大,这也是尘埃颗粒区域边界附近的空间电场随尘埃颗粒密度的增加和半径的增大而增大的原因。

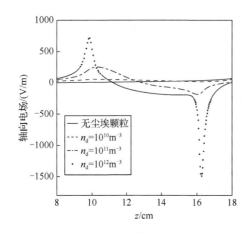
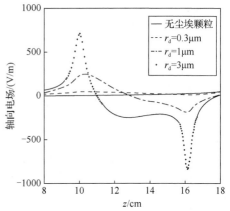

图 3.13　$r_d = 1\mu m$ 时不同尘埃颗粒密度下　　　图 3.14　$n_d = 10^{11} m^{-3}$ 时不同尘埃颗粒半径下
等离子体轴向电场空间分布结果　　　　　　　　等离子体轴向电场空间分布结果

图3.15和图3.16分别为不同尘埃颗粒密度和半径下等离子体电子温度的空间分布结果。可以看到,放电管中存在尘埃颗粒时等离子体电子温度相比于无尘埃颗粒的情况会明显增大,而且随着尘埃颗粒密度的增加和半径的增大,电子温度也越来越高。前面已经说过,当等离子体中引入尘埃颗粒后,尘埃颗粒作为额外的电子和离子"汇"项增大了电子和离子的吸附速率,为了弥补这一额外的电子损失,维持放电平衡状态,需要提高等离子体电离速率,增加电子产生率,而提高等离子体电离速率将导致电子温度升高。这里得到的尘埃颗粒能够使等离子体电子温度升高的结论也与实验中观测的结果一致[3]。

同时从图3.15和图3.16中还可以看到,当尘埃颗粒密度较高或半径较大时,不存在尘埃颗粒的区域的电子温度相较于低密度或小半径尘埃颗粒时有明显的增大，这是因为放电管中的电子在电场的作用下由放电阴极向阳极运动，当尘埃颗粒密度较高或半径较大时，尘埃颗粒两侧形成的空间电场也比较大，尘埃颗粒区域左侧的电场会阻碍尘埃颗粒向右侧的阳极运动，这在一定程度上抑制了电子的运动速度，也就是使电子温度降低了，而右侧的电场则大幅促进了电子向阳极的运动，这起到了提高电子温度的作用。

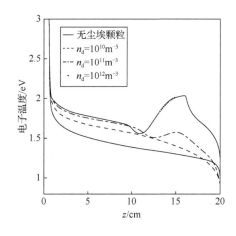

图 3.15　$r_d = 1\mu m$ 时不同尘埃颗粒密度下电子温度空间分布结果　　图 3.16　$n_d = 10^{11} m^{-3}$ 时不同尘埃颗粒半径下电子温度空间分布结果

3.3.2　二维轴对称模型的仿真

前面我们使用一维轴对称模型研究了放电管横截面积较大情况下放电管中尘埃等离子体参量的轴向分布与性质特点，当放电管径向尺寸较小时，一维轴对称模型不再适用，需要建立相应的二维轴对称流体模型以模拟尘埃等离子体参量的径向分布特点。针对这种情况，本节建立了气体放电尘埃等离子体二维轴对称模型，仿真模型的几何结构如图 3.17 所示。

根据图 3.17 中结构，对相应流体模型方程组进行求解，研究不同尘埃颗粒密度以及不同尘埃颗粒半径下尘埃等离子体主要参量的径向分布特点。仿真模型中的模拟条件设置如下：放电管竖直放置，放电气压 $p = 65Pa$，放电电压 $V_0 = 1000V$，镇流电阻 $R_b = 10^5 \Omega$，尘埃颗粒轴向分布范围为$18cm \leqslant z \leqslant 32cm$、径向分布范围为$0 \leqslant r \leqslant 0.5cm$。与一维轴对称模型一样，这里为减少计算过程中出现的不稳定因素，对尘埃颗粒区域轴向与径向边界处的尘埃颗粒密度分布都进行了二阶可导平滑处理。仿真所需数据均取自图 3.17 中的截线 l_r，l_r处于尘埃颗粒轴向分布区域的中心附近。

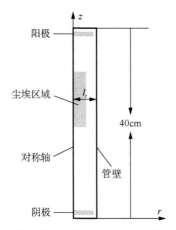

图 3.17 放电管二维轴对称仿真模型的几何结构

图 3.18 和图 3.19 分别为不同尘埃颗粒密度和半径下等离子体电子密度的径向分布结果。与一维轴对称模型的结果类似，放电管中存在一定浓度的尘埃颗粒时，等离子体电子密度下降，同时随着尘埃颗粒密度的增加或是尘埃颗粒半径的增大电子密度越来越低，这是电子对尘埃颗粒持续充电而被大量吸附导致的。

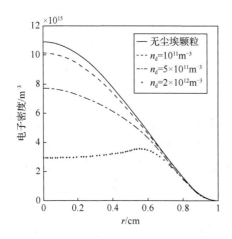

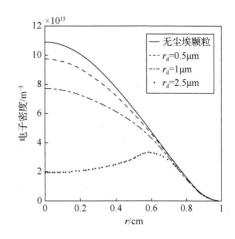

图 3.18 $r_d = 1\mu m$ 时不同尘埃颗粒密度下电子密度径向分布结果

图 3.19 $n_d = 5 \times 10^{11} m^{-3}$ 时不同尘埃颗粒半径下电子密度径向分布结果

通过与图 3.4 和图 3.5 对比还可以看到，当放电管中初始电子密度相当且尘埃颗粒密度和半径都保持相同的情况下，比如 $r_d = 1\mu m$ 和 $n_d = 10^{11} m^{-3}$ 时，尘埃颗粒在一维轴对称模型中对电子密度的影响要远超过二维轴对称模型的情况，这主要是在一维与二维轴对称模型中尘埃颗粒径向分布范围不同导致的。在一维轴对称模型中只对尘埃颗粒的轴向分布范围进行了限制，整个放电管的径向范围全部充满了尘埃颗粒。但是在二维轴对称模型中，尘埃颗粒径向分布只占据了放电管横截面的 1/4。由于尘埃颗粒径向分布范围较小，尘埃颗粒区域内电子密度由于尘埃颗粒的吸附而显著下降，但尘埃颗粒区域范围外电子密度却未受影响。电子的能量较高，热运动速度很快，电子很容易由尘埃颗粒区域外围向内扩散，尘埃颗粒区域的电子密度增大，导致尘埃颗粒对电子密度的影响程度减弱。

　　图 3.20 和图 3.21 分别为不同尘埃颗粒密度和半径下等离子体离子密度的径向分布结果。可以看到，尘埃颗粒的引入能够使离子密度降低，且随着尘埃颗粒密度的增加与半径的增大，离子密度越来越低，这是尘埃颗粒大量吸附离子导致的。通过与图 3.18 和图 3.19 中的电子密度分布结果对比可以看到，同等尘埃颗粒参数下离子密度下降幅度小于电子密度，这是因为尘埃颗粒带负电，在等离子体准中性条件的限制下，离子密度高于电子密度，即离子密度相比于电子密度下降得更少。

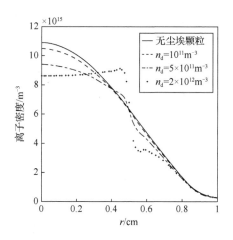 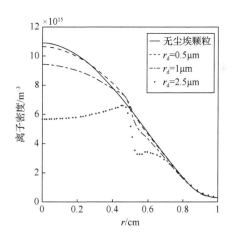

图 3.20　$r_d = 1\mu m$ 时不同尘埃颗粒密度下　　　图 3.21　$n_d = 5 \times 10^{11} m^{-3}$ 时不同尘埃颗粒
　　　离子密度径向分布结果　　　　　　　　　　　半径下离子密度径向分布结果

　　图 3.22 和图 3.23 分别为不同尘埃颗粒密度和半径下尘埃颗粒电荷密度的径向分布结果。从图中可以看到，与一维轴对称模型中的结果类似，随着尘埃颗粒密度的增加和半径的增大，尘埃颗粒电荷密度都越来越大，这是因为尘埃颗粒电荷密度与尘埃颗粒密度和半径呈正相关关系。在尘埃颗粒密度和半径都比较大时，比如满足 $r_d = 2.5\mu m$ 和 $n_d = 5 \times 10^{11} m^{-3}$ 时，尘埃颗粒区域的尘埃颗粒电荷密度径向分布变得不再均匀，这是因为此时尘埃颗粒区域的电子密度较低且径向分布不均匀，由于尘埃等离子体准中性条件的限制，尘埃颗粒在该区域无法达到充电饱和状态，导致尘埃颗粒带电量与电子密度的大小呈正相关关系。

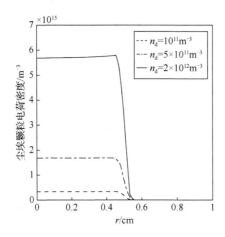 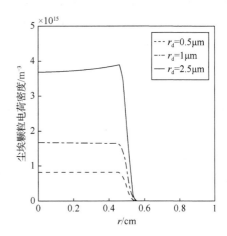

图 3.22　$r_d = 1\mu m$ 时不同尘埃颗粒密度下　　图 3.23　$n_d = 5\times10^{11}m^{-3}$ 时不同尘埃颗粒
尘埃颗粒电荷密度径向分布结果　　　　　半径下尘埃颗粒电荷密度径向分布结果

　　图 3.24 和图 3.25 分别为不同尘埃颗粒密度和半径下等离子体电势的径向分布结果。可以看到，与一维轴对称模型中的结果不同，尘埃颗粒的引入能够使尘埃颗粒区域电势整体提高，这主要是两种模型里设置的放电条件不同导致的。二维轴对称模型中镇流电阻较大，尘埃颗粒的引入使气体放电变得更加困难，也就是说相当于放电管电极之间的等效电阻增大，这会导致放电电极的极间电压增大，从而使放电管中的整体电势都有所提高。二维轴对称模型中尘埃颗粒区域的轴向电势结果与一维轴对称模型中类似，尘埃颗粒的引入也会使轴向电势相比于无尘埃颗粒区域有所降低，这是尘埃颗粒区域大量聚集负电荷导致的结果。

　　图 3.26 和图 3.27 分别为不同尘埃颗粒密度和半径下等离子体径向电场 E_r 的分布结果。当尘埃颗粒密度较低或是半径较小时，尘埃颗粒对径向电场的影响很小，因为此时尘埃颗粒对电子密度的影响很小，无须在尘埃颗粒区域形成额外的空间电场来维持电子密度径向分布。随着尘埃颗粒密度和半径的增大，尘埃颗粒区域的径向电场相较于无尘埃颗粒时开始逐渐降低，当尘埃颗粒密度和半径增大到一定程度时，尘埃颗粒区域的径向电场甚至会出现反向现象，变为由管壁指向放电管中心。这是因为随着尘埃颗粒密度的增加和半径的增大，在尘埃颗粒区域积累的负电荷越来越多，尘埃颗粒区域周围形成的空间电场也越来越强，该电场能够阻碍电子扩散至尘埃颗粒区域，其方向与无尘埃颗粒时的等离子体径向电场方向相反，当尘埃颗粒区域空间电场的强度超过无尘埃颗粒时的原径向电场时，就会出现电场反向的现象。

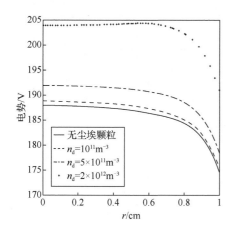

图 3.24　$r_d = 1\mu m$ 时不同尘埃颗粒密度下
等离子体电势的径向分布结果

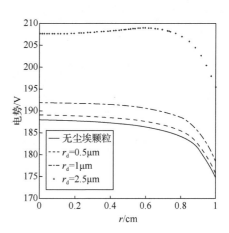

图 3.25　$n_d = 5 \times 10^{11} m^{-3}$ 时不同尘埃颗粒
半径下等离子体电势的径向分布结果

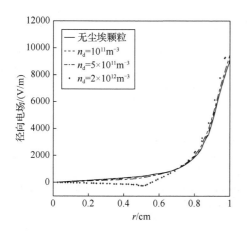

图 3.26　$r_d = 1\mu m$ 时不同尘埃颗粒密度下
径向电场分布结果

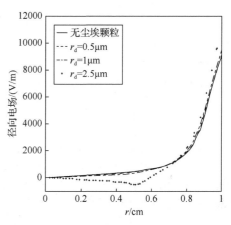

图 3.27　$n_d = 5 \times 10^{11} m^{-3}$ 时不同尘埃颗粒
半径下径向电场分布结果

　　图 3.28 和图 3.29 分别为不同尘埃颗粒密度和半径下等离子体电子温度的径向分布结果。可以看到，等离子体电子温度在放电管径向基本处于均匀分布状态，尘埃颗粒的引入会使电子温度升高，且随着尘埃颗粒密度的增加或尘埃颗粒半径的增大电子温度越来越高。尘埃颗粒使等离子体电子温度升高，一方面是为了维持放电而提高电离速率的自洽结果，另一方面是放电管轴向电场增大导致的结果。

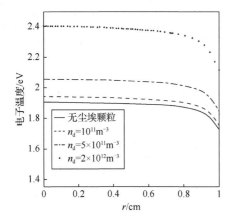 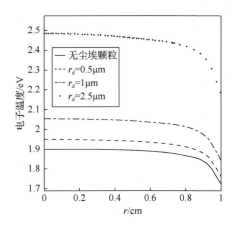

图 3.28　　$r_d = 1\mu m$ 时不同尘埃颗粒密度下　　　图 3.29　　$n_d = 5 \times 10^{11} m^{-3}$ 时不同尘埃颗粒
电子温度径向分布结果　　　　　　　　　　　　半径下电子温度径向分布结果

参 考 文 献

[1] 梁勇敢. 尘埃颗粒对直流辉光放电与火箭喷焰等离子体参量特性的影响[D]. 哈尔滨: 哈尔滨工业大学, 2020: 32-52.

[2] Chen F F. Introduction to plasma physics[M]. New York: Springer, 1974: 46.

[3] Polyakov D N, Shumova V V, Vasilyak L M, et al. Study of glow discharge positive column with cloud of disperse particles[J]. Physics Letters A, 2011, 375(37): 3300-3305.

[4] Raizer Y P. Gas discharge physics[M]. Berlin, Germany: Springer, 1991: 18-22.

[5] Totsuji H. Distribution of electrons, ions, and fine (dust) particles in cylindrical fine particle (dusty) plasmas: Drift-diffusion analysis[J]. Plasma Physics and Controlled Fusion, 2016, 58(4): 045010.

[6] Rafatov I, Bogdanov E A, Kudryavtsev A A. On the accuracy and reliability of different fluid models of the direct current glow discharge[J]. Physics of Plasmas, 2012, 19(3): 033502.

第4章 尘埃等离子体动理论模型

第3章主要通过尘埃等离子体流体模型研究了尘埃颗粒对直流辉光放电等离子体宏观参量的影响，在相应的流体模型系统方程组中，各粒子的迁移率、扩散系数以及不同化学反应过程的反应速率系数等是求解方程所必需的输入参量[1-4]，这些参量都是基于粒子能量服从麦克斯韦分布的假设而计算得到的。但是，对大多数工业或实验室条件下通过气体放电产生的弱电离尘埃等离子体而言，由于各种电子碰撞过程的存在，其电子能量分布函数通常会偏离麦克斯韦分布[5,6]，这时需要根据玻尔兹曼方程求解得到电子能量分布函数（electron energy distribution function, EEDF）及一些与电子能量分布函数相关的等离子体参量[7]。

当等离子体中存在大量带电尘埃颗粒时，电子会与尘埃颗粒发生库仑碰撞和吸附碰撞，由于尘埃颗粒尺寸通常比中性粒子大几个量级，其与电子碰撞的碰撞截面相当可观，因此电子-尘埃颗粒碰撞过程也会对电子能量分布函数产生一定影响，进而影响等离子体的电子输运系数、某些电子参与反应过程的速率系数以及电子温度等与电子能量分布函数有关的参量。反之，电子能量分布函数的改变也会影响尘埃颗粒的电子充电电流，使尘埃颗粒的带电特性发生变化。因此，求解尘埃等离子体电子玻尔兹曼方程时除了需要考虑电子与等离子体粒子之间的碰撞过程外还应额外考虑电子-尘埃颗粒碰撞过程，同时还应将玻尔兹曼方程与尘埃颗粒充电平衡方程进行耦合求解，以得到电子能量分布函数和尘埃颗粒带电特性的自洽结果。目前，已有的关于直流辉光放电条件下尘埃等离子体电子能量分布函数的研究中，大多假设等离子体参量空间分布均匀并使用局域近似模型对玻尔兹曼方程进行化简[8-12]，但是实际上在大多数实验室低气压直流辉光放电等离子体条件下，局域近似方法是不成立的[13]，这时需要使用更为复杂的非局域近似方法化简玻尔兹曼方程。

通常来说，在任意一个放电系统中，对其电子玻尔兹曼方程进行直接求解几乎都是不可能的，因为玻尔兹曼方程中同时存在电磁场项和碰撞项，电磁场项由麦克斯韦方程组描述，所需要求解的方程是一个非常复杂的非线性微分-积分方程。因此，在实际求解电子玻尔兹曼方程的过程中通常都要使用很多近似条件将玻尔兹曼方程简化为更容易求解的形式，对不同类型、不同条件下的放电等离子体使用的简化方法也有所不同。

本章基于动理论模型研究实验室低气压直流辉光放电条件下尘埃等离子体的性质，在电子玻尔兹曼方程中考虑了电子-尘埃颗粒碰撞过程的影响。同时，根据放电条件的不同，对相应电子玻尔兹曼方程使用局域近似和非局域近似方法进行化简，基于这两种近似方法化简得到的动理论模型分别称为局域动理论模型和非局域动理论模型[7]，以下对这两种近似方法进行详细介绍。

4.1　尘埃等离子体局域动理论方程

等离子体电子能量分布函数通常通过求解电子玻尔兹曼方程得到，电子玻尔兹曼方程表示为

$$\frac{\partial f_\mathrm{e}}{\partial t} + \boldsymbol{v} \cdot \frac{\partial f_\mathrm{e}}{\partial \boldsymbol{r}} - \frac{e\boldsymbol{E}}{m_\mathrm{e}} \cdot \frac{\partial f_\mathrm{e}}{\partial \boldsymbol{v}} = \left. \frac{\partial f_\mathrm{e}}{\partial t} \right|_\mathrm{c} \tag{4.1}$$

式中，f_e 为电子速度分布函数；$\boldsymbol{v}$ 为电子速度；$\boldsymbol{r}$ 为电子位移；$\boldsymbol{E}$ 为电场强度；$\partial f_\mathrm{e}/\partial t|_\mathrm{c}$ 表征碰撞过程对电子能量分布函数的影响。对于弱电离等离子体，电子弹性碰撞过程起主导作用，电子弹性散射频率要远远高于电场加热造成的电子能量增加或一些非弹性碰撞导致的电子能量损失的特征频率，此时可以认为电子能量分布函数接近各向同性，各向异性项很小，即

$$f_\mathrm{e}(\boldsymbol{r}, \boldsymbol{v}, t) = f_\mathrm{e0}(\boldsymbol{r}, \boldsymbol{v}, t) + \frac{\boldsymbol{v}}{v} f_\mathrm{e1}(\boldsymbol{r}, \boldsymbol{v}, t) \tag{4.2}$$

式中，f_e0 为速率 v 的各向同性函数；f_e1 为各向异性的小项。这种简化方法叫作两项近似法。将式（4.2）代入式（4.1），通过用球谐函数展开，只保留最低阶项，并进行一些积分处理后可以得到有碰撞时的两项动理论方程：

$$\frac{\partial f_\mathrm{e1}}{\partial t} + v \frac{\partial f_\mathrm{e0}}{\partial \boldsymbol{r}} - \frac{eE}{m_\mathrm{e}} \frac{\partial f_\mathrm{e0}}{\partial v} = -\nu_\mathrm{m}(v) f_\mathrm{e1} \tag{4.3}$$

$$\frac{\partial f_\mathrm{e0}}{\partial t} + \frac{v}{3} \frac{\partial f_\mathrm{e1}}{\partial \boldsymbol{r}} - \frac{eE}{3m_\mathrm{e}v^2} \frac{\partial}{\partial v}\left(v^2 f_\mathrm{e1}\right) = C_\mathrm{e} \tag{4.4}$$

式中，ν_m 为电子总动量转移频率；C_e 为与电子的各种碰撞过程有关的项。假设等离子体处于稳态，则式（4.3）和式（4.4）可以写为

$$f_\mathrm{e1} = -\frac{v}{\nu_\mathrm{m}(v)} \frac{\partial f_\mathrm{e0}}{\partial \boldsymbol{r}} + \frac{eE}{m_\mathrm{e}\nu_\mathrm{m}(v)} \frac{\partial f_\mathrm{e0}}{\partial v} \tag{4.5}$$

$$\frac{v}{3}\frac{\partial f_{e1}}{\partial r} - \frac{eE}{3m_e v^2}\frac{\partial}{\partial v}\left(v^2 f_{e1}\right) = C_e \tag{4.6}$$

将式（4.5）代入式（4.6），并使用电子动能 $u = m_e v^2/(2e)$ 代替电子速度 v 作为方程的变量，可得描述电子能量分布函数各向同性部分的方程为

$$\frac{2eu^{3/2}}{3m_e v_m}\left(-\nabla^2 f_0 + \nabla \cdot \boldsymbol{E}\frac{\partial f_0}{\partial u}\right) - \frac{2e}{3m_e}\frac{\partial}{\partial u}\left(-\frac{u^{3/2}}{v_m}(\boldsymbol{E}\cdot\nabla)f_0 + \frac{u^{3/2}}{v_m}E^2\frac{\partial f_0}{\partial u}\right)$$
$$= S_{en}(f_0) + S_{ed}(f_0) \tag{4.7}$$

左侧第一项括号内表示电子空间扩散过程和电子迁移通量，第二项括号内表示扩散冷却效应和直流电场对电子的加热过程，方程右侧的 $S_{en}(f_0)$ 和 $S_{ed}(f_0)$ 分别代表电子-中性粒子和电子-尘埃颗粒碰撞项；$v_m = (n_g\sigma_{en} + n_d\sigma_{ed})v$ 为电子总动量转移频率，σ_{en} 和 σ_{ed} 分别代表电子-中性粒子和电子-尘埃颗粒动量转移界面；f_0 代表电子能量分布函数，满足归一化条件 $\int f_0 u^{1/2}\mathrm{d}u = 1$，其与电子速度分布函数的关系可以写为

$$f_0(u) = 2\pi\left(\frac{2e}{m_e}\right)^{3/2} f_{e0}(u) \tag{4.8}$$

对于气体放电尘埃等离子体，如果放电气压比较高，电子与中性粒子碰撞频率很高，碰撞过程对电子运动的影响很大，也就是说式（4.7）中的能量扩散项和碰撞项远大于空间不均匀项，忽略方程中所有与空间变量求导有关以及与双极性电场有关的项，这种近似过程就叫作局域近似方法[14]。通过局域近似方法，式（4.7）可化简为

$$-\frac{2eE^2}{3m_e}\frac{\mathrm{d}}{\mathrm{d}u}\left(\frac{u^{3/2}}{v_m}\frac{\mathrm{d}f_0}{\mathrm{d}u}\right) = S_{en}(f_0) + S_{ed}(f_0) \tag{4.9}$$

式（4.9）就是尘埃等离子体的局域动理论方程。可以看到，当等离子体与尘埃颗粒参量确定后，局域动理论方程中电子能量分布函数只有电场这一个外在影响因素。

4.2　尘埃等离子体非局域动理论方程

通常来说，在辉光放电管中等离子体的径向双极性电场大小和放电管的径向尺寸有关，放电管半径越大电子密度梯度越小，相应的双极性电场也就越小。当

等离子体放电气压比较低时，电子与中性粒子的碰撞频率也比较小，如果此时等离子体放电管的半径较小而径向双极性电场比较大的话，那么电子在运动的过程中通过碰撞过程损失的能量和电子从双极性电场中获得的能量无法达到平衡状态，即电子在径向运动的过程中动能不再守恒，而是一个与空间坐标有关的量。这种情况下，在化简电子动理论方程（4.7）时，局域近似方法将不再适用[15]。

为了解决上述问题，Bernstein 等[16]和 Tsendin[17]提出了使用电子总能量 $\varepsilon = u + \Phi(r)$ 代替动能 u 作为电子能量分布函数的变量的方法对式（4.7）进行化简，这种化简方法就是非局域近似方法。替换变量后，尘埃等离子体动理论方程 [式（4.7）] 可写为

$$-\frac{2eE^2}{3m_e}\frac{\partial}{\partial\varepsilon}\left(\frac{u^{3/2}}{\nu_m}\frac{\partial f_0(\varepsilon,r)}{\partial\varepsilon}\right) - \frac{2}{3m_e r}\frac{\partial}{\partial r}\left(r\frac{u}{\nu_m}\frac{\partial f_0(\varepsilon,r)}{\partial\varepsilon}\right)$$
$$= S_{en}(f_0) + S_{ed}(f_0) \tag{4.10}$$

式（4.10）就是尘埃等离子体的电子非局域动理论方程。相比于式（4.7），式（4.10）的形式虽然简单了不少，但它仍然是一个关于电子总能量 ε 和径向坐标 r 的二阶偏微分方程，在这种形式下求解起来仍然存在困难，还需要进行进一步简化。

在直流辉光放电管中，如果不存在加热电场，且电子碰撞过程中能量损失很小，那么电子会在放电管径向双极性电场的限制下做总能量近似守恒的周期运动。将式（4.10）对空间求平均，以达到消去变元 r 使方程变成一个更容易求解的二阶常微分方程的目的，其中求平均的空间范围与电子克服势能所能到达的位置有关[16,17]。这样，尘埃等离子体电子非局域动理论方程可以写为如下形式：

$$-\frac{2eE^2}{3m_e}\frac{d}{d\varepsilon}\left(\overline{\frac{u^{3/2}}{\nu_m}\frac{df_0(\varepsilon,r)}{d\varepsilon}}\right) = \overline{S_{en}(f_0)} + \overline{S_{ed}(f_0)} \tag{4.11}$$

式（4.11）中的各平均项定义为

$$\overline{A} = \begin{cases} \frac{2}{R^2}\int_0^{r(\varepsilon)} A(\varepsilon)r dr, & 0 < \varepsilon < U_w \\ \frac{2}{R^2}\int_0^R A(\varepsilon)r dr, & \varepsilon \geq U_w \end{cases} \tag{4.12}$$

式中，U_w 为放电管壁电势的绝对值，积分上限 $r(\varepsilon)$ 通过式（4.13）计算：

$$\varphi(r(\varepsilon)) = \varepsilon \tag{4.13}$$

通常情况下，辉光放电正柱区的电势径向分布 $\varphi(r)$ 可以近似写为一个二次函数的形式，但本章研究的是尘埃等离子体中的电子能量分布函数，尘埃颗粒的引入可能会对等离子体径向电势的分布造成一定影响。考虑这个因素，下面将通过第 3 章建立的二维尘埃等离子体流体模型，在后续求解电子非局域动理论方程设置的参数条件下模拟得到等离子体电势径向空间分布，用于计算式（4.12）中的积分上限 $r(\varepsilon)$。

由于电子-尘埃颗粒碰撞过程与尘埃颗粒表面电势关系密切，需要将局域动理论方程（4.9）和非局域动理论方程（4.11）分别与尘埃颗粒充电平衡方程结合起来，以建立相应的尘埃等离子体局域与非局域动理论模型，并自洽地求解尘埃等离子体的电子能量分布函数和尘埃颗粒表面电势。这里需要注意的是，由于电子不再满足麦克斯韦分布，电子充电电流应改写为

$$I_e = \pi r_d^2 n_e \int_{-\varphi_d}^{+\infty} \left(1 + \frac{\varphi_d}{u}\right) \left(\frac{2eu}{m_e}\right)^{1/2} f_0(u) u^{1/2} du \tag{4.14}$$

4.3　尘埃颗粒对等离子体电子能量分布函数的影响

基于直流辉光放电正柱区的等离子体，使用动理论模型研究尘埃颗粒与等离子体的相互作用和相互影响。结合动理论方程和尘埃颗粒充电平衡方程实现对尘埃颗粒表面电势和等离子体电子能量分布函数的自洽求解，方程的求解方法为有限差分方法。具体的计算条件为放电管半径 $R = 1\text{cm}$，放电气压 $p = 65\text{Pa}$，气体温度 $T_g = 300\text{K}$，中性粒子密度 $n_g = 1.7 \times 10^{16}\text{cm}^{-3}$，离子密度 $n_i = 10^{10}\text{cm}^{-3}$，离子温度 $T_i = 300\text{K}$，尘埃颗粒在放电管中均匀分布，径向分布范围为 $0 \leqslant r \leqslant 0.8\text{cm}$。在上述计算条件下，通过改变尘埃颗粒的密度和半径研究不同尘埃颗粒参数下尘埃颗粒与等离子体性质的相互影响，分别根据局域和非局域动理论模型求解电子能量分布函数和尘埃颗粒表面电势，以分析电子玻尔兹曼方程的简化方法对计算结果的影响[7]。值得注意的是，此时如果假设电子能量服从麦克斯韦分布，可估算得到尘埃等离子体的电子能量弛豫长度为 $\lambda_\varepsilon \approx 3\text{cm}$，很显然此时局域近似条件 $R/2.4 \gg \lambda_\varepsilon$ 无法被满足，也就是说这种情况下基于非局域近似方法的非局域动理论模型是更准确的。不同尘埃颗粒密度与半径下尘埃等离子体电势径向分布结果如图 4.1 所示，相应的局域与非局域动理论模型下求解得到的电子能量分布函数结果及无尘埃和有尘埃颗粒情况下两种模型的计算结果对比如图 4.2～图 4.4 所示。

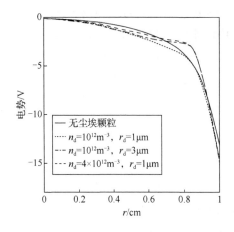

图 4.1　$E_z = 4.5\text{V/cm}$ 时不同尘埃颗粒密度
与半径下尘埃等离子体电势径向分布结果

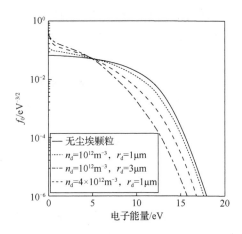

图 4.2　$E_z = 4.5\text{V/cm}$ 时不同尘埃颗粒密度
与半径下电子能量分布函数局域动理论
模型结果

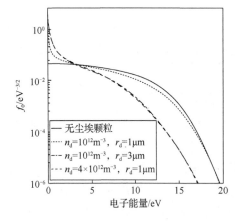

图 4.3　$E_z = 4.5\text{V/cm}$ 时不同尘埃颗粒密度
与半径下电子能量分布函数非局域动理论
模型结果

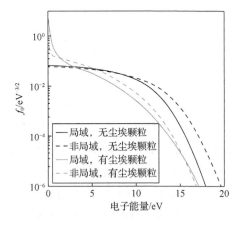

图 4.4　$E_z = 4.5\text{V/cm}$ 时无尘埃和有尘埃
颗粒情况下两种模型的计算结果对比

从图 4.1 可以看到，尘埃颗粒的引入使尘埃颗粒区域的电势绝对值略微升高，此处的电势径向分布比较平缓，电势分布的略微变化会导致电子的运动范围明显改变。同时尘埃颗粒区域的边界附近电势绝对值有明显降低，且电势梯度相比于无尘埃颗粒情况下变得更加平缓，这使得该处径向电场变小以减少电子向尘埃颗粒区域扩散。

图 4.2 和图 4.3 分别为轴向电场 $E_z = 4.5\text{V/cm}$ 时，不同尘埃颗粒密度与半径下，根据局域和非局域动理论模型计算得到的电子能量分布函数结果。从图 4.2 和

图 4.3 可以看到：当等离子体中引入尘埃颗粒后，根据局域和非局域动理论模型计算得到的电子能量分布函数都明显偏离无尘埃颗粒时的结果。尘埃颗粒的引入使电子能量分布函数的低能部分显著增加，高能部分减小，在电子能量为零附近区域出现一个尖峰。这是因为尘埃颗粒带负电，电子与尘埃颗粒的吸附碰撞存在一个能量阈值，只有电子能量高于尘埃颗粒表面电势绝对值时才能够被尘埃颗粒吸附，且吸附截面随着电子能量的增大而增大，所以尘埃颗粒的存在会使等离子体中高能电子的比例下降，低能电子的比例升高。尘埃颗粒对电子的总吸附截面正比于 $n_d r_d^2$，因此随着尘埃颗粒密度的增加或半径的增大，尘埃颗粒对高能电子的吸附作用也越来越强，导致高能电子比例越来越低，低能电子比例越来越高。在图 4.3 中，通过对比尘埃颗粒参数为 $n_d = 10^{12} \text{m}^{-3}$、$r_d = 3\mu\text{m}$ 和 $n_d = 4 \times 10^{12} \text{m}^{-3}$、$r_d = 1\mu\text{m}$ 两种情况时的电子能量分布函数结果，可以发现前者的 $n_d r_d^2$ 值明显大于后者，但它们的电子能量分布函数却非常接近，这是两种情况下等离子体径向电势分布不同导致的结果。从图 4.1 可以看到，在相同的电子能量下，前者情况下电子活动范围更小，导致通过吸附碰撞损失的高能电子更少，这在一定程度上抑制了尘埃颗粒对电子能量分布函数的影响。

图 4.4 为轴向电场 $E_z = 4.5\text{V/cm}$ 时，无尘埃和有尘埃颗粒 $n_d = 4 \times 10^{12} \text{m}^{-3}$、$r_d = 1\mu\text{m}$ 情况下局域与非局域动理论模型计算得到的电子能量分布函数结果对比。可以看到，无尘埃颗粒情况下由非局域动理论模型求解得到的电子能量分布函数中高能电子比例比由局域动理论模型求解的结果更高，这是因为非局域动理论模型中以电子总能量为变量，电子在放电管中运动时由于电势的影响其动能始终低于总能量，因此相比于局域动理论模型中认为电子动能为常量的情况，非局域动理论模型中电子发生激发和电离碰撞的碰撞频率更低，吸附碰撞过程导致的高能电子损失也更少。从图 4.4 中还可以看到，尘埃颗粒对非局域动理论模型的电子能量分布影响更大，这是因为由非局域动理论模型得到的电子能量分布函数中高能电子比例更高，相应地受到尘埃颗粒充电碰撞过程的影响也更加明显。

4.4　尘埃颗粒对等离子体输运和电离过程的影响

尘埃等离子体中电子输运系数和电离速率系数都是基于电子能量分布函数计算得到的，它们对于描述气体放电过程的流体模型十分重要。电子输运系数包括迁移率 μ_e 和扩散系数 D_e，二者与电子能量分布函数的关系如下[1]：

$$\mu_e = -\frac{2e}{3m_e} \int_0^\infty \frac{\varepsilon^{3/2}}{\nu_m} \frac{\partial f_0(\varepsilon)}{\partial \varepsilon} d\varepsilon \qquad (4.15)$$

$$D_{e} = \frac{2e}{3m_{e}} \int_{0}^{\infty} \frac{\varepsilon^{3/2}}{\nu_{m}} f_{0}(\varepsilon) d\varepsilon \tag{4.16}$$

　　而电离速率系数是计算等离子体流体方程源项中电离反应速率的较直接和常用的系数之一，定义为[1]

$$k_{i} = \left(\frac{2e}{m_{e}}\right)^{1/2} \int_{0}^{\infty} \varepsilon \sigma_{en}^{i}(\varepsilon) f_{0}(\varepsilon) d\varepsilon \tag{4.17}$$

式中，σ_{en}^{i} 表示电子-中性粒子电离碰撞截面。从式（4.15）～式（4.17）可以看到，电子迁移率、扩散系数和电离速率系数主要受电子能量分布函数以及电子的总动量转移频率影响，尘埃颗粒可以通过影响电子能量分布函数和电子动量转移频率来影响这些系数。基于 4.3 节中电子能量分布函数的计算结果，计算和分析尘埃等离子体的输运系数以及电离速率系数[7]，具体结果如图 4.5～图 4.7 所示。

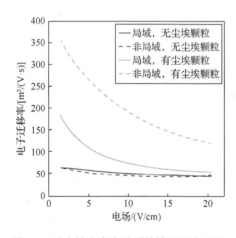 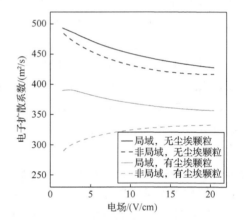

图 4.5　无尘埃和有尘埃颗粒情况下电子迁移率的局域与非局域动理论模型结果对比

图 4.6　无尘埃和有尘埃颗粒情况下电子扩散系数的局域与非局域动理论模型结果对比

　　图 4.5 和图 4.6 分别为无尘埃和有尘埃颗粒 $n_{d} = 4 \times 10^{12} \mathrm{m}^{-3}$、$r_{d} = 1\mu\mathrm{m}$ 情况下电子迁移率和电子扩散系数的局域与非局域动理论模型结果对比。从图 4.5 中可以看到，无尘埃颗粒情况下，根据局域和非局域动理论模型计算得到的电子迁移率差别不大，而且电子迁移率随轴向电场变化的幅度也比较小。系统中引入尘埃颗粒后，电子迁移率明显增大，且通过非局域动理论模型得到的电子迁移率明显高于根据局域动理论模型得到的结果，这是因为尘埃颗粒对非局域动理论模型的电子能量分布函数影响更明显，使其电子能量分布函数曲线更加陡峭。在轴向电场较小时局域和非局域动理论模型的电子迁移率都明显高于无尘埃颗粒时的结果，并随着轴向电场的增大逐渐降低。这是因为，尘埃颗粒的引入会使电子能量分布

函数低能电子比例显著增加，高能电子比例显著降低，这使得电子能量分布函数的能量梯度明显增大，导致电子迁移率增大。同时随着轴向电场的增大等离子体电子温度升高，高能电子数增多，相应的尘埃颗粒吸附导致的高能电子减少量所占总电子数的比例下降，即随着轴向电场的增大尘埃颗粒对电子能量分布函数的影响程度降低，所以对电子迁移率的影响也变低，使电子迁移率更接近于无尘埃颗粒情况下的结果。从图 4.6 中可以看到，无尘埃颗粒情况下，根据非局域动理论模型计算得到的电子扩散系数略低于局域动理论模型的结果，而且随着轴向电场的增大二者都逐渐降低，这是轴向电场增大导致电子温度升高、电子碰撞频率变大的结果。系统中存在尘埃颗粒时，尘埃颗粒引入了额外的电子-尘埃颗粒碰撞过程，使电子总动量转移频率升高，所以此时的电子扩散系数相比于无尘埃颗粒情况时要小。从式（4.16）中可以看到，电子扩散系数与电子能量成正比，由于尘埃颗粒对非局域动理论模型的电子能量分布函数影响更加明显，所以根据非局域动理论模型计算得到的有尘埃和无尘埃颗粒情况下电子扩散系数的差别要大于局域动理论模型的情况。

　　图 4.7 为无尘埃和有尘埃颗粒 $n_d = 4 \times 10^{12} \mathrm{m}^{-3}$、$r_d = 1\mu\mathrm{m}$ 情况下电离速率系数的局域与非局域动理论模型结果对比。可以看到，电离速率系数随轴向电场的增大而增大，这是因为它与电子能量成正比。轴向电场比较低时，无尘埃和有尘埃颗粒情况下的电离速率系数差别较大，此时电子平均能量较低，被尘埃颗粒吸附的高能电子占总电子数的比例较高，对等离子体电离过程影响较大。同时，局域和非局域动理论模型下计算得到的电离速率系数也有所不同，这是它们电子能量分布函数不同导致的结果。

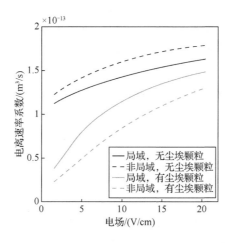

图 4.7　无尘埃和有尘埃颗粒情况下电离速率系数的局域与非局域动理论模型结果对比

4.5　火箭喷焰尘埃等离子体的动理论模型

4.5.1　火箭喷焰尘埃等离子体简介

固体火箭推进剂中通常都会使用铝粉作为助燃剂,燃烧产物中除了含有大量中性粒子、电子以及离子以外,还包含大量由于铝粉燃烧而形成的烟雾颗粒,颗粒的主要成分为 Al_2O_3。这些燃烧的产物经过火箭发动机喷管后高速喷出并与周围的空气分子发生二次化学反应,形成火箭喷焰。通常来讲火箭喷焰中的中性粒子密度远大于电子密度,是一种典型的弱电离尘埃等离子体[18-20]。

火箭喷焰尘埃等离子体对微波信号有很强的异常衰减作用,严重影响地面测控系统与飞行器之间的通信质量,某些情况下甚至会导致通信中断。为了解决这一问题,最初人们将火箭喷焰作为普通等离子体处理,使用传统的电磁波传播理论来解释其中微波信号异常衰减现象的物理成因,但得到的结果往往和预期值呈现巨大的差异[21]。之后,随着对火箭喷焰问题研究的不断深入,人们逐渐发现固体火箭推进剂中的铝粉含量对火箭喷焰中电磁波信号的衰减有直接影响[22],这是因为铝粉会提高火箭喷焰的温度,加剧推进剂燃烧过程中的电离反应,使喷焰中的电子密度升高导致微波衰减增强,此外铝粉燃烧过程中会产生大量 Al_2O_3 颗粒,Al_2O_3 颗粒与电子之间频繁的碰撞过程也会对等离子体的电磁特性造成显著影响[23-28]。因此,目前关于火箭喷焰中电磁波传播过程理论与实验方面的研究,大多围绕火箭喷焰尘埃等离子体的粒子成分分析与电磁参量仿真两方面进行。

等离子体的介电常数、电导率以及衰减系数等电磁参量都是基于玻尔兹曼方程进行推导的,它们的表达式也都与电子能量分布函数直接相关。在计算火箭喷焰尘埃等离子体电磁参量的过程中,人们通常默认假设电子能量分布函数服从麦克斯韦分布,但是通过对尘埃等离子体的动理论模型进行研究,发现等离子体的电子能量分布函数一般都不服从麦克斯韦分布,而且尘埃颗粒的引入也会影响电子能量分布函数曲线。基于此,本节的工作重点是对火箭喷焰尘埃等离子体进行动理论模型研究。首先根据局域近似假设建立火箭喷焰尘埃等离子体动理论模型;然后根据其他火箭喷焰的仿真数据分析火箭喷焰中等离子体粒子成分与浓度占比,考虑电子与这些等离子体粒子和 Al_2O_3 颗粒的碰撞过程,求解动理论方程得到电子能量分布函数并分析 Al_2O_3 颗粒密度对电子能量分布函数的影响;最后基于求解得到的电子能量分布函数计算火箭喷焰尘埃等离子体的电磁参量,并将所得结果与电子能量服从麦克斯韦分布时的计算结果进行对比分析。

4.5.2　火箭喷焰尘埃等离子体的动理论方程

　　火箭喷焰尘埃等离子体是由火箭发动机中固体推进剂的高压燃烧产物经过发动机喷管高速喷出而形成的，它与周围大气环境中的含氧成分进行二次反应形成火箭喷焰的后燃区[29,30]，该区域是导致火箭喷焰中电磁波信号衰减的主要区域，也是本节所重点研究的区域。通常来讲后燃区中等离子体粒子与尘埃颗粒种类繁多且密度空间分布不稳定，很难考虑火箭喷焰尘埃等离子体的所有细节来精确求解其电子能量分布函数。因此需要对火箭喷焰尘埃等离子体的性质特点进行一些假设，以简化玻尔兹曼方程的求解过程并得到其电子能量分布函数的近似解。在建立火箭喷焰尘埃等离子体动理论模型时，使用的相关参数来自法国航空航天实验室的 Gueyffier 等[31]和 Rialland 等[32]的仿真结果与数据，他们近年对名为"黑雁"（black brant, BB）的火箭的喷焰性质和含量分布进行了一系列的计算和模拟研究。关于动理论模型建立过程中的具体假设如下[7]。

　　（1）本节所研究区域位于火箭喷焰后燃区，该区域中火箭喷焰已经与周围大气含氧成分反应充分，喷焰中各成分完全混合并处于热力学平衡状态。即该区域喷焰中的自由基（比如 H·、O·、OH·和 Cl· 等）已经完全转化成它们相对应的化学性质稳定的燃烧产物（如 H_2O、CO_2 和 HCl 等）。根据文献中的计算结果[31,32]，火箭尾焰中包含的主要中性粒子种类只有 N_2、H_2O、CO_2 和 HCl 四种，尘埃颗粒为 Al_2O_3 颗粒。

　　（2）所研究区域火箭喷焰中的等离子体密度可近似认为是局部均匀的，也就是说可以使用局域近似化简玻尔兹曼方程，玻尔兹曼方程中与空间不均匀性有关的项都可以忽略。

　　（3）火箭喷焰尘埃等离子体电子能量分布函数的各向异性项远小于各向同性项，即可以使用两项近似法表示电子能量分布函数。

　　1.　模型方程

　　在上述假设条件下，火箭喷焰尘埃等离子体的电子能量分布函数可由电子局域动理论方程描述，即

$$-\frac{2eE^2}{3m_e}\frac{d}{du}\left(\frac{u^{3/2}}{v_m}\frac{df_0}{du}\right) = S_{en}(f_0) + S_{ed}(f_0) \tag{4.18}$$

式中，$S_{en}(f_0)$ 表示电子-中性粒子碰撞项；$S_{ed}(f_0)$ 为电子-尘埃颗粒碰撞项。火箭喷焰尘埃等离子体成分比较复杂，电子-中性粒子弹性碰撞项可表示为

$$S_{en}^{el}(f_0) = \sum_k \frac{\partial}{\partial u}\left(\frac{m_e}{m_k} u^{3/2} v_{en,k}^{el}(u) f_0(u)\right) \tag{4.19}$$

式中，下标 k 表示第 k 种中性粒子成分；m_k 表示相应粒子的质量；$v_{en,k}^{el}$ 表示电子与该粒子之间的碰撞频率。

火箭喷焰中，电子、离子以及中性粒子成分处于等温的热平衡状态，喷焰温度一般在 $1000\sim4000K$，也就是说此时的电子能量只有零点几电子伏特，这种情况下电子很难通过碰撞使中性粒子电离，电子和中性粒子之间的非弹性碰撞过程主要为分子振动和转动激发过程。相应的电子-中性粒子非弹性碰撞项可写为

$$S_{en}^{inel}\left(f_0\right)=-\sum_l\left(v_{en,l}^{inel}\left(u\right)u^{1/2}f_0\left(u\right)+v_{en,l}^{inel}\left(u+V_l\right)\left(u+V\right)^{1/2}f_0\left(u+V\right)\right) \quad (4.20)$$

式中，下标 l 表示第 l 种非弹性碰撞过程；$v_{en,l}^{inel}$ 和 V_l 分别表示相应非弹性碰撞过程的碰撞频率和能量损失。

电子与尘埃颗粒的碰撞过程由尘埃颗粒对低能电子的弹性碰撞和对高能电子的非弹性碰撞两部分组成，相应的碰撞项为

$$S_{ed}\left(f_0\right)=\frac{\partial}{\partial\varepsilon}\left(\frac{m_e}{m_d}u^{3/2}v_{ed}^{el}\left(u\right)f_0\left(u\right)\right)-v_{ed}^{inel}\left(u\right)u^{1/2}f_0\left(u\right) \quad (4.21)$$

这里尘埃颗粒表面电势由火箭喷焰中各带电粒子对 Al_2O_3 颗粒的充电过程决定，电子-尘埃颗粒碰撞截面则由该表面电势计算。

2. 电子-中性粒子碰撞过程及碰撞截面

根据 Gueyffier 等[31]和 Rialland 等[32]对 25.5km 高空处火箭喷焰尘埃等离子体的仿真数据，喷焰中主要的中性粒子成分为 N_2、H_2O、CO_2 和 HCl。这些中性粒子的种类及其相应摩尔分数如表 4.1 所示。

表 4.1　火箭喷焰中中性粒子的种类及其相应摩尔分数

	N_2	H_2O	CO_2	HCl
摩尔分数	0.553	0.256	0.141	0.05

由于火箭喷焰尘埃等离子体为弱电离等离子体，所以电子与除了 Al_2O_3 颗粒之外的其他等离子体带电粒子之间的碰撞过程都可以忽略。只需考虑电子与中性粒子和 Al_2O_3 颗粒之间的碰撞过程，同时由于本节所研究的火箭喷焰中电子温度约为 0.2eV，电子能量较低，所以对于电子能量阈值超过 1eV 的电子碰撞激发与电离过程也都可以忽略。经过上述条件筛选，火箭喷焰中电子-中性粒子所有碰撞过程如表 4.2 所示。表中，反应方程后括号里的 r 和 v 分别表示转动与振动激发碰撞反应，后缀数字则对应反应方程的序号。

表 4.2　火箭喷焰中电子-中性粒子的碰撞过程

反应序号	反应过程	类型	能量损失/eV	数据来源
1	$e + N_2 \rightarrow e + N_2$	弹性碰撞	0	文献[33]、[34]
2	$e + N_2 \rightarrow e + N_2$ (r1)	激发	0.02	文献[33]、[34]
3	$e + N_2 \rightarrow e + N_2$ (v1)	激发	0.29	文献[33]、[34]
4	$e + N_2 \rightarrow e + N_2$ (v2)	激发	0.59	文献[33]、[34]
5	$e + N_2 \rightarrow e + N_2$ (v3)	激发	0.88	文献[33]、[34]
6	$e + H_2O \rightarrow e + H_2O$	弹性碰撞	0	文献[35]、[36]
7	$e + H_2O \rightarrow e + H_2O$ (r1)	激发	0.0046	文献[35]、[36]
8	$e + H_2O \rightarrow e + H_2O$ (r2)	激发	0.0087	文献[35]、[36]
9	$e + H_2O \rightarrow e + H_2O$ (r3)	激发	0.012	文献[35]、[36]
10	$e + H_2O \rightarrow e + H_2O$ (v1)	激发	0.12	文献[35]、[36]
11	$e + H_2O \rightarrow e + H_2O$ (v1)	激发	0.453	文献[35]、[36]
12	$e + CO_2 \rightarrow e + CO_2$	弹性碰撞	0	文献[37]、[38]
13	$e + CO_2 \rightarrow e + CO_2$ (v1)	激发	0.083	文献[37]、[38]
14	$e + CO_2 \rightarrow e + CO_2$ (v2)	激发	0.172	文献[37]、[38]
15	$e + CO_2 \rightarrow e + CO_2$ (v3)	激发	0.29	文献[37]、[38]
16	$e + CO_2 \rightarrow e + CO_2$ (v4)	激发	0.36	文献[37]、[38]
17	$e + HCl \rightarrow e + HCl$	弹性碰撞	0	文献[37]、[39]
18	$e + HCl \rightarrow HCl^-$	吸附碰撞	0.49	文献[37]、[39]
19	$e + HCl \rightarrow e + HCl$ (v1)	激发	0.35	文献[37]、[39]
20	$e + HCl \rightarrow e + HCl$ (v2)	激发	0.69	文献[37]、[39]

电子与中性粒子成分 N_2、H_2O、CO_2 和 HCl 之间各碰撞反应的碰撞截面如图 4.8～图 4.11 所示。

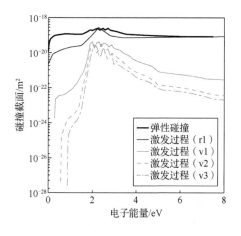

图 4.8　电子与 N_2 分子碰撞反应碰撞截面

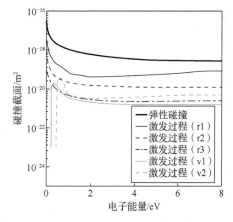

图 4.9　电子与 H_2O 分子碰撞反应碰撞截面

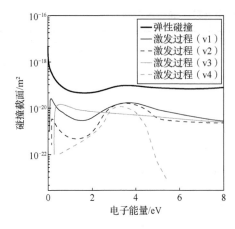 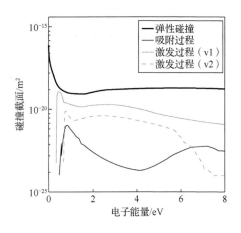

图 4.10　电子与 CO_2 分子碰撞反应碰撞截面　　图 4.11　电子与 HCl 分子碰撞反应碰撞截面

3. 电子-尘埃颗粒碰撞过程及碰撞截面

对于电子-尘埃颗粒碰撞过程，可以将喷焰中的 Al_2O_3 颗粒作为一种具有很大电子碰撞截面的特殊负离子处理。电子-尘埃颗粒碰撞过程同样分为弹性与非弹性两种，具体的反应过程如表 4.3 所示，表中 D^- 代表 Al_2O_3 颗粒，反应 2 为 Al_2O_3 颗粒对电子的吸附碰撞过程，σ_{ed}^{el} 和 σ_{ed}^{inel} 分别为电子与 Al_2O_3 颗粒弹性与非弹性碰撞截面[7]，由于 Al_2O_3 颗粒处于充电平衡状态，故反应前后 Al_2O_3 颗粒带电量不变。

表 4.3　火箭喷焰中电子与 Al_2O_3 颗粒的碰撞过程

反应序号	反应过程	类型	能量损失/eV	碰撞截面
1	$e + D^- \rightarrow e + D^-$	弹性碰撞	0	σ_{ed}^{el}
2	$e + D^- \rightarrow D^-$	吸附碰撞	$-\varphi_d$	σ_{ed}^{inel}

4.5.3　火箭喷焰尘埃等离子体的电子能量分布函数

基于火箭喷焰尘埃等离子体动理论方程，使用 Gueyffier 等[31]和 Rialland 等[32]关于火箭喷焰参数的仿真数据和结果，通过商业软件 COMSOL Multiphysics 的玻尔兹曼方程模块建立相应物理模型并求解得到了不同 Al_2O_3 颗粒密度下火箭喷焰尘埃等离子体的电子能量分布函数。这里需要强调的一点是，在本节研究直流辉光放电尘埃等离子体的电子能量分布函数时，将电场作为输入参量得到电子能量分布函数并计算相应的有效电子温度，在求解动理论方程时，假设电子的有效温度是固定的，相应的电场由电子温度自洽决定，这样设置不仅能够与文献中的仿真结果保持一致，也更加便于比较不同情况下电子能量分布函数的差别。求解电子能量分布函数时除了本节中已经给出的计算条件外，其他相关条件为：

与所研究喷焰区域的气压 $p = 2350\text{Pa}$ 和有效温度 $T_e = 1500\text{K}$ 相对应的中性粒子密度 $n_g \approx 1.1 \times 10^{23}\text{m}^{-3}$，以及 Al_2O_3 颗粒半径 $r_d = 3\mu\text{m}$。得到火箭喷焰电子能量分布函数后，就可以计算不同 Al_2O_3 颗粒密度和等离子体参数下的电子介电常数、电导率和衰减系数等电磁参量。

表 4.4 为不同 Al_2O_3 颗粒密度下火箭喷焰中 Al_2O_3 颗粒的表面电势、平均带电量以及电子密度的计算结果。可以看到，随着 Al_2O_3 颗粒密度的增大，其表面电势绝对值和平均带电量都只有轻微的下降，这是因为火箭喷焰中电子密度较高，使 Al_2O_3 颗粒一直处于充电饱和状态或是近似充电饱和状态。火箭喷焰中的电子密度随着 Al_2O_3 颗粒密度的增大而下降，这是 Al_2O_3 颗粒大量吸附电子导致的结果。

表 4.4　不同 Al_2O_3 颗粒密度下火箭喷焰中 Al_2O_3 颗粒参量和电子密度的计算结果

n_d/n_g	φ_d / V	Z_d	n_e / m^{-3}
0	−0.496	1035	3.44×10^{17}
10^{-10}	−0.493	1028	3.35×10^{17}
10^{-9}	−0.461	962	2.49×10^{17}

图 4.12 为不同 Al_2O_3 颗粒密度下由动理论模型求解得到的电子能量分布函数与麦克斯韦分布函数对比。可以看到，不管火箭喷焰中是否存在 Al_2O_3 颗粒，由动理论模型求解得到的电子能量分布都严重偏离麦克斯韦分布，在电子能量接近零的低能电子区，电子数量明显变多且电子能量分布函数曲线随着电子能量的增大快速下降，这是因为电子-中性粒子之间的转动激发碰撞的能量阈值很低且碰撞截面很大，大量能量接近转动激发阈值的电子由于转动激发碰撞而损失能量变为能量更低的电子。

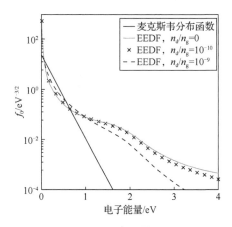

图 4.12　不同 Al_2O_3 颗粒密度下电子能量分布函数与麦克斯韦分布函数对比

从图 4.12 中还可以看到，由动理论模型求解得到的电子能量分布在电子能量略高于 2eV 时，曲线下降速度比它两侧的区域下降要快，这是因为电子-中性粒子之间的振动碰撞激发截面由于存在共振过程而通常呈尖峰形状，对火箭喷焰中主要的中性分子 N_2 来说这个峰值通常处于 2.3eV 附近[14]。这一点从图 4.9 中可以明显看到，该区域电子由于激发碰撞截面大而损失较多，因此电子能量分布函数曲线在 2.3eV 附近的下降速度要高于其两侧区域。当火箭喷焰中存在 Al_2O_3 颗粒时，会导致电子能量分布函数曲线高能部分降低，低能部分升高，且随着 Al_2O_3 颗粒密度与中性粒子密度比值的增加，Al_2O_3 颗粒对电子能量分布函数曲线的影响越来越大。

4.5.4　火箭喷焰尘埃等离子体的电磁参量

等离子体的介电常数、电导率以及衰减系数等是描述等离子体中电磁波传播过程的主要参量。严格来讲，对于各向同性的等离子体，其介电常数和电导率表达式由玻尔兹曼方程决定。

基于两项近似法，将玻尔兹曼方程化简为

$$\frac{\partial \boldsymbol{f}_{e1}}{\partial t} + v\frac{\partial f_{e0}}{\partial r} - \frac{e\boldsymbol{E}}{m_e}\frac{\partial f_{e0}}{\partial v} = -\nu_m \boldsymbol{f}_{e1} \tag{4.22}$$

式中，f_{e0} 为电子速度分布函数的各向同性项；$\boldsymbol{f}_{e1}$ 为电子速度分布函数的各向异性微扰项。前面假设了所研究的火箭喷焰后燃区尘埃等离子体分布局部均匀，因此式（4.22）中对空间求导项可以忽略，变为

$$\frac{\partial \boldsymbol{f}_{e1}}{\partial t} - \frac{e\boldsymbol{E}}{m_e}\frac{\partial f_{e0}}{\partial v} = -\nu_m \boldsymbol{f}_{e1} \tag{4.23}$$

为了求解等离子体的介电常数和电导率，令式（4.23）中的电场满足

$$\boldsymbol{E} = \boldsymbol{E}_0 \exp(i\omega t) \tag{4.24}$$

则电子速度分布函数的各向异性微扰项 $\boldsymbol{f}_{e1}$ 满足

$$\boldsymbol{f}_{e1} = \boldsymbol{f}_{e10} \exp(i\omega t) \tag{4.25}$$

将式（4.24）和式（4.25）代入式（4.23）可解得

$$\boldsymbol{f}_{e1} = -\frac{e\boldsymbol{E}}{m_e(i\omega + \nu_m(v))}\frac{\partial f_{e0}}{\partial v} \tag{4.26}$$

于是等离子体中的总电流密度 $\boldsymbol{J}_{\mathrm{p}}$ 可表示为

$$
\begin{aligned}
\boldsymbol{J}_{\mathrm{p}} &= e\int \boldsymbol{v}\big(\boldsymbol{v}\cdot\boldsymbol{f}_{\mathrm{e1}}\big)v\mathrm{d}v\mathrm{d}\Omega \\
&= \frac{4\pi}{3}e\int_0^\infty\left(-\frac{ev^3\boldsymbol{E}}{m_{\mathrm{e}}\big(\mathrm{i}\omega+\nu_{\mathrm{m}}(v)\big)}\frac{\partial f_{\mathrm{e0}}}{\partial v}\right)\mathrm{d}v \\
&= \frac{4\pi e^2\boldsymbol{E}n_{\mathrm{e}}}{3m_{\mathrm{e}}}\left[\int_0^\infty\left(-\frac{\nu_{\mathrm{m}}(v)v^3}{\omega^2+\nu_{\mathrm{m}}^2(v)}\frac{\partial f_{\mathrm{e0}}}{\partial v}\right)\mathrm{d}v+\mathrm{i}\omega\int_0^\infty\frac{v^3}{\omega^2+\nu_{\mathrm{m}}^2(v)}\frac{\partial f_{\mathrm{e0}}}{\partial v}\mathrm{d}v\right] \quad (4.27)
\end{aligned}
$$

等离子体中的电场扰动电流密度又能根据介电常数 ε_{p} 和电导率 σ_{p} 定义为

$$
\boldsymbol{J}_{\mathrm{p}}=\sigma_{\mathrm{p}}\boldsymbol{E}+\mathrm{i}\omega\varepsilon_0\big(\varepsilon_{\mathrm{p}}-1\big)\boldsymbol{E} \quad (4.28)
$$

令式（4.27）和式（4.28）右侧的实部和虚部分别相等即可得到介电常数 ε_{p} 和电导率 σ_{p} 的计算表达式，即

$$
\varepsilon_{\mathrm{p}}=1+\frac{4\pi e^2 n_{\mathrm{e}}}{3m_{\mathrm{e}}}\int_0^\infty\frac{v^3}{\omega^2+\nu_{\mathrm{m}}^2}\frac{\partial f_{\mathrm{e0}}}{\partial v}\mathrm{d}v \quad (4.29)
$$

$$
\sigma_{\mathrm{p}}=-\frac{4\pi e^2 n_{\mathrm{e}}}{3m_{\mathrm{e}}}\int_0^\infty\frac{\nu_{\mathrm{m}}v^3}{\omega^2+\nu_{\mathrm{m}}^2}\frac{\partial f_{\mathrm{e0}}}{\partial v}\mathrm{d}v \quad (4.30)
$$

得到介电常数和电导率的表达式后，等离子体吸收常数可定义为

$$
\alpha_{\mathrm{p}}=\frac{1}{k_\omega}\sqrt{-\frac{\varepsilon_{\mathrm{p}}}{2}+\sqrt{\left(\frac{\varepsilon_{\mathrm{p}}}{2}\right)^2+\left(\frac{2\pi\sigma_{\mathrm{p}}}{\omega}\right)^2}} \quad (4.31)
$$

式中，k_ω 为入射电磁波的波数。

为了便于使用电子能量分布函数计算并分析等离子体的介电常数和电导率，需要将式（4.29）和式（4.30）中的积分变量由电子速度 v 变换为电子能量 u（$u=m_{\mathrm{e}}v^2/(2e)$），并将电子速度分布函数变换为电子能量分布函数：

$$
f_{\mathrm{e0}}\big(v(u)\big)=\frac{1}{2\pi}\left(\frac{2e}{m_{\mathrm{e}}}\right)^{-3/2}f_0(u) \quad (4.32)
$$

将式（4.32）代入式（4.29）和式（4.30）中，经化简得到

$$
\varepsilon_{\mathrm{p}}=1+\frac{2e^2 n_{\mathrm{e}}}{3m_{\mathrm{e}}}\int_0^\infty\frac{u^{3/2}}{\omega^2+\nu_{\mathrm{m}}^2(u)}\frac{\partial f_0(u)}{\partial u}\mathrm{d}u \quad (4.33)
$$

$$
\sigma_{\mathrm{p}}=-\frac{2e^2 n_{\mathrm{e}}}{3m_{\mathrm{e}}}\int_0^\infty\frac{u^{3/2}\nu_{\mathrm{m}}^2(u)}{\omega^2+\nu_{\mathrm{m}}^2(u)}\frac{\partial f_0(u)}{\partial u}\mathrm{d}u \quad (4.34)
$$

对火箭喷焰尘埃等离子体而言，其中尘埃颗粒为 Al_2O_3 颗粒，其对介电常数和电导率的影响主要体现在 Al_2O_3 颗粒对式（4.33）和式（4.34）中电子密度、电子动量转移频率以及电子能量分布函数的影响方面。

图 4.13 为不同 Al_2O_3 颗粒密度下基于不同电子能量分布函数得到的火箭喷焰尘埃等离子体相对介电常数的结果对比。

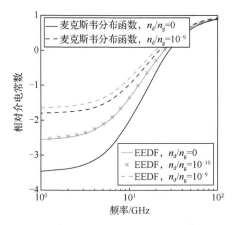

图 4.13　不同 Al_2O_3 颗粒密度下基于不同电子能量分布函数得到的
火箭喷焰尘埃等离子体相对介电常数结果对比

从图 4.13 中可以看到，在火箭喷焰中不存在 Al_2O_3 颗粒时，根据动理论模型电子能量分布函数得到的相对介电常数要高于基于麦克斯韦分布函数计算的结果，随着电磁波频率的升高，两种情况下得到的相对介电常数差别逐渐缩小，且都逐渐趋于真空相对介电常数 1。在火箭喷焰中存在 Al_2O_3 颗粒的情况下，当 Al_2O_3 颗粒和中性粒子的密度比值比较小时（10^{-10}），Al_2O_3 颗粒对电子能量分布函数的影响很小，对电子动量转移频率的贡献也比较低，所以此时 Al_2O_3 颗粒对火箭喷焰尘埃等离子体相对介电常数的影响比较微弱。随着 Al_2O_3 颗粒密度的增大，当 $n_d / n_g = 10^{-9}$ 时，可以看到此时由于电子和 Al_2O_3 颗粒之间的碰撞频率较高，根据麦克斯韦分布函数和动理论模型电子能量分布函数计算得到的喷焰尘埃等离子体相对介电常数相比无尘埃颗粒情况下都明显增大，而且此时二者的差距相比于无尘埃颗粒情况下变小。

图 4.14 为不同 Al_2O_3 颗粒密度下基于不同电子能量分布函数得到的火箭喷焰尘埃等离子体电导率结果对比。可以看到，无 Al_2O_3 颗粒时，根据动理论模型电子能量分布函数得到的喷焰尘埃等离子体电导率在电磁波的低频部分明显低于电子服从麦克斯韦分布时计算的结果，同时随着电磁波频率的升高，两种情况下的电导率差别逐渐缩小，并都趋于零。在火箭喷焰中包含 Al_2O_3 颗粒的情况下，Al_2O_3 颗粒密度较低时，Al_2O_3 颗粒对喷焰尘埃等离子体电导率的影响不明显；而当 Al_2O_3 颗粒密度较大时（$n_d / n_g = 10^{-9}$），不论是基于动理论模型电子能量分布函数或是

麦克斯韦分布函数，两种情况下 Al_2O_3 颗粒对喷焰尘埃等离子体电导率的计算结果影响都变得非常明显，这是电子和 Al_2O_3 颗粒碰撞频率增大导致的结果。同时，与相对介电常数一样，尘埃颗粒还会导致两种电子能量分布函数下电导率计算结果的差距变小。

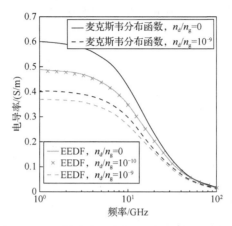

图 4.14　不同 Al_2O_3 颗粒密度下基于不同电子能量分布函数得到的
火箭喷焰尘埃等离子体电导率结果对比

图 4.15 为不同 Al_2O_3 颗粒密度下基于不同电子能量分布函数得到的火箭喷焰尘埃等离子体衰减系数结果对比。可以看到，Al_2O_3 颗粒密度为零时，根据动理论模型电子能量分布函数得到的电磁波衰减系数低于电子服从麦克斯韦分布时计算的结果，随着电磁波频率的升高，火箭喷焰对电磁波的衰减系数存在一个峰值。喷焰中包含 Al_2O_3 颗粒时，如果 Al_2O_3 颗粒密度较低，那么 Al_2O_3 颗粒对电磁波衰减系数的影响不明显，而随着 Al_2O_3 颗粒密度的增大，由于其与电子的碰撞频率升高，Al_2O_3 颗粒对喷焰电磁波衰减系数的影响变得更加明显。

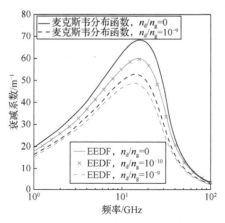

图 4.15　不同 Al_2O_3 颗粒密度下基于不同电子能量分布函数得到的火箭
喷焰尘埃等离子体衰减系数结果对比

参 考 文 献

[1] Hagelaar G J M, Pitchford L C. Solving the Boltzmann equation to obtain electron transport coefficients and rate coefficients for fluid models[J]. Plasma Sources Science and Technology, 2005, 14(4): 722-733.

[2] Boeuf J P. Numerical model of RF glow discharges[J]. Physical Review A, 1987, 36(6): 2782-2792.

[3] Salabas A, Gousset G, Alves L L. Two-dimensional fluid modelling of charged particle transport in radio-frequency capacitively coupled discharges[J]. Plasma Sources Science and Technology, 2002, 11(4): 448-465.

[4] Mishra S K, Misra S. Transport properties of complex plasma having a dust size distribution[J]. Physics of Plasmas, 2019, 26(2): 023702.

[5] Kolobov V I, Godyak V A. Nonlocal electron kinetics in collisional gas discharge plasmas[J]. IEEE Transactions on Plasma Science, 1995, 23(4): 503-531.

[6] Kortshagen U, Busch C, Tsendin L D. On simplifying approaches to the solution of the Boltzmann equation in spatially inhomogeneous plasmas[J]. Plasma Sources Science and Technology, 1996, 5(1): 1-17.

[7] 梁勇敢. 尘埃颗粒对直流辉光放电与火箭喷焰等离子体参量特性的影响[D]. 哈尔滨: 哈尔滨工业大学, 2020: 35-41.

[8] Sukhinin G I, Fedoseev A V, Ramazanov T S, et al. Non-local effects in a stratified glow discharge with dust particles[J]. Journal of Physics D: Applied Physics, 2008, 41(24): 245207.

[9] Denysenko I, Yu M Y, Ostrikov K, et al. A kinetic model for an argon plasma containing dust grains[J]. Physics of Plasmas, 2004, 11(11): 4959-4967.

[10] Denysenko I B, Kersten H, Azarenkov N A. Electron energy distribution in a dusty plasma: Analytical approach[J]. Physical Review E, 2015, 92(3): 033102.

[11] Wang D Z, Dong J Q, Mahajan S M. A kinetic model for low-pressure glow discharges in the presence of dust particles[J]. Journal of Physics D: Applied Physics, 1997, 30(1): 113-118.

[12] Golubovskii Y, Karasev V, Kartasheva A. Dust particle charging in a stratified glow discharge considering nonlocal electron kinetics[J]. Plasma Sources Science and Technology, 2017, 26(11): 115003.

[13] Bogdanov E A, Kudryavtsev A A, Tsendin L D, et al. Nonlocal phenomena in the positive column of a medium-pressure glow discharge[J]. Technical Physics, 2004, 49(7): 849-857.

[14] Lieberman M A, Lichtenberg A J. Principles of plasma discharges and materials processing[M]. New York, USA: John Wiley and Sons, 2005: 800.

[15] Tsendin L D. Electron kinetics in non-uniform glow discharge plasmas[J]. Plasma Sources Science and Technology, 1995, 4(2): 200-211.

[16] Bernstein I B, Holstein T. Electron energy distributions in stationary discharges[J]. Physical Review, 1954, 94(6): 1475-1482.

[17] Tsendin L D. Energy distribution of electrons in a weakly ionized current-carrying plasma with a transverse inhomogeneity[J]. Journal of Experimental and Theoretical Physics, 1974, 39(5): 805-810.

[18] Troyes J, Dubois I, Borie V, et al. Multi-phase reactive numerical simulations of a model solid rocket exhaust jet[C]. 42nd AIAA/ASME/SAE/ASEE Joint Propulsion Conference and Exhibit, 2006: 4414.

[19] Binauld Q, Lamet J M, Tessé L, et al. Numerical simulation of radiation in high altitude solid propellant rocket plumes[J]. Acta Astronautica, 2019, 158: 351-360.

[20] Yilmaz N, Vigil F, Height J, et al. Rocket motor exhaust thermal environment characterization[J]. Measurement, 2018, 122: 312-319.

[21] 李辉. 尘埃等离子体动力学及电磁特性研究[D]. 哈尔滨: 哈尔滨工业大学, 2017: 58-60.

[22] 石雁祥. 火箭喷焰尘埃等离子体电磁特性的理论研究[D]. 西安: 西安电子科技大学, 2008: 37-58.

[23] Jia J S, Yuan C X, Gao R L, et al. Propagation of electromagnetic waves in a weakly ionized dusty plasma[J]. Journal of Physics D: Applied Physics, 2015, 48(46): 465201.

[24] Li H, Wu J, Yuan C X, et al. The electrical conductivity of weakly ionized plasma containing dust particles[J]. Physics Letters A, 2016, 380(33): 2540-2543.

[25] Xu C M, Chen Y Y, Yu R J, et al. Influence of particle velocity on the conductivity of dusty plasma[J]. Indian Journal of Physics, 2018, 92(6): 799-811.

[26] Dan L, Guo L X, Li J T. Propagation characteristics of electromagnetic waves in dusty plasma with full ionization[J]. Physics of Plasmas, 2018, 25(1): 013707.

[27] Nascimento E G S, Moreira D M, de Almeida Albuquerque T T. The development of a new model to simulate the dispersion of rocket exhaust clouds[J]. Aerospace Science and Technology, 2017, 69: 298-312.

[28] Hughes R C, Landrum D. Computational investigation of electron production in solid rocket plumes[C]. 29th Joint Propulsion Conference and Exhibit, 1993: 2454.

[29] Kanelbaum J, Yaniv S, Wirzberger H, et al. Measurement and simulation of two-phase reactive plume of solid-fuel IBEM motor[C]. Technion Israel Institute of Technology—48th Israel Annual Conference on Aerospace Sciences, 2008: 1097-1105.

[30] Niu Q L, He Z H, Dong S K. IR radiation characteristics of rocket exhaust plumes under varying motor operating conditions[J]. Chinese Journal of Aeronautics, 2017, 30(3): 1101-1114.

[31] Gueyffier D, Fromentin-Denoziere B, Simon J, et al. Numerical simulation of ionized rocket plumes[J]. Journal of Thermophysics and Heat Transfer, 2014, 28(2): 218-225.

[32] Rialland V, Guy A, Gueyffier D, et al. Infrared signature modelling of a rocket jet plume-comparison with flight measurements[C]. Journal of Physics: Conference Series, 2016: 012020.

[33] SIGLO database[DB/OL]. [2024-04-21]. https://us.lxcat.net/data/set_type.php.

[34] Phelps A V, Pitchford L C. Anisotropic scattering of electrons by N_2 and its effect on electron transport[J]. Physical Review A, 1985, 31(5): 2932-2949.

[35] Itikawa database[DB/OL]. [2024-04-21]. https://us.lxcat.net/data/set_type.php.

[36] Itikawa Y, Mason N. Cross sections for electron collisions with water molecules[J]. Journal of Physical and Chemical Reference Data, 2005, 34(1): 1-22.

[37] Hayashi database[DB/OL]. [2024-04-21]. https://us.lxcat.net/data/set_type.php.

[38] Hayashi M. Electron collision cross-sections determined from beam and swarm data by Boltzmann analysis[M]. Berlin, Germany: Springer, 1990: 333-340.

[39] Hayashi M. Electron collision cross-sections for molecules determined from beam and swarm data[M]. Berlin, Germany: Springer, 1987: 167-187.

第 5 章　尘埃等离子体输运模型

尘埃等离子体的输运动力学过程一般指的是系统中粒子、动量和能量相对缓慢的传输过程[1]。研究尘埃等离子体输运动力学特性有助于理解尘埃等离子体系统的物理性质以及一些尘埃等离子体问题的基本决定机制，如星际介质是由强非均匀的部分电离尘埃等离子体组成，其中输运过程的研究对天体物理的发展极为重要[2]。地球电离层和磁层中有自然存在或人为造成的非均匀尘埃等离子体结构，对这些结构的形成与演化问题进行研究，有助于探究大气环境的长期变化[3]。尘埃颗粒在等离子体沉积和刻蚀技术以及薄膜和纳米颗粒制作等相关的等离子体技术应用中有非常重要的影响，对尘埃颗粒的输运以及带电尘埃颗粒对电子、离子输运影响进行研究，有助于控制并有效利用这些工艺[4,5]。

与中性气体输运相比，等离子体中的输运过程受自洽电场的影响很大，除了等离子体系统组分和温度的不均匀性会产生粒子和能量通量外，电场作用在带电粒子上也会不可避免地产生通量。而等离子体中的电场不能当作已知量处理，因为它主要由系统中带电粒子的空间分布和运动状态决定，即存在一种反馈机制：等离子体的不均匀性导致了自洽电场的发展，这些电场反过来又会驱动带电粒子和能量的输运，从而控制等离子体空间分布的演化过程[3]。与普通等离子体输运相比，尘埃等离子体的输运过程更加复杂。首先，在等离子体系统中引入尘埃颗粒，带电尘埃颗粒与电子、离子的碰撞过程会改变电子、离子的扩散系数和迁移率等输运系数，进而影响等离子体的输运过程。另外，尘埃颗粒的尺寸通常介于纳米到几百微米量级，远大于电子和离子的尺寸，其运动的时间尺度和空间尺度与通常的等离子体有很大差别，所以尘埃等离子体的输运涉及多重尺度问题：等离子体运动尺度下的扩散和输运过程属于小尺度结构问题，而尘埃运动尺度下的多极性扩散和输运属于大尺度扩散问题。

5.1　尘埃等离子体输运模型的基本方程组

弱电离等离子体可以近似为由多种相互贯穿的流体组成，其中电子、离子和中性粒子分别代表一种流体，可以用流体模型来描述等离子体中各类粒子的输运过程[6]。等离子体流体模型由玻尔兹曼方程的几个低阶矩得到，主要包括等离子体粒子连续性方程、动量守恒方程和能量守恒方程，对于低温等离子体一般只需要考虑电子能量守恒方程。当等离子体系统中引入大量尘埃颗粒时，除了需要考虑尘埃颗粒可能对输运系数的影响之外，电子、离子对尘埃颗粒的吸附碰撞过程还会为系统流体方程引入新的源项，此时需要对普通等离子体的流体模型方程组进行修正使其能够描述尘埃等离子体。此外，如果所研究系统的时间尺度接近或超过尘埃颗粒的运动时间尺度，由于尘埃颗粒受力，需要将上述等离子体流体模型与尘埃颗粒的输运方程相结合才能自洽描述系统中尘埃颗粒与等离子体参数的时空演化过程[1]。

等离子体输运模型的出发点是玻尔兹曼方程[7]：

$$\frac{\partial f_\alpha}{\partial t} + \boldsymbol{v} \cdot \frac{\partial f_\alpha}{\partial \boldsymbol{r}} + \frac{\boldsymbol{F}_\alpha}{m_\alpha} \cdot \frac{\partial f_\alpha}{\partial \boldsymbol{v}} f_\alpha = \left. \frac{\partial f_\alpha}{\partial t} \right|_{\mathrm{c}} \tag{5.1}$$

式中，$f_\alpha(\boldsymbol{r}, \boldsymbol{v}, t)$ 是六维相空间中 α 粒子的分布函数，$\boldsymbol{r}$ 表示位置，$\boldsymbol{v}$ 表示速度；$\boldsymbol{F}_\alpha$ 表示 α 粒子所受的力；下标 $\alpha = \mathrm{e}, \mathrm{i}$ 分别代表电子和离子；$\frac{\partial}{\partial \boldsymbol{r}} = \left(\boldsymbol{e}_1 \frac{\partial}{\partial x} + \boldsymbol{e}_2 \frac{\partial}{\partial y} + \boldsymbol{e}_3 \frac{\partial}{\partial z} \right)$；$\frac{\partial}{\partial \boldsymbol{v}} = \left(\boldsymbol{e}_1 \frac{\partial}{\partial v_x} + \boldsymbol{e}_2 \frac{\partial}{\partial v_y} + \boldsymbol{e}_3 \frac{\partial}{\partial v_z} \right)$，$\boldsymbol{e}_1$、$\boldsymbol{e}_2$ 和 $\boldsymbol{e}_3$ 分别表示三个正交方向的单位矢量。

式（5.1）右侧表示 k 粒子与其他粒子的碰撞过程对其分布函数的影响。

一般的等离子体系统中电子密度的范围为 $10^7 \sim 10^{32}\,\mathrm{m}^{-3}$ 量级[8]，对每一个粒子的运动轨迹进行追踪十分困难，可以采用粒子的密度、平均速度（或动量）和平均能量等宏观量来描述它们的运动状态。

粒子密度由连续性方程描述，将式（5.1）中的各项在速度空间进行积分[7]，考虑带电尘埃颗粒对电子、离子的吸附作用，可得粒子连续性方程的表达式：

$$\frac{\partial n_\alpha}{\partial t} + \nabla \cdot (n_\alpha \boldsymbol{u}_\alpha) = S_\alpha - \nu_{\alpha\mathrm{d}}^{\mathrm{coll}} n_\alpha \tag{5.2}$$

式中，$\boldsymbol{u}_\alpha$ 表示 α 粒子的平均速度；S_α 是 α 粒子的源项，表示碰撞导致的粒子的产生和消失；$\nu_{\alpha\mathrm{d}}^{\mathrm{coll}}$ 表示 α 粒子在尘埃颗粒上的吸附率。

粒子的平均速度 $\boldsymbol{u}_\alpha$ 由动量守恒方程描述，在式（5.1）两端同乘 $\boldsymbol{v}$，再将各项在速度空间进行积分[7]，可得描述弱电离等离子体中粒子平均速度的表达式：

$$m_\alpha n_\alpha \left[\frac{\partial \boldsymbol{u}_\alpha}{\partial t} + (\boldsymbol{u}_\alpha \cdot \nabla) \boldsymbol{u}_\alpha \right] = Z_\alpha e n_\alpha (\boldsymbol{E} + \boldsymbol{u}_\alpha \times \boldsymbol{B}) + n_\alpha m_\alpha \boldsymbol{g} - \nabla p_\alpha + \boldsymbol{R}_\alpha \tag{5.3}$$

式（5.3）中左侧两项从左到右为加速度项和惯性项，右侧四项从左到右依次为电磁力项、重力项、压力梯度项和碰撞项。m_α 和 Z_α 分别表示 α 粒子的质量和携带电荷数量；e 表示电子电荷；$\boldsymbol{E}$ 表示电场强度；$\boldsymbol{B}$ 表示磁感应强度；$\boldsymbol{g}$ 表示重力加速度。由物态方程可得气压 $p_\alpha = n_\alpha k_B T_\alpha$。碰撞项 $\boldsymbol{R}_\alpha$ 指的是 α 粒子与其他粒子碰撞而导致的单位时间单位体积内的动量变化，对于两体碰撞，可用克鲁克碰撞算子来求解：

$$\boldsymbol{R}_\alpha = \sum_\beta m_\alpha n_\alpha \nu_{\alpha\beta} \left(\boldsymbol{u}_\alpha - \boldsymbol{u}_\beta \right) \tag{5.4}$$

式中，$\boldsymbol{u}_\beta$ 表示 β 粒子的平均速度；$\nu_{\alpha\beta}$ 表示 α 粒子和 β 粒子发生碰撞时的动量转移频率。

在式（5.1）两端同乘 $m_\alpha v^2 / 2$，再将各项在速度空间进行积分[7]，可得 α 粒子的能量守恒方程：

$$\frac{\partial}{\partial t}\left(\frac{3}{2} p_\alpha\right) + \nabla \cdot \frac{3}{2}\left(p_\alpha \boldsymbol{u}_\alpha\right) + p_\alpha \nabla \cdot \boldsymbol{u}_\alpha + \nabla \cdot \boldsymbol{q}_\alpha = \frac{\partial}{\partial t}\left(\frac{3}{2} p_\alpha\right)\Big|_c \tag{5.5}$$

式（5.5）左端第一项表示单位体积内 α 粒子热能的变化率。第二项表示粒子的宏观运动引发的能量流动。第三项表示由于流体体积的变化造成的升温或冷却。第四项表示由温度梯度引起的热传导，热流矢量 $\boldsymbol{q}_\alpha = -\kappa_T \nabla T_\alpha$，其中 κ_T 指的是热导率。式（5.5）右端表示所有碰撞过程导致的粒子能量变化。在低温等离子体中，一般只需要考虑电子的能量守恒方程。

式（5.2）～式（5.5）构成了描述弱电离尘埃等离子体输运的基本方程组。下面具体讨论弱电离尘埃等离子体中基本带电粒子输运方程的表达式。

5.1.1　电子的输运方程

对电子而言，其质量很小，重力可以忽略不计，在扩散和迁移等慢过程中，电子定向运动速度随时间的变化几乎为零，在等温等离子体中电子的流体方程为

$$\frac{\partial n_e}{\partial t} + \nabla \cdot \left(n_e \boldsymbol{u}_e\right) = S_e - \nu_{ed}^{coll} n_e \tag{5.6}$$

$$m_e \left(\boldsymbol{u}_e \cdot \nabla\right) \boldsymbol{u}_e = -e\boldsymbol{E} - k_B T_e \frac{\nabla n_e}{n_e} - \sum_\beta m_e \nu_{e\beta} \left(\boldsymbol{u}_e - \boldsymbol{u}_\beta\right) \tag{5.7}$$

式中，n_e、$\boldsymbol{u}_e$、m_e、T_e 分别表示电子的密度、速度、质量和温度；S_e 表示电子的源；ν_{ed}^{coll} 表示电子在尘埃颗粒上的吸附率；$\nu_{e\beta}$ 表示电子和 β 粒子碰撞的动量转移频率。在弱电离等离子体系统中，中性粒子密度远大于其他粒子的密度，电子在输运过程中会频繁地与中性粒子碰撞，致使电子定向运动速度的空间梯度很小，同时该过程也是电子动量转移的主要来源。如果在等离子体系统中引入尘埃颗粒，尘埃颗粒半径远大于其他粒子的半径，当尘埃颗粒足够多时，尘埃颗粒与电子的

碰撞也会造成电子明显的动量转移。设中性气体和尘埃颗粒没有定向的宏观运动，则电子的运动方程可以简化为

$$-e\boldsymbol{E} - k_{\mathrm{B}}T_{\mathrm{e}}\frac{\nabla n_{\mathrm{e}}}{n_{\mathrm{e}}} - m_{\mathrm{e}}\left(\nu_{\mathrm{en}} + \nu_{\mathrm{ed}}\right)\boldsymbol{u}_{\mathrm{e}} = \boldsymbol{0} \tag{5.8}$$

由式（5.8）可求解出电子的定向运动速度：

$$\boldsymbol{u}_{\mathrm{e}} = -\frac{e}{m_{\mathrm{e}}\left(\nu_{\mathrm{en}} + \nu_{\mathrm{ed}}\right)}\boldsymbol{E} - \frac{k_{\mathrm{B}}T_{\mathrm{e}}}{m_{\mathrm{e}}\left(\nu_{\mathrm{en}} + \nu_{\mathrm{ed}}\right)}\frac{\nabla n_{\mathrm{e}}}{n_{\mathrm{e}}} \tag{5.9}$$

电子的流量密度简写为

$$\boldsymbol{\varGamma}_{\mathrm{e}} = n_{\mathrm{e}}\boldsymbol{u}_{\mathrm{e}} = -\mu_{\mathrm{e}}n_{\mathrm{e}}\boldsymbol{E} - D_{\mathrm{e}}\nabla n_{\mathrm{e}} \tag{5.10}$$

式（5.10）称为漂移扩散近似，式中 $\mu_{\mathrm{e}} = e\big/\left[m_{\mathrm{e}}\left(\nu_{\mathrm{en}} + \nu_{\mathrm{ed}}\right)\right]$ 为电子宏观迁移率，$D_{\mathrm{e}} = k_{\mathrm{B}}T_{\mathrm{e}}\big/\left[m_{\mathrm{e}}\left(\nu_{\mathrm{en}} + \nu_{\mathrm{ed}}\right)\right]$ 为扩散系数。若电场强度为零，则 $\boldsymbol{\varGamma}_{\mathrm{e}} = -D_{\mathrm{e}}\nabla n_{\mathrm{e}}$，这正是菲克定律的形式。

5.1.2　离子的输运方程

对于简单的离子，其质量较轻，重力相对于其他作用力可以忽略不计，在一般的等离子体中，离子通常只携带一个正电荷，考虑尘埃颗粒与离子的碰撞过程，离子的流体方程为

$$\frac{\partial n_{\mathrm{i}}}{\partial t} + \nabla \cdot \left(n_{\mathrm{i}}\boldsymbol{u}_{\mathrm{i}}\right) = S_{\mathrm{i}} - \nu_{\mathrm{id}}^{\mathrm{coll}} n_{\mathrm{i}} \tag{5.11}$$

$$m_{\mathrm{i}}\left(\boldsymbol{u}_{\mathrm{i}} \cdot \nabla\right)\boldsymbol{u}_{\mathrm{i}} = e\boldsymbol{E} - k_{\mathrm{B}}T_{\mathrm{i}}\frac{\nabla n_{\mathrm{i}}}{n_{\mathrm{i}}} - \sum_{\beta} m_{\mathrm{i}}\nu_{i\beta}\left(\boldsymbol{u}_{\mathrm{i}} - \boldsymbol{u}_{\beta}\right) \tag{5.12}$$

式中，n_{i}、$\boldsymbol{u}_{\mathrm{i}}$、$m_{\mathrm{i}}$、$T_{\mathrm{i}}$ 分别表示离子的密度、速度、质量和温度；S_{i} 表示离子的源；$\nu_{\mathrm{id}}^{\mathrm{coll}}$ 表示离子在尘埃颗粒上的吸附率；$\nu_{i\beta}$ 表示离子和 β 粒子碰撞的动量转移频率。只考虑离子与中性粒子和尘埃颗粒频繁碰撞时，其定向运动速度为

$$\boldsymbol{u}_{\mathrm{i}} = \frac{e}{m_{\mathrm{i}}\left(\nu_{\mathrm{in}} + \nu_{\mathrm{id}}\right)}\boldsymbol{E} - \frac{k_{\mathrm{B}}T_{\mathrm{i}}}{m_{\mathrm{i}}\left(\nu_{\mathrm{in}} + \nu_{\mathrm{id}}\right)}\frac{\nabla n_{\mathrm{i}}}{n_{\mathrm{i}}} \tag{5.13}$$

同样地，离子流量密度的漂移扩散近似表达式为

$$\boldsymbol{\varGamma}_{\mathrm{i}} = n_{\mathrm{i}}\boldsymbol{u}_{\mathrm{i}} = \mu_{\mathrm{i}}n_{\mathrm{i}}\boldsymbol{E} - D_{\mathrm{i}}\nabla n_{\mathrm{i}} \tag{5.14}$$

式中，$\mu_{\mathrm{i}} = e\big/\left[m_{\mathrm{i}}\left(\nu_{\mathrm{in}} + \nu_{\mathrm{id}}\right)\right]$ 为离子宏观迁移率；$D_{\mathrm{i}} = k_{\mathrm{B}}T_{\mathrm{i}}\big/\left[m_{\mathrm{i}}\left(\nu_{\mathrm{in}} + \nu_{\mathrm{id}}\right)\right]$ 为扩散系数。

从电子和离子的输运方程可以看到，尘埃颗粒即便固定不动，也能从两个方面影响等离子体输运方程的形式：首先，尘埃颗粒与电子和离子的吸附碰撞在粒子连续性方程中引入了新的源项；其次，尘埃颗粒与电子和离子碰撞的动量转移频率可能使等离子体的输运系数减小。

5.1.3　带电尘埃颗粒的输运方程

在尘埃颗粒的运动时间尺度内，需要考虑尘埃颗粒的输运过程，其连续性方程和动量守恒方程分别为

$$\frac{\partial n_{\mathrm{d}}}{\partial t} + \nabla \cdot \left(n_{\mathrm{d}} \boldsymbol{u}_{\mathrm{d}} \right) = 0 \tag{5.15}$$

$$m_{\mathrm{d}} \left(\boldsymbol{u}_{\mathrm{d}} \cdot \nabla \right) \boldsymbol{u}_{\mathrm{d}} = -Z_{\mathrm{d}} e \boldsymbol{E} - k_{\mathrm{B}} T_{\mathrm{d}} \frac{\nabla n_{\mathrm{d}}}{n_{\mathrm{d}}} + m_{\mathrm{d}} \boldsymbol{g} - \sum_{\beta} m_{\mathrm{d}} v_{\mathrm{d}\beta} \left(\boldsymbol{u}_{\mathrm{d}} - \boldsymbol{u}_{\beta} \right) \tag{5.16}$$

式中，n_{d}、$\boldsymbol{u}_{\mathrm{d}}$、$m_{\mathrm{d}}$ 分别对应尘埃颗粒的密度、定向运动速度和质量；T_{d} 表示将尘埃颗粒近似为流体时的温度。尘埃颗粒大多数情况下携带负电荷，设单个尘埃颗粒的平均带电量 q_{d} 由电子和离子对尘埃颗粒的充电过程决定：

$$\frac{\partial q_{\mathrm{d}}}{\partial t} = -e I_{\mathrm{ed}} \left(q_{\mathrm{d}}, n_{\mathrm{e}}, T_{\mathrm{e}} \right) + e I_{\mathrm{id}} \left(q_{\mathrm{d}}, n_{\mathrm{i}}, T_{\mathrm{i}} \right) \tag{5.17}$$

式中，I_{ed} 与 I_{id} 分别表示电子和离子对尘埃颗粒的充电电流。

根据中性粒子对尘埃颗粒充电的影响程度，充电电流有几种不同的求解模型：OML 充电理论模型[9,10]、碰撞增强吸附模型[11]以及强碰撞近似模型[12]。如果电子和离子与中性粒子碰撞的平均自由程 $l_k (k = \mathrm{e}, \mathrm{i})$ 远远大于尘埃等离子体的德拜半径 λ_{D}，则电子和离子进入尘埃颗粒的德拜屏蔽范围后，不会再与中性粒子发生碰撞，这时可以用最简单的 OML 充电理论来求解尘埃颗粒的充电电流；如果电子和离子的平均自由程与尘埃等离子体的德拜半径相当甚至稍大于后者，则中性粒子与电子、离子的碰撞属于弱碰撞，此时电子和离子在被尘埃颗粒捕获的过程中会明显受到中性粒子的影响，这时通过碰撞增强吸附模型可以更准确地求解带电粒子对尘埃颗粒的充电电流；在强碰撞极限下，满足 $l_k \gg \lambda_{\mathrm{D}}$，电子和离子进入尘埃颗粒的德拜屏蔽范围后，与中性粒子碰撞得很频繁，则需要用强碰撞近似模型求解充电电流。

如果尘埃颗粒密度过大或颗粒半径较小，则单个尘埃颗粒仅携带少数的几个电荷，此时需要单独求解携带不同数量电荷的尘埃颗粒的密度分布，以便更准确地描述尘埃颗粒的性质。带 q 个电荷的尘埃颗粒的连续性方程为

$$\frac{\partial n_q}{\partial t} = n_{q+1} v_{\mathrm{e},q+1} n_{\mathrm{e}} + n_{q-1} v_{\mathrm{i},q-1} n_{\mathrm{i}} - \left(n_q v_{\mathrm{e},q} n_{\mathrm{e}} + n_q v_{\mathrm{i},q} n_{\mathrm{i}} \right) \tag{5.18}$$

式中，$\nu_{i,q}$ 和 $\nu_{e,q}$ 分别表示带 q 个电荷的尘埃颗粒对离子和电子的捕获率，由离散充电模型[13,14]给出。

电场是等离子体输运过程的一个重要因素，电场可以驱动带电粒子运动，同时电场本身又由带电粒子的空间分布和运动状态决定。考虑尘埃颗粒所携带的电荷，尘埃等离子体中的电场满足的泊松方程由式（3.7）和式（3.8）给出。

方程（5.6）～方程（5.18）、方程（3.7）和方程（3.8）构成了完备自洽的尘埃等离子体输运模型，是求解尘埃等离子体输运问题的基础。

5.2　尘埃等离子体的双极性扩散模型

在真实的等离子体中普遍存在着密度梯度，粒子会在压力梯度的作用下自发地向低密度区域扩散。以气体放电为例，放电容器中电离产生的电子和离子会向器壁扩散，由于电子热运动速度较大，$D_e \gg D_i$，因此电子扩散得较快。初始阶段到达器壁的电子数远多于离子数，致使器壁电势降低，在放电容器中形成由中心指向器壁的极化电场，这一电场会抑制电子扩散，同时促进离子的扩散，最终电子、离子流向容器壁的流量相同，极化电场也不再变化，这一状态称为双极性扩散状态[7]。在等离子体中浸入尘埃颗粒，尘埃颗粒与电子、离子的碰撞过程对粒子的源和输运系数都有重要影响，因此尘埃颗粒的引入必然会影响等离子体的扩散过程。常见的尘埃等离子体中带电尘埃颗粒的荷质比远小于离子和电子的荷质比，在相同的电场强度和浓度梯度下尘埃颗粒的输运速度比离子和电子的输运速度小得多，所以尘埃等离子体的输运涉及多重尺度问题：在研究等离子体运动尺度下的扩散和输运过程时，可以认为尘埃颗粒是静止不动的带电背景，而在较长的时间尺度下，尘埃颗粒作为一种带电粒子直接参与到输运过程中[1]。本节主要研究固定不动的尘埃颗粒对等离子体双极性扩散过程的影响。

5.2.1　普通等离子体中双极性扩散方程

等离子体的双极性扩散满足 $\Gamma_i = \Gamma_e$，联立式（5.10）和式（5.14），可求得双极性电场为

$$E = \frac{D_i \nabla n_i - D_e \nabla n_e}{\mu_i n_i + \mu_e n_e} \tag{5.19}$$

将双极性电场表达式代入式（5.14），设 $\Gamma_a = \Gamma_i = \Gamma_e$，可得

$$\Gamma_a = -\frac{\mu_e n_e D_i}{\mu_i n_i + \mu_e n_e}\left(\nabla n_i + \frac{\mu_i n_i D_e}{\mu_e n_e D_i}\nabla n_e\right) \tag{5.20}$$

由等离子体的准中性条件 $n_e \approx n_i \approx n$，式（5.20）可以化简为

$$\boldsymbol{\Gamma}_a = -\frac{\mu_e D_i + \mu_i D_e}{\mu_i + \mu_e}\nabla n = -D_a \nabla n \tag{5.21}$$

式中，D_a 是电子和离子相互作用而一起扩散的平均扩散系数，称为双极性扩散系数。等离子体双极性扩散的流量密度满足菲克定律的形式。

将式（5.21）代入离子的连续性方程，可得无尘埃颗粒影响的双极性扩散方程为

$$\frac{\partial n}{\partial t} - D_a \nabla^2 n = S \tag{5.22}$$

式中，S 是电子和离子的源项，给定初始条件和边界条件，通过式（5.22）即可求得电子和离子密度随时间和空间的变化规律。

由于电子质量比离子质量小得多，则 $\mu_e \gg \mu_i$，结合爱因斯坦关系式 $\mu_k / D_k = e/(k_B T_k)$，双极性扩散系数可以近似为

$$D_a \approx D_i \left(1 + \frac{T_e}{T_i}\right) \tag{5.23}$$

在低温等离子体中，$T_e \gg T_i$，则 $D_a \approx D_i T_e / T_i \gg D_i$，由于 $D_a / D_e \approx \mu_i / \mu_e \ll 1$，所以有 $D_a \ll D_e$。由此可见，双极性扩散系数满足 $D_i \ll D_a \ll D_e$，即双极性扩散速率远大于离子的自由扩散速率，同时远小于电子的自由扩散速率。在热平衡态的等离子体中 $T_e = T_i$，则 $D_a \approx 2D_i$。可见无论哪种情况下的双极性扩散速率都由质量较大的离子来决定。

5.2.2　尘埃等离子体中双极性扩散方程

在等离子体中引入尘埃颗粒，尘埃颗粒会吸附电子和离子带电，此时系统中的准中性条件变为

$$n_i \approx n_e + Z_d n_d \tag{5.24}$$

考虑 $\mu_e \gg \mu_i$，结合准中性条件，双极性扩散的流量密度为

$$\boldsymbol{\Gamma}_a = -T_i \left(\nabla n_i + \frac{T_e}{T_i}\frac{n_i}{n_e}\nabla n_e\right) \tag{5.25}$$

与式（5.21）相比，式（5.25）不满足菲克定律的形式，这是带电尘埃颗粒对等离子体双极性扩散的第一个重要影响。

将式（5.25）代入离子的连续性方程，得到离子的扩散方程为

$$\frac{\partial n_{\mathrm{i}}}{\partial t} - D_{\mathrm{i}}\nabla^2 n_{\mathrm{i}} - D_{\mathrm{i}}\nabla \cdot \left(\frac{T_{\mathrm{e}}}{T_{\mathrm{i}}} \frac{n_{\mathrm{i}}}{n_{\mathrm{e}}} \nabla n_{\mathrm{e}} \right) = S_{\mathrm{i}} - \nu_{\mathrm{id}}^{\mathrm{coll}} n_{\mathrm{i}} \tag{5.26}$$

与式（5.22）相比，此时的离子扩散方程是复杂的非线性方程，仅通过该方程不能直接解得 n_{i} 的值，必须再借助准中性条件和尘埃颗粒的充电方程自洽地求解各带电粒子的分布状态。这是带电尘埃颗粒对等离子体双极性扩散的第二个重要影响。

下面研究尘埃颗粒对等离子体双极性扩散速度的影响。讨论一种最简单的情形：一束给定的等离子体流从左侧进入研究区域，然后从右侧离开，研究区域内没有电离和复合过程。无尘埃时，双极性扩散方程右侧的源项 $S = 0$，由式（5.23）的一维表达式可得扩散的空间尺度 L_{D} 和时间尺度 T_{D} 近似满足

$$T_{\mathrm{D}} = L_{\mathrm{D}}^2 / D_{\mathrm{a}} = \frac{L_{\mathrm{D}}^2}{D_{\mathrm{i}}\left(1 + T_{\mathrm{e}}/T_{\mathrm{i}}\right)} \tag{5.27}$$

如果在等离子体扩散的路径上浸入尘埃颗粒，则离子的扩散方程由式（5.26）描述，其右侧的源项为 $-\nu_{\mathrm{id}}^{\mathrm{coll}} n_{\mathrm{i}}$。式（5.26）的一维表达式为

$$\frac{\partial n_{\mathrm{i}}}{\partial t} - D_{\mathrm{i}}\left[\frac{\partial^2 n_{\mathrm{i}}}{\partial x^2} + \frac{T_{\mathrm{e}}}{T_{\mathrm{i}}}\left(\frac{1}{n_{\mathrm{e}}}\frac{\partial n_{\mathrm{i}}}{\partial x}\frac{\partial n_{\mathrm{e}}}{\partial x} - \frac{n_{\mathrm{i}}}{n_{\mathrm{e}}^2}\frac{\partial n_{\mathrm{e}}}{\partial x}\frac{\partial n_{\mathrm{e}}}{\partial x} + \frac{n_{\mathrm{i}}}{n_{\mathrm{e}}}\frac{\partial^2 n_{\mathrm{e}}}{\partial x^2} \right) \right] = -\nu_{\mathrm{id}}^{\mathrm{coll}} n_{\mathrm{i}} \tag{5.28}$$

此时扩散的空间尺度 L_{D} 和时间尺度 T_{D} 满足

$$T_{\mathrm{D}} = \frac{L_{\mathrm{D}}^2}{D_{\mathrm{i}}\left(1 + T_{\mathrm{e}}/T_{\mathrm{i}}\right) - L_{\mathrm{D}}^2 \nu_{\mathrm{id}}^{\mathrm{coll}}} \tag{5.29}$$

对比式（5.27）和式（5.29）可以直观地看出，系统不均匀性的空间尺度 L_{D} 保持不变，引入带电尘埃颗粒，等离子体扩散时间尺度增大，即等离子体双极性扩散的速度变慢。这是带电尘埃颗粒对等离子体双极性扩散的第三个重要影响。

5.3　尘埃等离子体的多极性扩散模型

在尘埃颗粒运动的时间尺度下，带电尘埃颗粒的受力和输运过程变得不可忽略，其作为一种带电粒子直接参与到输运过程中。由尘埃颗粒、电子和离子一起参与的扩散过程称为多极性扩散过程。在该过程中，必须同时考虑等离子体和尘埃颗粒的输运方程，才能自洽描述系统中各带电粒子参数的时空演化过程。

在较大空间尺度的扩散问题中，带电尘埃颗粒动量方程的惯性项可以忽略不计，其流量密度也满足漂移扩散近似：

$$\boldsymbol{\Gamma}_d = n_d \boldsymbol{u}_d = -\mu_d n_d \boldsymbol{E} - D_d \nabla n_d + \frac{\boldsymbol{g}}{v_{dn}} n_d \qquad (5.30)$$

式中，$\mu_d = eZ_d/(m_d v_{dn})$ 表示尘埃颗粒的迁移率；$D_d = k_B T_d/(m_d v_{dn})$ 表示尘埃颗粒的扩散系数；v_{dn} 表示尘埃颗粒和中性粒子的动量转移频率；Z_d 表示尘埃颗粒表面电荷数。

由零电流条件 $e\boldsymbol{\Gamma}_i - e\boldsymbol{\Gamma}_e - Z_d e\boldsymbol{\Gamma}_d = 0$，可得多极性扩散电场为

$$\boldsymbol{E} = \frac{D_i \nabla n_i - D_e \nabla n_e - Z_d D_d \nabla n_d + \boldsymbol{g} n_d Z_d / v_{dn}}{\mu_i n_i + \mu_e n_e + \mu_d z_d n_d} \qquad (5.31)$$

由于 $\mu_d \ll \mu_i \ll \mu_e$、$D_d \ll D_i \ll D_e$，在 n_e、n_i 及 $Z_d n_d$ 的数量级相差不大时，多极性扩散电场可以化简为

$$\boldsymbol{E} = -\frac{D_e \nabla n_e}{\mu_e n_e} + \frac{Z_d n_d \boldsymbol{g}}{\mu_e n_e v_{dn}} \qquad (5.32)$$

由式（5.32）可以看到，多极电场不仅与电子的密度梯度有关，还与重力加速度相关。这意味着即便在初始时刻尘埃等离子体是均匀分布的，在竖直方向也存在着重力驱动的电场。这是因为尘埃颗粒会在重力的作用下运动，并同时拖动电子和离子运动，最终达到新的多极性扩散状态[1]。

将电场表达式分别代入式（5.14）和式（5.30），得到离子和尘埃颗粒的流量密度分别为

$$\boldsymbol{\Gamma}_i = -D_i \left(\nabla n_i + \frac{T_e}{T_i} \frac{n_i}{n_e} \nabla n_e \right) + \frac{\mu_i}{\mu_e} \frac{n_i}{n_e} \frac{Z_d n_d \boldsymbol{g}}{v_{dn}} \qquad (5.33)$$

$$\boldsymbol{\Gamma}_d = -D_d \left(\nabla n_d + \frac{T_e}{T_d} \frac{Z_d n_d}{n_e} \nabla n_e \right) - \frac{n_d \boldsymbol{g}}{v_{dn}} \qquad (5.34)$$

从以上两个方程可以看出，扩散流是由尘埃等离子体的不均匀性和尘埃颗粒所受的重力作用共同驱动的。将上述两个方程代入各自的连续性方程便可分别得到离子和尘埃颗粒的扩散方程：

$$\frac{\partial n_i}{\partial t} - \nabla \cdot \left[D_i \left(\nabla n_i + \frac{T_e}{T_i} \frac{n_i}{n_e} \nabla n_e \right) - \frac{\mu_i}{\mu_e} \frac{n_i}{n_e} \frac{Z_d n_d \boldsymbol{g}}{v_{dn}} \right] = S_i - v_{id}^{coll} n_i \qquad (5.35)$$

$$\frac{\partial n_d}{\partial t} - \nabla \cdot \left[D_d \left(\nabla n_d + \frac{T_e}{T_d} \frac{Z_d n_d}{n_e} \nabla n_e \right) + \frac{n_d \boldsymbol{g}}{v_{dn}} \right] = 0 \qquad (5.36)$$

单个尘埃颗粒的带电量由电子和离子对尘埃颗粒的充电过程决定：

$$\frac{\partial Z_\mathrm{d}}{\partial t} = I_\mathrm{id}\left(Z_\mathrm{d}, n_\mathrm{i}, T_\mathrm{i}\right) - I_\mathrm{ed}\left(Z_\mathrm{d}, n_\mathrm{e}, T_\mathrm{e}\right) \tag{5.37}$$

充电电流 I_k 与电子（ $k = \mathrm{e}$ ）和离子（ $k = \mathrm{i}$ ）在尘埃颗粒上的吸附率 $\nu_{k\mathrm{d}}^\mathrm{coll}$ 的关系为

$$I_k = \nu_{k\mathrm{d}}^\mathrm{coll} n_k / n_\mathrm{d} \tag{5.38}$$

电子密度分布可以由准中性条件求得：

$$n_\mathrm{e} \approx n_\mathrm{i} - Z_\mathrm{d} n_\mathrm{d} \tag{5.39}$$

式（5.35）～式（5.39）构成了完备的多极性扩散模型，通过该模型可以自洽描述竖直方向尘埃等离子体系统中电子密度、离子密度、尘埃颗粒密度及其带电量的时空演化过程。令重力加速度为零，该模型便可以描述微重力条件或水平方向尘埃等离子体的多极性扩散过程。

5.4　带电尘埃颗粒对等离子体输运系数的影响

粒子的输运系数是输运方程的基本参量，决定了粒子或能量的传输速度。在弱电离等离子体中，中性粒子的密度远大于其他粒子的密度，电子和离子的动量转移主要来自与中性粒子的有效碰撞。粒子输运的扩散系数 $D_k = k_\mathrm{B} T_k / \left(m_k \nu_{k\mathrm{n}}\right)$ ，迁移率 $\mu_k = e / \left(m_k \nu_{k\mathrm{n}}\right)$ ，其中， T_k 、 m_k 和 $\nu_{k\mathrm{n}}$ 分别表示 k 粒子的温度、质量、与中性粒子碰撞的动量转移频率， k_B 是玻尔兹曼常数，下标 $k = \mathrm{i,e}$ 分别代表电子和离子。如果在系统中引入尘埃颗粒，由于尘埃颗粒的半径远大于中性粒子的半径，电子、离子与尘埃颗粒的碰撞截面较大，该碰撞过程可能会对电子、离子的输运系数产生重要影响。此时扩散系数 $D_k = k_\mathrm{B} T_k / \left[m_k \left(\nu_{k\mathrm{n}} + \nu_{k\mathrm{d}}\right)\right]$ ，迁移率 $\mu_k = e / \left[m_k \left(\nu_{k\mathrm{n}} + \nu_{k\mathrm{d}}\right)\right]$ ， $\nu_{k\mathrm{d}}$ 表示 k 粒子与带电尘埃颗粒的动量转移频率。本节首先计算电子、离子与中性粒子及尘埃颗粒碰撞动量转移频率，然后针对氩气直流辉光放电和极区中层顶两种典型尘埃等离子体环境，分析带电尘埃颗粒对等离子体输运系数的影响[1]。

5.4.1　电子、离子与中性粒子碰撞的动量转移频率

电子和中性粒子碰撞的动量转移频率为

$$\nu_\mathrm{en} = n_\mathrm{n} \langle \sigma_\mathrm{en}(\nu_\mathrm{en}) \nu_\mathrm{en} \rangle = n_\mathrm{n} \int \sigma_\mathrm{en}(\nu_\mathrm{en}) \nu_\mathrm{en} f_\mathrm{e}(\nu_\mathrm{e}) f_\mathrm{n}(\nu_\mathrm{n}) \mathrm{d}^3 \nu_\mathrm{e} \mathrm{d}^3 \nu_\mathrm{n} \tag{5.40}$$

式中，〈 〉表示取周期平均值； n_n 表示中性粒子的密度； σ_en 表示动量转移截面；

$v_{en} = |v_e - v_n|$ 表示电子和中性粒子的相对速率；$f_e(v_e)$ 表示电子的速度分布函数；$f_n(v_n)$ 表示中性粒子的速度分布函数。由于电子的热运动速度远大于分子的热运动速度，可得 $v_{en} \approx |v_e|$。一般的弱电离等离子体中，电子速度满足各向同性的麦克斯韦分布，则电子和中性粒子碰撞的动量转移频率为

$$v_{en} = n_n 4\pi \left(\frac{m_e}{2\pi k_B T_e} \right)^{3/2} \int_0^\infty \sigma_{en}(v_e) \exp\left(-\frac{m_e v_e^2}{2k_B T_e} \right) v_e^3 \mathrm{d}^3 v_e \qquad (5.41)$$

式中，m_e 和 T_e 分别表示电子的质量和温度。

在一般的等离子体系统中，离子与中性粒子的质量和运动速度尺度相当，可以采用硬球模型[7]计算离子与中性粒子碰撞的动量转移频率，在硬球模型中当离子和中性粒子的组成元素相同时，二者之间的动量转移截面 $\sigma_{in} = 4\pi r_n^2$，r_n 表示粒子的半径。离子与中性粒子的平均相对速率 $\langle v_{in} \rangle = \sqrt{2} u_{i,th}$，$u_{i,th}$ 是离子的热运动速度，当离子速度满足各向同性的麦克斯韦分布时，$u_{i,th} = \left[8k_B T_i / (\pi m_i) \right]^{1/2}$。此时离子与中性粒子碰撞的动量转移频率为

$$v_{in} = n_n \sigma_{in} \langle v_{in} \rangle = 4\pi n_n r_n^2 \sqrt{2} u_{i,th} \qquad (5.42)$$

如果等离子体系统的中性气体由多种粒子组成，比如空气等离子体中中性粒子包括 N_2、O_2 及 CO_2 等分子，则电子和中性粒子碰撞的动量转移频率为

$$v_{en} = \sum_j n_{nj} 4\pi \left(\frac{m_e}{2\pi k_B T_e} \right)^{3/2} \int_0^\infty \sigma_{enj}(v_e) \exp\left(-\frac{m_e v_e^2}{2k_B T_e} \right) v_e^3 \mathrm{d}v_e \qquad (5.43)$$

式中，n_{nj} 表示第 j 种粒子的密度；σ_{enj} 表示电子和第 j 种中性粒子碰撞的动量转移截面。在空气等离子体系统中，离子与中性粒子碰撞的动量转移频率也可以写为离子与各种中性粒子碰撞的动量转移频率之和。根据 Hill 等[15]提出的理论，在极区中层顶离子和中性粒子碰撞动量转移频率的经验公式为

$$v_{in} = 2.6 \times 10^{-15} n_n \left(0.78 \frac{28}{M_i + 28} \sqrt{1.74 \frac{M_i + 28}{28 M_i}} \right.$$
$$\left. + 0.21 \frac{32}{M_i + 32} \sqrt{1.57 \frac{M_i + 32}{32 M_i}} + 0.01 \frac{40}{M_i + 40} \sqrt{1.64 \frac{M_i + 40}{40 M_i}} \right) \qquad (5.44)$$

式中，$M_i = m_i / m_u$，m_i 表示离子的质量，m_u 表示质子的质量。

5.4.2　电子、离子与尘埃颗粒碰撞的动量转移频率

电子、离子与尘埃颗粒之间动量转移过程包括充电碰撞和库仑碰撞两类过程。充电碰撞指的是电子、离子与尘埃颗粒的非弹性碰撞过程，电子和离子会损失全部的动量；而库仑碰撞指的是电子、离子与尘埃颗粒因库仑相互作用而产生的弹性散射过程。

电子与尘埃颗粒之间的动量转移频率为 $\nu_{ed} = \nu_{ed}^{coll} + \nu_{ed}^{el}$，式中 $\nu_{ed}^{coll} = n_d \left\langle \sigma_{ed}^{coll} v_{ed} \right\rangle$ 为充电碰撞频率，$\nu_{ed}^{el} = n_d \left\langle \sigma_{ed}^{el} v_{ed} \right\rangle$ 为库仑碰撞的动量转移频率。σ_{ed}^{coll} 和 σ_{ed}^{el} 分别表示对应的动量转移截面。电子的速度远大于尘埃颗粒的特征速度，因此电子和尘埃颗粒的相对速度 $v_{ed} = \left| v_e - v_d \right| \approx v_e$。

电子被尘埃颗粒吸附的截面为

$$\sigma_{ed}^{coll} = \pi \rho_{Ce}^2 \tag{5.45}$$

式中，ρ_{Ce} 是尘埃颗粒吸附电子的最大吸附半径，也称为电子的吸附碰撞参量，根据 OML 充电理论[9,10]，ρ_{Ce} 的值为

$$\rho_{Ce} = \begin{cases} r_d \left(1 - \dfrac{2e\varphi_d}{m_e v_e^2} \right)^{1/2}, & \text{如果 } \dfrac{1}{2} m_e v_e^2 > e\varphi_d \\ 0, & \text{如果 } \dfrac{1}{2} m_e v_e^2 \leqslant e\varphi_d \end{cases} \tag{5.46}$$

其中，r_d 和 φ_d 分别为尘埃颗粒的半径和表面电势。式（5.46）的物理含义为尘埃颗粒携带负电荷时，电子必须有足够的能量才能克服尘埃颗粒表面的势垒，即 $m_e v_e^2 / 2 > e\varphi_d$ 时，电子才能被尘埃颗粒吸附。

电子和尘埃颗粒库仑碰撞的动量转移截面为[16]

$$\sigma_{ed}^{el} = 4\pi \int_{\rho_{e,min}}^{\rho_{e,max}} \frac{\rho_e d\rho_e}{1 + \left(\rho_e / \rho_{e0} \right)} = 4\pi \rho_{e0}^2 \ln \left(\frac{\rho_{e0}^2 + \rho_{e,max}^2}{\rho_{e0}^2 + \rho_{e,min}^2} \right)^{1/2} \tag{5.47}$$

式中，$\rho_{e0} = r_d e\varphi_d / \left(m_e v_e^2 \right)$ 是电子和尘埃颗粒库仑碰撞的半径。电子的吸附碰撞参量是 ρ_{Ce}，因此式（5.47）的积分下限为 ρ_{Ce}。另外，只有与尘埃颗粒的距离小于德拜半径 λ_D 的电子才能与尘埃颗粒发生碰撞，在低温弱电离尘埃等离子体中，电子和尘埃颗粒的库仑碰撞属于弱耦合过程，根据标准的库仑散射理论[17]，式（5.47）中的积分上限为德拜半径 λ_D。由上述两种动量转移截面的表达式，可得电子和尘埃颗粒总的动量转移频率为

$$\nu_{\mathrm{ed}} = n_{\mathrm{d}} \int \left[\pi\rho_{\mathrm{Ce}}^2 + 2\pi\rho_{\mathrm{e0}}^2 \ln\left(\frac{\lambda_{\mathrm{D}}^2 + \rho_{\mathrm{e0}}^2}{\rho_{\mathrm{Ce}}^2 + \rho_{\mathrm{e0}}^2} \right) \right] v_{\mathrm{e}} f_{\mathrm{e}}\left(\boldsymbol{v}_{\mathrm{e}} \right) \mathrm{d}^3 v_{\mathrm{e}} \tag{5.48}$$

离子与尘埃颗粒之间的动量转移频率同样由吸附碰撞和库仑碰撞两类动量转移频率组成：

$$\nu_{\mathrm{id}} = n_{\mathrm{d}} \int \left(\sigma_{\mathrm{id}}^{\mathrm{coll}} + \sigma_{\mathrm{id}}^{\mathrm{el}} \right) v_{\mathrm{i}} f_{\mathrm{i}}\left(\boldsymbol{v}_{\mathrm{i}} \right) \mathrm{d}^3 v_{\mathrm{i}} \tag{5.49}$$

式中，$f_{\mathrm{i}}\left(\boldsymbol{v}_{\mathrm{i}} \right)$ 表示离子的速度分布函数；$\sigma_{\mathrm{id}}^{\mathrm{coll}}$ 为离子被尘埃颗粒吸附的截面：

$$\sigma_{\mathrm{id}}^{\mathrm{coll}} = \pi\rho_{\mathrm{Ci}}^2 \tag{5.50}$$

其中，ρ_{Ci} 是尘埃颗粒与离子间的吸附碰撞参量。根据 OML 充电理论[9,10]：

$$\rho_{\mathrm{Ci}} = r_{\mathrm{d}} \left(1 + \frac{2e\varphi_{\mathrm{d}}}{m_{\mathrm{i}} v_{\mathrm{i}}^2} \right)^{1/2} \tag{5.51}$$

$\sigma_{\mathrm{id}}^{\mathrm{el}}$ 为离子与尘埃颗粒之间库仑碰撞的动量转移截面[18]：

$$\sigma_{\mathrm{id}}^{\mathrm{el}} = 4\pi \int_{\rho_{\min}}^{\rho_{\max}} \frac{\rho_{\mathrm{i}} \mathrm{d}\rho_{\mathrm{i}}}{1 + \left(\rho_{\mathrm{i}}/\rho_{\mathrm{i0}} \right)} = 4\pi\rho_{\mathrm{i0}}^2 \ln\left(\frac{\rho_{\mathrm{i0}}^2 + \rho_{\max}^2}{\rho_{\mathrm{i0}}^2 + \rho_{\min}^2} \right)^{1/2} \tag{5.52}$$

其中，$\rho_{\mathrm{i0}} = r_{\mathrm{d}} e\varphi_{\mathrm{d}} / \left(m_{\mathrm{i}} v_{\mathrm{i}}^2 \right)$ 是离子和尘埃颗粒库仑碰撞的半径。

由于离子的最大吸附半径为 ρ_{Ci}，因此式（5.52）的积分下限为 ρ_{Ci}。当离子和尘埃颗粒间的库仑碰撞属于弱耦合过程时，式（5.52）的积分上限为德拜半径 λ_{D}；反之，式（5.52）中的积分上限为[18]

$$\rho_{\max} = \lambda_{\mathrm{D}} \left(1 + \frac{2e\varphi_{\mathrm{d}} r_{\mathrm{d}}}{m_{\mathrm{i}} v_{\mathrm{i}}^2 \lambda_{\mathrm{D}}} \right)^{1/2} \tag{5.53}$$

此时，离子与尘埃颗粒之间总的动量转移频率为

$$\nu_{\mathrm{id}} = \pi n_{\mathrm{d}} \int \left[\rho_{\mathrm{Ci}}^2 + 4\rho_{\mathrm{i0}}^2 \ln\left(\frac{\rho_{\mathrm{i0}} + \lambda_{\mathrm{D}}}{\rho_{\mathrm{i0}} + r_{\mathrm{d}}} \right) \right] v_{\mathrm{i}} f_{\mathrm{i}}\left(\boldsymbol{v}_{\mathrm{i}} \right) \mathrm{d}^3 v_{\mathrm{i}} \tag{5.54}$$

5.4.3 气体放电中带电尘埃颗粒对电子、离子输运系数的影响

首先计算氩气直流辉光放电等离子体中带电尘埃颗粒对电子、离子输运系数的影响。电子和 Ar 原子的动量转移截面 σ_{en} 随电子能量 ε（$\varepsilon = 0.5 m_{\mathrm{e}} v_{\mathrm{e}}^2$）的分布[19]如图 5.1 所示。

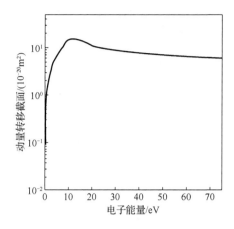

图 5.1　电子和 Ar 原子的动量转移截面 σ_{en} 随电子能量 ε 的分布图

气体放电各参数设置如下：Ar 原子密度 $n_n = 1.61 \times 10^{22} \mathrm{m}^{-3}$，尘埃颗粒半径 $r_d = 1\mu\mathrm{m}$，颗粒密度 n_d 分别设为 $10^{10}\mathrm{m}^{-3}$、$6 \times 10^{11}\mathrm{m}^{-3}$ 和 $2.5 \times 10^{12}\mathrm{m}^{-3}$。对应的电子温度 T_e 分别为 23200K、26680K 和 31320K，尘埃颗粒表面电势分别为 2.88V、2.52V 和 1.29V。由上述参数可得每种情况下的电子动量转移频率和输运系数，如表 5.1 所示。

表 5.1　电子的动量转移频率和输运系数

序号	n_d /m^{-3}	ν_{en} /s^{-1}	ν_{ed} /s^{-1}	$\nu_{ed}/(\nu_{en}+\nu_{ed})$	D_e /(m^2/s)	μ_e /[m^2/(s·V)]
1	10^{10}	4.89×10^8	0.33×10^8	6.24%	6.74×10^2	3.37×10^2
2	6×10^{11}	6.38×10^8	3.44×10^8	35.06%	4.12×10^2	1.79×10^2
3	2.5×10^{12}	8.72×10^8	7.47×10^8	46.13%	2.93×10^2	1.09×10^2

从表 5.1 中可以看到，随着浸入的尘埃颗粒增多，电子-尘埃颗粒的动量转移频率占总的电子有效碰撞频率的比例增大，当尘埃颗粒密度为 $2.5 \times 10^{12}\mathrm{m}^{-3}$ 时，该比例甚至达到 46.13%，此时尘埃颗粒对电子输运系数的影响不可忽略。带电尘埃颗粒密度对电子扩散系数和迁移率的影响如图 5.2 所示，实线表示考虑尘埃颗粒的情况，虚线表示不考虑尘埃颗粒的情况。叉号标记的尘埃颗粒密度值分别为 $10^{10}\mathrm{m}^{-3}$、$6 \times 10^{11}\mathrm{m}^{-3}$ 和 $2.5 \times 10^{12}\mathrm{m}^{-3}$。

图 5.2（a）中 $D_{en} = k_B T_e / (m_e \nu_{en})$ 表示不考虑尘埃颗粒时的电子扩散系数，图 5.2（b）中 $\mu_{en} = e / (m_e \nu_{en})$ 表示不考虑尘埃颗粒时的电子迁移率。首先，随着尘埃颗粒密度增大，电子的扩散系数和迁移率大幅度减小；其次，尘埃颗粒密度固定时，由于尘埃颗粒对电子动量转移频率的贡献，实际的电子输运系数均明显小于未考虑尘埃颗粒时的输运系数，并且这一差距随着尘埃颗粒密度的增大而迅速增大。另外，

随着尘埃颗粒密度的增大，D_{en} 和 μ_{en} 明显减小，这是因为尘埃颗粒的加入会使得电子温度升高，进而提高了电子和中性粒子的动量转移频率 ν_{en}。

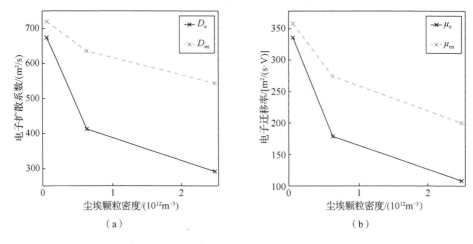

图 5.2　带电尘埃颗粒密度对电子扩散系数和迁移率的影响

接下来讨论气体放电中带电尘埃颗粒对离子输运系数的影响。Ar 原子的半径 $r_n \approx 1.18 \times 10^{-10}\,\mathrm{m}$，$Ar^+$ 离子的温度 $T_i = 300\mathrm{K}$，由式（5.42）可得，离子和中性粒子的动量转移频率 $\nu_{in} = 1.59 \times 10^6\,\mathrm{s}^{-1}$。在上述氩气直流辉光放电尘埃等离子体中，离子-尘埃库仑碰撞属于强耦合碰撞，不同尘埃颗粒密度对应的离子动量转移频率和输运系数如表 5.2 所示。

表 5.2　离子的动量转移频率和输运系数

序号	$n_d\ /\mathrm{m}^{-3}$	$\nu_{in}\ /\mathrm{s}^{-1}$	$\nu_{id}\ /\mathrm{s}^{-1}$	$\nu_{id}/(\nu_{in}+\nu_{id})$	$D_i\ /(\mathrm{m}^2/\mathrm{s})$	$\mu_i\ /[\mathrm{m}^2/(\mathrm{s}\cdot\mathrm{V})]$
1	10^{10}	1.59×10^6	2.38×10^4	1.48%	3.87×10^{-2}	1.50
2	6×10^{11}	1.59×10^6	1.27×10^6	44.53%	2.18×10^{-2}	0.84
3	2.5×10^{12}	1.59×10^6	2.05×10^6	56.34%	1.71×10^{-2}	0.66

从表 5.2 中可以看到，随着尘埃颗粒密度增大，离子-尘埃颗粒的动量转移频率变得不可忽略，其占总的离子有效碰撞频率的比例越来越大，这使得离子的迁移率和扩散系数大幅度减小。由此可见，在气体放电等离子体中引入一定量的尘埃颗粒，能明显阻碍电子和离子的扩散过程。

5.4.4　极区中层顶带电尘埃颗粒对电子、离子输运系数的影响

下面讨论极区中层顶带电尘埃颗粒对电子、离子输运系数的影响。在约 85km 高度处，中性粒子主要包括 N_2 分子、O_2 分子和 CO_2 分子，$n_n = 2.3 \times 10^{20}\,\mathrm{m}^{-3}$ [20]，

三种气体的体积分数分别设为 78%、21% 和 1%，电子和三种气体分子的动量转移截面随电子能量的分布[21]如图 5.3 所示。离子平均质量 m_i 为质子质量 m_u 的 50 倍[22]。此处电子、离子和中性粒子经过充分的碰撞会达到热平衡状态，设 $T_e = T_i = 150\text{K}$。大多数尘埃颗粒仅携带一个负电荷，其半径和密度的典型值分别为 $r_d = 10\text{nm}$ 和 $n_d = 3 \times 10^9 \text{m}^{-3}$ [23]。

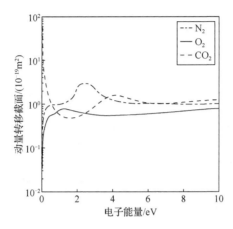

图 5.3　电子和空气中中性粒子的动量转移截面随电子能量的分布图

由式（5.43）可得电子和中性粒子的动量转移频率 $\nu_{en} = 7.27 \times 10^5 \text{s}^{-1}$。由于单个尘埃颗粒的带电量很少，需要用离散充电模型[13,14]求解电子和尘埃颗粒的吸附碰撞频率，其结果为 $\nu_{ed}^{coll} = 7.236 \times 10^{-4} \text{s}^{-1}$。将式（5.48）积分项中的吸附碰撞截面去掉可得电子和尘埃颗粒的库仑碰撞频率 $\nu_{ed}^{el} = 2.942 \times 10^3 \text{s}^{-1}$。由此可见，电子和尘埃颗粒总的动量转移频率 $\nu_{ed} = \nu_{ed}^{coll} + \nu_{ed}^{el} \ll \nu_{en}$，因此极区中层顶带电尘埃颗粒对电子输运系数的影响可以忽略不计。

由式（5.44）可得离子和中性粒子的动量转移频率 $\nu_{in} = 6.68 \times 10^4 \text{s}^{-1}$。同样地，由离散充电模型[13,14]求得离子和尘埃颗粒的吸附碰撞频率 $\nu_{id}^{coll} = 5.62 \times 10^{-3} \text{s}^{-1}$。在极区中层顶离子和尘埃颗粒之间的库仑耦合为弱耦合相互作用，式（5.54）的积分上限为 λ_D，将式（5.49）积分项中的吸附碰撞截面去掉，将式（5.54）代入式（5.49）可得离子和尘埃颗粒的库仑碰撞频率 $\nu_{id}^{el} = 0.24 \text{s}^{-1}$。由此可见，离子和尘埃颗粒总的动量转移频率 $\nu_{id} = \nu_{id}^{coll} + \nu_{id}^{el} \ll \nu_{in}$，极区中层顶带电尘埃颗粒对离子的输运系数几乎没有影响。

由以上求解结果可以看到，在氩气直流辉光放电等离子体中引入一定量的尘埃颗粒后，能使电子和离子的输运系数大幅度减小。然而在极区中层顶环境中，电子、离子与尘埃颗粒之间的动量转移频率远远小于其与中性粒子的动量转移频率，因此带电尘埃颗粒对电子、离子输运系数的影响可以忽略不计。

参 考 文 献

[1] 田瑞焕. 两种典型环境中尘埃等离子体输运动力学特性[D]. 哈尔滨: 哈尔滨工业大学, 2020: 1-3.

[2] Merlino R L, Goree J A. Dusty plasmas in the laboratory, industry, and space[J]. Physics Today, 2004, 57(7): 32-38.

[3] Rozhansky V A, Tsendin L D. Transport phenomena in partially ionized plasma[M]. Boca Raton, USA: CRC Press, 2001: 4.

[4] Selwyn G S, Singh J, Bennett R S. In situ laser diagnostic studies of plasma-generated particulate contamination[J]. Journal of Vacuum Science and Technology A: Vacuum, Surfaces, and Films, 1989, 7(4): 2758-2765.

[5] Kersten H, Deutsch H, Stoffels E, et al. Micro-disperse particles in plasmas: From disturbing side effects to new applications[J]. Contributions to Plasma Physics, 2001, 41(6): 598-609.

[6] Chen F F. Introduction to plasma physics and controlled fusion[M]. New York, USA: Plenum Press, 1984:37-42.

[7] Lieberman M A, Lichtenberg A J. Principles of plasma discharges and materials processing[M]. New York, USA: John Wiley and Sons, 2005: 28-35.

[8] 高瑞林. 同轴网格空心阴极等离子体诊断及微波传输特性研究[D]. 哈尔滨: 哈尔滨工业大学, 2017: 49-57.

[9] Lampe M. Limits of validity for orbital-motion-limited theory for a small floating collector[J]. Journal of Plasma Physics, 2001, 65(3): 171-180.

[10] Khrapak S A, Ivlev A V, Morfill G E. Momentum transfer in complex plasmas[J]. Physical Review E, 2004, 70(5): 056405.

[11] Khrapak S A, Ratynskaia S V, Zobnin A V, et al. Particle charge in the bulk of gas discharges[J]. Physical Review E, 2005, 72(1): 016406.

[12] Khrapak S A, Morfill G E. Basic processes in complex (dusty) plasmas: Charging, interactions, and ion drag force[J]. Contributions to Plasma Physics, 2009, 49(3): 148-168.

[13] Robertson S, Sternovsky Z. Effect of the induced-dipole force on charging rates of aerosol particles[J]. Physics of Plasmas, 2008, 15(4): 040702.

[14] Mahmoudian A, Scales W A. On the signature of positively charged dust particles on plasma irregularities in the mesosphere[J]. Journal of Atmospheric and Solar-Terrestrial Physics, 2013, 104: 260-269.

[15] Hill R J, Bowhill S A. Collision frequencies for use in the continuum momentum equations applied to the lower ionosphere[J]. Journal of Atmospheric and Terrestrial Physics, 1977, 39(7): 803-811.

[16] Khrapak S A, Morfill G E. Dusty plasmas in a constant electric field: Role of the electron drag force[J]. Physical Review E, 2004, 69(6): 066411.

[17] Barnes M S, Keller J H, Forster J C, et al. Transport of dust particles in glow-discharge plasmas[J]. Physical Review Letters, 1992, 68(3): 313-316.

[18] Khrapak S A, Ivlev A V, Morfill G E, et al. Ion drag force in complex plasmas[J]. Physical Review E, 2002, 66(4): 046414.

[19] Phelps database[DB/OL]. [2024-04-21]. https://us.lxcat.net/data/set_type.php.

[20] Hill R J, Gibson-Wilde D E, Werne J A, et al. Turbulence-induced fluctuations in ionization and application to PMSE[J]. Earth, Planets and Space, 1999, 51(7-8): 499-513.

[21] Lisbon database[DB/OL]. [2024-04-21]. https://us.lxcat.net/data/set_type.php.

[22] Reid G C. Ice particles and electron "bite-outs" at the summer polar mesopause[J]. Journal of Geophysical Research, 1990, 95(D9): 13891-13896.

[23] Rapp M, Lübken F J. Polar mesosphere summer echoes (PMSE): Review of observations and current understanding[J]. Atmospheric Chemistry and Physics, 2004, 4(11/12): 2601-2633.

第6章 直流辉光放电尘埃等离子体输运理论

直流辉光放电正柱区内的等离子体具有轴向均匀、径向分布对称、电子能量分布函数近似满足麦克斯韦分布以及状态稳定的特点，是研究等离子体性质的理想环境[1]。同时，正柱区内的等离子体属于典型的弱电离低温等离子体系统[2]，因此分析带电尘埃颗粒对正柱区内等离子体输运的影响，对于探究其他弱电离低温尘埃等离子体系统（如极区中层夏季回波尘埃等离子体及火箭喷焰等）的输运特性具有借鉴意义。放电管中浸入的每个尘埃颗粒都是电子和离子的"汇"，尘埃颗粒与等离子体组分之间的相互作用对电荷密度及自洽电场的空间分布至关重要。引入的尘埃颗粒大量消耗电子，放电管中的电离率必须增大以补偿损耗的电子，即电子温度会升高。然而，描述等离子体输运的传统流体方法仅包括电子和离子的连续性方程和漂移扩散方程，不能描述电子能量的输运过程。Rafatov 等[3]引入电子能量守恒方程修正了传统流体方法的方程组，提出并验证了扩展的流体方法，以便求解电子温度的分布。本章拟基于扩展的流体模型、轨道运动限制（OML）充电理论[4,5]和碰撞增强吸附模型[6]建立一个自洽模型，来描述带尘埃颗粒的氩气直流辉光放电，进而探究带电尘埃颗粒对电子、离子输运的影响。通过给出带电尘埃颗粒对等离子体输运特性影响因子的理论表达式，来定量评估尘埃颗粒的影响效果，为研究不同条件下的尘埃等离子体输运特性奠定理论基础。

6.1 直流辉光放电尘埃等离子体的输运模型

考虑尘埃颗粒对电子、离子的吸附作用，等离子体组分的连续性方程为

$$\frac{\partial n_\alpha}{\partial t} + \nabla \cdot \boldsymbol{\Gamma}_\alpha = S_\alpha - v_{\alpha d}^{coll} n_\alpha \tag{6.1}$$

式中，粒子流量密度 $\boldsymbol{\Gamma}_\alpha$ 采用漂移-扩散近似描述：

$$\boldsymbol{\Gamma}_\alpha = -D_\alpha \nabla n_\alpha + \mu_\alpha Z_\alpha n_\alpha \boldsymbol{E} \tag{6.2}$$

在上述方程中，下标 $\alpha = e$ 时表示电子的相关参量，$\alpha = i$ 时则表示离子的相关参量。n_α 表示 α 粒子密度；S_α 表示因放电而产生的 α 粒子源项；$v_{\alpha d}^{coll}$ 表示 α 粒子在尘埃颗粒上的吸附率；D_α 和 μ_α 分别表示 α 粒子的扩散系数和迁移率；离子带一个正电荷，对于离子 $Z_\alpha = 1$，对于电子 $Z_\alpha = -1$。

粒子源项 S_α 由放电管中一系列的等离子体化学反应决定，其表达式为

$$S_\alpha = \sum_j c_{\alpha,j} R_{\alpha,j} \tag{6.3}$$

式中，$c_{\alpha,j}$ 表示单位时间单位体积内由第 j 个反应产生的 α 粒子的数量；$R_{\alpha,j}$ 代表相应的反应速率，$R_{\alpha,j}$ 与反应物的密度和速率常数 g_j 成正比。氩气直流辉光放电管中包括电子 e、正离子 Ar^+、中性氩原子 Ar，以及多种激发态的氩原子 Ar^*，这里只考虑两种激发能为 11.7eV 和 13.2eV 的激发态氩原子，具体的化学反应[3]如表 6.1 所示，反应方程式中有电子参与的反应的速率常数 g_j 由式（6.4）给出：

$$g_j = \int_0^\infty \sigma_j(\varepsilon)\sqrt{\varepsilon} f_0(\varepsilon) \mathrm{d}\varepsilon \tag{6.4}$$

式中，ε 表示电子能量，碰撞截面 $\sigma_j(\varepsilon)$ 随电子能量 ε 的变化关系如图 6.1 所示；$f_0(\varepsilon)$ 表示电子能量分布函数（EEDF），一般由玻尔兹曼方程求得，这里假设其满足麦克斯韦分布。

表 6.1　氩气直流辉光放电管中的等离子体化学反应

序号	反应方程式	反应类型	电子能量变化 $\Delta\varepsilon$ /eV	反应速率常数 g_j
1	$e + Ar \rightarrow e + Ar$	弹性碰撞	0	式（6.4）
2	$e + Ar \rightarrow 2e + Ar^+$	直接电离	15.8	式（6.4）
3	$e + Ar \rightarrow e + Ar^*$	激发	11.7	式（6.4）
4	$e + Ar \rightarrow e + Ar^*$	激发	13.2	式（6.4）
5	$e + Ar^* \rightarrow 2e + Ar^+$	分步电离	4.4	式（6.4）
6	$2Ar^* \rightarrow e + Ar^+ + Ar$	潘宁电离	—	$6.2 \times 10^{-16}\,\mathrm{m^3/s}$
7	$Ar^* \rightarrow h\nu + Ar$	辐射	—	$1.0 \times 10^7\,\mathrm{s^{-1}}$

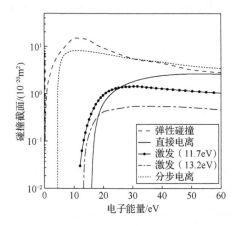

图 6.1　不同反应中的碰撞截面 $\sigma_j(\varepsilon)$ 与电子能量 ε 的对应关系

对于低气压氩气放电系统，可以忽略电子和离子的直接复合过程。无尘埃颗粒时，电子和离子的直接复合速率 $c_{re} = K_{re} n_e n_i$，式中复合速率系数 $K_{re} \approx \pi^2 b_0^5 n_e u_{e,th}$，$b_0 = e^2/(6\pi\varepsilon_0 k_B T_e)$，$n_e$ 表示电子密度，$u_{e,th}$ 表示电子热运动的平均速率，ε_0 表示真空介电常数，k_B 表示玻尔兹曼常数，T_e 表示电子温度。在放电气压为 67Pa、放电电流为 2mA 的氩气放电系统中各参量的典型值分别为：$n_i = n_e \approx 2.8 \times 10^{15} \text{m}^{-3}$，$T_e \approx 2\text{eV}$。得出电子和离子的直接复合速率的典型值为：$c_{re} \approx 5.36 \times 10^6 \text{m}^{-3} \cdot \text{s}^{-1}$。由实验结果[7]可知，对于电子温度 $T_e \approx 2\text{eV}$ 的氩气放电，电离速率系数 $K_{iz} \approx 1.2 \times 10^{-17} \text{m}^3/\text{s}$，放电气压为 67Pa 时，电离速率 $c_{iz} = K_{iz} n_e n_n \approx 5.54 \times 10^{20} \text{m}^{-3} \cdot \text{s}^{-1}$，式中 n_n 表示氩气分子密度。很明显 $c_{re} \ll c_{iz}$，即电子和离子的直接复合速率远远小于电离速率。引入尘埃颗粒后，尘埃会消耗电子，为了维持放电，电离速率 c_{iz} 会增大，而复合速率会因电子密度的减小而降低，放电系统依然满足 $c_{re} \ll c_{iz}$，所以放电反应中不考虑电子和离子的直接复合过程。

在粒子连续性方程中，电子和离子在尘埃颗粒上的吸附率 $v_{\alpha d}^{coll}$ 与尘埃颗粒充电电流 I_α 的关系为：$v_{\alpha d}^{coll} = I_\alpha n_d/n_\alpha$。OML 充电理论[4,5]是求解尘埃等离子体中尘埃颗粒充电电流应用最广泛的传统方法，其适用条件是电子或离子在被尘埃颗粒捕获的过程中不受中性粒子的影响，即带电粒子进入尘埃颗粒的德拜屏蔽范围后，不再与中性粒子发生碰撞。另外，尘埃颗粒之间是相互孤立的，即其他颗粒不影响某一个颗粒附近的电子和离子运动。这就要求带电粒子的平均自由程 l_α、尘埃等离子体的德拜半径 λ_D、尘埃颗粒之间的间距 d_D 和尘埃颗粒的半径 r_d 同时满足关系式：$d_D > \lambda_D \gg r_d$，$l_\alpha \gg \lambda_D \gg r_d$。设定尘埃颗粒半径 r_d 为 1μm，当尘埃颗粒密度 n_{d0} 分别取为 10^{10}m^{-3}、$6 \times 10^{11} \text{m}^{-3}$ 和 $2.5 \times 10^{12} \text{m}^{-3}$ 时，对应的颗粒间距 d_D 分别约为 464μm、255μm 和 159μm，相应的德拜半径 λ_D 分别约等于 23μm、25μm 和 24μm，可见尘埃等离子体系统满足 $d_D > \lambda_D \gg r_d$ 的条件。电子温度取为 2eV 时，电子热运动的平均自由程 l_e 约为 2300μm，满足 $l_e \gg \lambda_D \gg r_d$ 的条件，电子充电电流 I_e 可以由 OML 充电理论求解。然而，离子温度取为室温 0.025eV 时，离子热运动的平均自由程 l_i 约为 70μm，l_i 仅比 λ_D 大几倍，这意味着离子-中性粒子碰撞会影响离子对尘埃颗粒的充电过程，这时需要使用考虑了弱碰撞对充电影响的碰撞增强吸附模型[6]来求解离子的充电电流。由 OML 充电理论和碰撞增强吸附模型，电子和离子的充电方程分别为

$$I_e = 4\pi r_d^2 n_e \left(\frac{k_B T_e}{2\pi m_e}\right)^{1/2} \exp\left(-\frac{e\varphi_d}{k_B T_e}\right) \tag{6.5}$$

$$I_i = 4\pi r_d^2 n_i \left(\frac{k_B T_i}{2\pi m_i}\right)^{1/2} \left(1 + \frac{e\varphi_d}{k_B T_i} + 0.1\left(\frac{e\varphi_d}{k_B T_i}\right)^2 \frac{\lambda_D}{l_i}\right) \tag{6.6}$$

式中，m_e 和 m_i 分别表示电子和离子的质量；k_B 表示玻尔兹曼常数；φ_d 表示尘埃颗粒表面电势。电子、离子在随机热运动时碰到尘埃颗粒被其吸附，由于电子质量轻、热运动速度快，尘埃起初吸附的电子数远大于离子数，尘埃带负电，这会促进离子的吸附，同时抑制电子的吸附，直至尘埃颗粒表面电荷不再发生变化，达到充电平衡状态，即 $I_e = I_i$，由充电平衡条件可以确定 φ_d 的数值。尘埃颗粒表面电荷数 Z_d 为

$$Z_d = 4\pi\varepsilon_0 r_d \varphi_d / e \tag{6.7}$$

式中，ε_0 表示真空介电常数。

为了描述电子温度的分布，需要引入电子能量的守恒方程：

$$\frac{\partial n_\varepsilon}{\partial t} + \nabla \cdot \boldsymbol{\Gamma}_\varepsilon = -e\boldsymbol{\Gamma}_\varepsilon \cdot \boldsymbol{E} + S_{el}^{Te} + S_{inel}^{Te} - e\varphi_d \nu_{ed}^{coll} n_e \tag{6.8}$$

式中，n_ε 表示电子能量密度。电子能量流量密度 $\boldsymbol{\Gamma}_\varepsilon$ 由两部分组成，一部分是温度梯度引起的热传导，另一部分是电子在电场漂移引发的能量流通，其表达式如下所示：

$$\boldsymbol{\Gamma}_\varepsilon = -\left(\frac{5}{2}D_e\right)\nabla\left(n_e k_B T_e\right) - \left(\frac{5}{2}\mu_e\right)n_e k_B T_e \boldsymbol{E} \tag{6.9}$$

电子能量守恒方程式（6.8）的右侧第一项表示电场给电子做功而输入到系统的电子能量，S_{el}^{Te} 表示由电子-中性粒子弹性碰撞引起的电子能量变化：

$$S_{el}^{Te} = -\int n_e \nu_{en}(\varepsilon)\delta\varepsilon f_0(\varepsilon)d\varepsilon \tag{6.10}$$

式中，$\nu_{en}(\varepsilon)$ 是碰撞频率；$\delta = 2m_e / m_{Ar}$ 是弹性碰撞中电子能量损失的比例。

式（6.8）中 S_{inel}^{Te} 表示非弹性碰撞引起的电子能量变化：

$$S_{inel}^{Te} = -\sum_j \int n_e \nu_{ej}(\varepsilon)\Delta\varepsilon_j f_0(\varepsilon)d\varepsilon \tag{6.11}$$

式中，$\nu_{ej}(\varepsilon)$ 表示第 j 种能量阈值为 $\Delta\varepsilon_j$ 的非弹性碰撞频率，电子与其他粒子的非弹性碰撞如表 6.1 中的反应 2 至反应 5 所示。式（6.8）中 $e\varphi_d$ 表示单个电子被尘埃颗粒吸附后的能量损失。

考虑带电尘埃颗粒对电场和电势的空间分布的影响，描述电场强度 $\boldsymbol{E}$ 和电势 φ 的泊松方程为

$$\nabla \cdot \boldsymbol{E} = \frac{e(n_i - n_e - Z_d n_d)}{\varepsilon_0} \tag{6.12}$$

$$\boldsymbol{E} = -\nabla\varphi \tag{6.13}$$

放电电流为

$$I = 2\pi \int_0^R n_e \mu_e E_1 r \mathrm{d}r \qquad (6.14)$$

式中，E_1 表示电场的轴向分量。

式（6.1）～式（6.14）构成了直流辉光放电尘埃等离子体输运的自洽模型[1]：气体放电产生电子和离子，带电粒子运动产生电场，电场反过来又制约着带电粒子的运动，经过一定的时间后会达到稳定状态，按既定方式运动的带电粒子产生的场恰好能使粒子按此方式运动，此后各物理量不再随时间变化。这一过程发生在离子运动的时间尺度内，尘埃颗粒比电子和离子重得多，在此期间其运动状态的改变可以忽略不计，而且这里重点研究带电尘埃颗粒对等离子体输运的影响，所以假设尘埃颗粒固定分布于正柱区内某一段圆柱形空间中，其密度径向分布呈一个带平滑边界的阶跃函数状：

$$n_d = \begin{cases} n_{d0}, & r \leqslant R_d \\ n_{d0} \exp\left(\dfrac{R_d - r}{0.02R}\right), & r > R_d \end{cases} \qquad (6.15)$$

式中，R_d 表示尘埃颗粒均匀分布的范围；R 表示放电管的半径，设 $R = 1\mathrm{cm}$。

6.2　带电尘埃颗粒对等离子体输运影响的评判标准

直流辉光放电正柱区内的等离子体在轴向上近似均匀分布，等离子体仅在径向存在输运现象。从上述理论模型中可以看到，电子和离子向放电管壁扩散的同时会被尘埃颗粒吸附，在讨论数值计算结果之前，首先引入一个影响因子 ξ 来衡量尘埃颗粒对等离子体输运的影响程度[1]：

$$\xi = \tau_a / \tau_{id} \qquad (6.16)$$

式中，τ_a 表示普通等离子体中离子从放电管中心扩散到管壁的时间尺度：

$$\tau_a = \frac{R^2}{D_a} \qquad (6.17)$$

其中，D_a 是等离子体的双极性扩散系数。双极性扩散状态下，电子和离子以相同的流量流向放电管壁，结合式（6.2）可得电子和离子的径向流量密度满足

$$\Gamma_e = \Gamma_i = \Gamma_{\mathrm{Diff}} \approx -\frac{\mu_i D_e}{\mu_e} \frac{n_i}{n_e} \frac{\partial n_e}{\partial r} \qquad (6.18)$$

双极性扩散系数 D_a 的近似表达式为

$$D_a \approx \mu_i D_e / \mu_e \tag{6.19}$$

式（6.16）中的 τ_{id} 是尘埃颗粒对离子的吸附率 ν_{id}^{coll} 的倒数，表示离子损耗在尘埃颗粒表面的时间尺度：

$$\tau_{id} = \frac{n_i}{I_i n_d} \tag{6.20}$$

对于氩气放电等离体，将 τ_a 与 τ_{id} 的表达式代入 ξ 的定义式，化简后得到 ξ 的近似表达式：

$$\xi \approx 4\pi^2 r_{Ar}^2 R^2 r_d^2 n_d \frac{p}{k_B T_i} \tag{6.21}$$

式中，r_{Ar} 表示 Ar 分子的半径；p 表示放电气压。

影响因子 ξ 的物理意义也可以理解为离子在尘埃颗粒表面的吸附率与其在放电管壁上的吸附率之比，当 $\xi \ll 1$ 时，离子主要损耗在器壁上，尘埃颗粒对等离子体的影响很小，电子密度和离子密度可以认为近似相等 $n_e \approx n_i$，电子和离子的双极性扩散径向流量密度可以化简成

$$\Gamma_{Diff} \approx -\frac{\mu_i D_e}{\mu_e} \frac{\partial n_e}{\partial r} = -D_a \frac{\partial n_e}{\partial r} \tag{6.22}$$

将此流量密度表达式代入式（6.1）中，考虑 $D^+ n_i \approx 0$，并用 $\nu_I n_e$ 表示离子源项 S_i，式中 ν_I 表示总电离率，得到稳态下离子的径向连续性方程为

$$\frac{\partial^2 n_i}{\partial r^2} + \frac{1}{r} \frac{\partial n_i}{\partial r} + \frac{\nu_I}{D_a} n_i = 0 \tag{6.23}$$

式（6.23）两端同除 ν_I / D_a 即可得出自变量为 $r\left(\nu_I / D_a\right)^{1/2}$ 的 0 阶贝塞尔方程：

$$\frac{\partial^2 n_i}{\partial \left(r\sqrt{\nu_I/D_a}\right)^2} + \frac{1}{r\sqrt{\nu_I/D_a}} \frac{\partial n_i}{\partial \left(r\sqrt{\nu_I/D_a}\right)} + n_i = 0 \tag{6.24}$$

可见 n_i 随 r 的分布满足贝塞尔函数的形状，一旦给定边界条件，由式（6.24）便可得到 n_i 随 r 的具体分布。结合 $\Gamma_e = \Gamma_i$ 及 $n_e \approx n_i$ 可以求出双极性扩散时电场的径向分布为

$$E_r = \frac{D_i \frac{\partial n_i}{\partial r} - D_e \frac{\partial n_e}{\partial r}}{\mu_i n_i + \mu_e n_e} \approx -\frac{k_B T_e}{e n_e} \frac{\partial n_e}{\partial r} \tag{6.25}$$

式中，e 表示电子电荷。

然而，若 $\xi \ll 1$ 的条件不能满足，则 $n_e \neq n_i$，离子流量密度不能写成扩散系数与浓度梯度乘积的形式，将式（6.18）代入式（6.1）中，得到稳态下离子的径向连续性方程为

$$-\frac{\mu_i D_e}{\mu_e} \frac{1}{n_e^2}\left[n_i n_e\left(\frac{\partial^2 n_e}{\partial r^2}+\frac{1}{r}\frac{\partial n_e}{\partial r}\right)+n_e\frac{\partial n_e}{\partial r}\frac{\partial n_i}{\partial r}-n_i\left(\frac{\partial n_e}{\partial r}\right)^2\right]=\nu_{\mathrm{I}} n_e-\nu_{\mathrm{id}}^{\mathrm{coll}} n_i \quad (6.26)$$

式（6.26）是非常复杂的非线性方程，仅通过这一方程不可能求解出离子密度的径向分布，电子或离子密度的径向分布必须根据自洽模型求解。

从式（6.21）中 ξ 的表达式可以看到，在等离子体环境确定的情况下，ξ 由尘埃颗粒的密度和其半径二次幂的乘积决定，ξ 一定的情况下，尘埃颗粒的密度随半径的分布如图 6.2 所示。

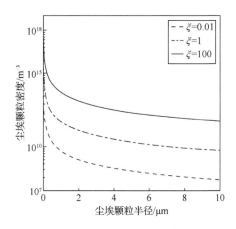

图 6.2　影响因子 ξ 取特定值时尘埃颗粒密度 n_d 与半径 r_d 的对应关系（放电气压 $p=67\mathrm{Pa}$）

若尘埃颗粒的状态点位于虚线附近及以下位置（$\xi \leqslant 0.01$），离子主要损耗在器壁上，即离子在尘埃颗粒上的吸附速率远小于电离速率，利用式（6.23）便能快速求解带电粒子在空间的分布。若尘埃颗粒的状态点位于点画线上下（$\xi \approx 1$），离子在尘埃颗粒上的吸附速率与电离速率相当，此时尘埃颗粒对电子、离子的吸附量很大，相当于在放电管中心又引入了一个新的"壁"，等离子体各参数的空间分布一定会发生不可忽视的变化，必须借助于自洽模型才能求解各物理量的值。若尘埃颗粒的状态点位于实线及以上位置（$\xi \geqslant 100$）时，离子在尘埃颗粒上的吸附速率远超过电离速率，这时放电管可能由于电子、离子被过度吸附而不能维持放电。如果已知尘埃颗粒的密度和半径，根据图 6.2 可以快速地选定求解问题所适用的模型，更重要的是，反过来图 6.2 可以为实验选取尘埃颗粒提供参考。

6.3　带电尘埃颗粒对直流辉光放电等离子体
输运过程的影响

正柱区内的各等离子体参量在轴向上近似均匀分布，这里只讨论其径向输运的特性。等离子体径向输运的稳态结果表现为带电粒子密度、带电粒子流量密度以及电场的空间分布。上节定义了影响因子 $\xi = \tau_a / \tau_{id}$ 来衡量尘埃颗粒对等离子体输运的影响程度，本节主要讨论 ξ 取值不同时，带电尘埃颗粒对这些参量分布的影响[1]。

6.3.1　带电尘埃颗粒对电子、离子密度空间分布的影响

取三个典型的影响因子 ξ 值——0.0188、1.128 和 4.7，分析等离子体参数的空间分布，以便更加全面地研究尘埃颗粒对等离子体输运的影响。这三个影响因子分别对应 $\xi \ll 1$、$\xi \approx 1$ 和 $\xi > 1$ 的情况。三种情况下尘埃颗粒的半径 r_d 都取为 1μm，对应的尘埃颗粒密度分别为 $10^{10}\,\mathrm{m}^{-3}$、$6 \times 10^{11}\,\mathrm{m}^{-3}$ 和 $2.5 \times 10^{12}\,\mathrm{m}^{-3}$，放电稳定后正柱区内各粒子电荷密度的径向分布如图 6.3 所示。

可以看到，影响因子 ξ 的数量级不同时，带电粒子密度的径向分布变化很大。无尘埃颗粒时，在放电管中的大部分区域，电子密度和离子密度近似相等，并且其径向分布基本满足第一类 0 阶贝塞尔函数的形状。需要注意的是，带电粒子密度分布与贝塞尔函数曲线有略微的差异，这是因为电子温度在径向不满足严格的均匀分布，双极性扩散系数 D_a 也随径向略有变化，所以根据式（6.24）得到的带电粒子密度不能完全严格地按照贝塞尔函数曲线分布符合实际情况。当 $\xi = 0.0188$ 时，尘埃颗粒比较少，等离子体受尘埃颗粒影响很小，电子和离子密度的径向分布仍然接近贝塞尔分布。当 $\xi = 1.128$ 时，$n_{d0} = 6 \times 10^{11}\,\mathrm{m}^{-3}$，电子和离子密度的径向分布严重偏离了贝塞尔分布，在有尘埃颗粒的区域，电子密度曲线和离子密度曲线几乎是平行的。这是因为 $\xi \approx 1$ 时，尘埃颗粒对电子和离子的吸附速率与电离速率相当，即 $\nu_{id}^{coll} n_i = \nu_{ed}^{coll} n_e \approx \nu_I n_e$，那么此时的电离率 $\nu_I \approx \nu_{ed}^{coll}$，电离率 ν_I 仅由电子温度决定，在径向的变化不太明显，所以尘埃颗粒对电子的吸附率 ν_{ed}^{coll} 也基本不随径向位置的变化而变化。由 $\nu_{ed}^{coll} = I_e n_d / n_e$，可得 I_e / n_e 随径向的变化不明显，在尘埃颗粒半径确定时，I_e / n_e 仅由尘埃颗粒表面电荷数 Z_d 决定，所以这种情况下 Z_d 在尘埃线性分布区域基本为定值，这一区域尘埃等离子体满足准中性条件，$n_i \approx n_e + Z_d n_d$，所以 n_i 和 n_e 的差 $Z_d n_d$ 可以看作定值，即两条线相互平行。$\xi = 4.7$ 时，在放电管中心区域，电子密度和离子密度出现极小值，这是由于此处 $\nu_{id}^{coll} n_i = \nu_{ed}^{coll} n_e > \nu_I n_e$，

即在尘埃线性分布区域，尘埃颗粒表面电子和离子的吸附速率超过了该区域内电子和离子的电离速率，电子、离子"亏损"，无尘埃区的带电粒子反而向中心区域扩散。

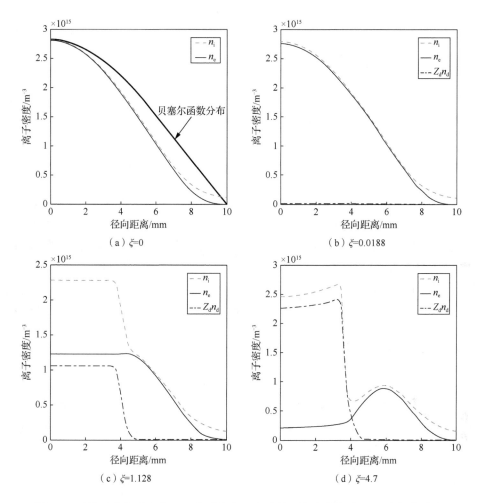

图 6.3　正柱区内离子密度 n_i、电子密度 n_e 和尘埃颗粒电荷密度 $Z_d n_d$ 的径向分布

图 6.4 给出了不同 ξ 值对应的单个尘埃颗粒表面电荷数 Z_d 的径向分布。随着 ξ 增大，尘埃颗粒增多，Z_d 整体减小。当 $\xi = 0.0188$ 时，尘埃颗粒较少，每个尘埃颗粒都能充分带电，带电量由电子密度和离子密度决定，所以 Z_d 与 n_e 和 n_i 的变化趋势相同，即随 r 单调下降。当 $\xi = 1.128$ 时，在尘埃线性分布区域（$r \leqslant 4\text{mm}$），Z_d 基本为定值，与上文分析的一致。当 $\xi = 4.7$ 时，Z_d 在尘埃颗粒区域外边界处出现一个极大值，此处电子密度和离子密度出现了极大值，如图 6.3（d）所示。

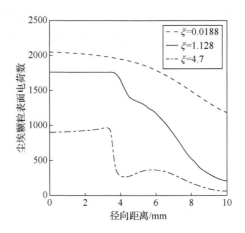

图 6.4　单个尘埃颗粒表面电荷数 Z_d 径向分布

　　为了更详细地描述尘埃颗粒对电子、离子密度空间分布的影响，将不同 ξ 值对应的电子密度和离子密度分布分别进行了归纳，如图 6.5 所示。随着 ξ 的增大，尘埃颗粒对电子的吸附作用愈加明显，尘埃颗粒区域的电子密度越来越小，其分布曲线变得越来越平缓，如图 6.5（a）所示。当 $\xi = 1.128$ 时，尘埃颗粒对电子和离子的吸附速率与电离碰撞的产生速率近似相等，尘埃颗粒区域的电子密度和离子密度呈均匀分布。随着 ξ 继续增大，电子、离子在尘埃颗粒表面的吸附速率超过了电离速率，n_e 的最大值向放电管壁方向移动，并在放电管中心形成极小值。当 $\xi = 4.7$ 时，放电管中心轴处的电子密度由无尘埃时的 $2.8 \times 10^{15}\,\mathrm{m}^{-3}$ 减小至 $2.16 \times 10^{14}\,\mathrm{m}^{-3}$。离子

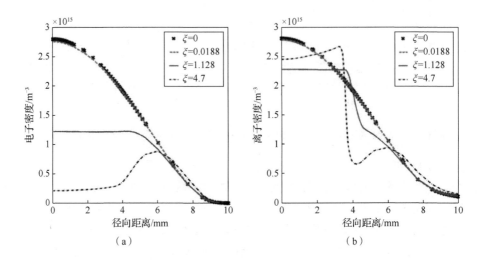

图 6.5　正柱区内电子密度和离子密度的径向分布

密度 n_i 的径向分布随 ξ 的变化关系如图 6.5（b）所示，引入尘埃颗粒后，放电管中心离子密度略微下降，其降幅远低于电子密度降幅，这是因为在低温等离子体中电子热运动比离子热运动快得多，电子更容易被尘埃颗粒吸附而损耗。另外，由于离子扩散系数远小于电子扩散系数，在尘埃颗粒线性分布区域边界处可以维持一个较大的离子密度梯度。

6.3.2　带电尘埃颗粒对电子、离子流量密度分布的影响

定义带电粒子的电离流量密度 Γ_{Ioniz} 为带电粒子的电离源 S_α 对应的流量密度：$\Gamma_{\text{Ioniz}}(r)=(1/r)\int S_i r' \mathrm{d}r'$。定义带电粒子被尘埃颗粒吸附的流量密度 Γ_{Dust} 为吸附项 $v_{id}^{\text{coll}} n_i$ 对应的流量密度：$\Gamma_{\text{Dust}}(r)=(1/r)\int n_i r' \mathrm{d}r'$。粒子的扩散流量密度 $\Gamma_{\text{Diff}}=\Gamma_{\text{Ioniz}}-\Gamma_{\text{Dust}}$。稳态时正柱区内电子、离子流量密度的径向分布可以更加直观地反映电子和离子的流向。不同的影响因子 ξ 值对应的各流量密度如图 6.6 所示。

未引入尘埃颗粒时，放电管内电离产生的所有电子和离子都会扩散到放电管壁，并在管壁上复合而消失，即 $\Gamma_{\text{Diff}}\approx\Gamma_{\text{Ioniz}}$，$\Gamma_{\text{Dust}}=0$，如图 6.6（a）所示。当 $\xi=0.0188$ 时，$\Gamma_{\text{Diff}}\gg\Gamma_{\text{Dust}}$，电离产生的绝大部分电子和离子扩散到管壁上消失，只有很少的一部分被尘埃颗粒吸附，$\Gamma_{\text{Diff}}=\Gamma_{\text{Ioniz}}$ 仍然成立，如图 6.6（b）所示，此时尘埃颗粒对等离子体输运的影响可以忽略不计。当 $\xi=1.128$ 时，带电粒子的流量密度分布如图 6.6（c）所示，从图中可以看到，$\Gamma_{\text{Diff}}\approx 0$，$\Gamma_{\text{Dust}}\approx\Gamma_{\text{Ioniz}}$，即在尘埃颗粒区域内放电产生的电子和离子都未离开该区域，而是全部被尘埃颗粒吸附。由式（6.18），稳态时带电粒子的扩散流量密度 $\Gamma_{\text{Diff}}\approx(-D_a n_i/n_e)(\partial n_e/\partial r)$，若 $\Gamma_{\text{Diff}}\approx 0$，则有 $\partial n_e/\partial r\approx 0$，即电子沿径向均匀分布。由上文分析可知，$\xi\approx 1$ 时，在尘埃线性分布区域内，单个尘埃颗粒表面电荷数 Z_d 可以看作是定值，n_e 和 n_i 分布曲线相互平行，那么离子沿径向也呈均匀分布状态，这与图 6.3（c）所描述的一致。随着 ξ 继续增大至 4.7，如图 6.6（d）所示，在尘埃线性分布区域内，$\Gamma_{\text{Dust}}>\Gamma_{\text{Ioniz}}$，说明随着尘埃颗粒的增多，电子和离子被尘埃颗粒吸附的速率超过了电离速率，这会导致尘埃颗粒区域边界处的电子和离子向该区域扩散。在尘埃线性分布区域以及该区域边界处，Γ_{Diff} 由原来的负值变为正值，也表明原来电子、离子向管壁方向扩散改为向放电管中心方向扩散。

另外，综合图 6.6（a）至图 6.6（d）可以发现，随着 ξ 增大，电子、离子的电离流量密度 Γ_{Ioniz} 整体变大。因为尘埃颗粒的引入消耗了大量电子，而系统要维持放电就必须增大电离率来补偿这一损失，所以 Γ_{Ioniz} 会随着 ξ 的增大而增大。

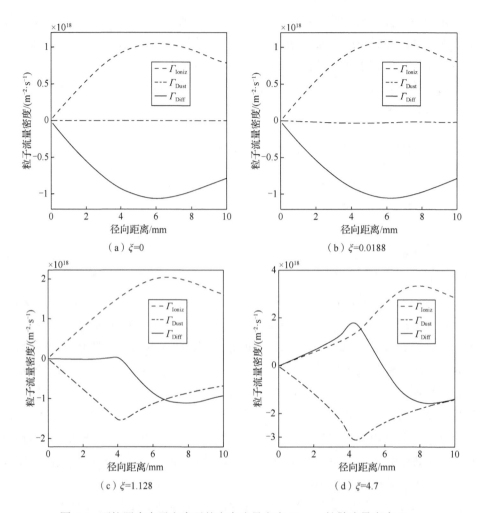

图 6.6　正柱区内电子和离子的电离流量密度 Γ_{Ioniz}、扩散流量密度 Γ_{Diff}
和尘埃颗粒吸附流量密度 Γ_{Dust} 的径向分布

6.3.3　带电尘埃颗粒对电场空间分布的影响

等离子体输运自洽模型的另一个重要因素是电场，不同 ξ 值对应的相对电势
和径向电场分布如图 6.7 所示。当 $\xi=0$ 时，放电产生的电子、离子向管壁处扩散，
电子质量轻，迁移率和扩散系数较大，比离子更快地到达管壁，使管壁的电势降
低，产生由放电管中心指向管壁的极化电场，这一电场阻碍电子向管壁扩散，促
进离子的扩散，最后使电子、离子到达管壁的流量密度相同，电势和电场的径向
分布也不再变化，形成如图 6.7 中叉号标记的分布。随着 ξ 的增大，尘埃颗粒对

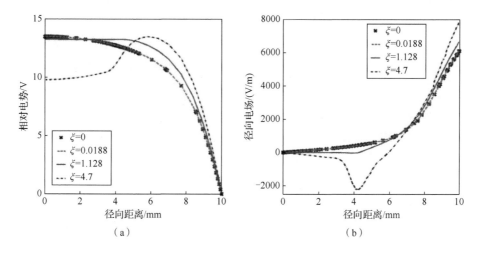

图 6.7　正柱区内相对电势和径向电场的分布

电子、离子的吸附作用逐渐明显，同样地，电子比离子质量轻，可以更快地被尘埃颗粒吸附，使尘埃颗粒带负电，放电管中心处电势逐渐降低，尘埃颗粒区域边界处电势逐渐升高。当 $\xi=1.128$ 时，尘埃颗粒线性分布区域内电势保持不变，径向电场近似为 0，这是因为此时尘埃颗粒对电子、离子的吸附速率与电离速率相当，尘埃颗粒区域内电子呈均匀分布，由式（6.25）可知径向电场主要由电子密度梯度决定，所以该区域内 $E_r \approx 0\text{V/m}$，如图 6.7 中实线所示。当 $\xi>1$ 时，尘埃颗粒对电子、离子的吸附速率超过电离速率，电子和离子密度在放电管中心出现极小值，这一压力梯度促使尘埃颗粒区域外的电子、离子向放电管中心扩散。电子扩散系数较大，比离子扩散得快，这使放电管中心的电势进一步降低，最终导致尘埃颗粒区域的径向电场反向，由原来指向管壁变为指向放电管中心方向。特别当 $\xi=4.7$ 时，反向电场最大值甚至超过 2000V/m，如图 6.7（b）所示。这一反向电场会阻碍电子向尘埃颗粒区域扩散，促进离子的扩散，最后使电子、离子到达尘埃颗粒区域的流量密度相同，电势和电场分布也达到稳定状态。

　　向放电管中加入尘埃颗粒会消耗大量的电子，由式（6.14）可知，系统要维持放电，即保持放电电流稳定，就需要增大轴向电场 E_1，以增加电离率来补偿电子和离子的损耗。当放电气压 $p=67\text{Pa}$，尘埃颗粒半径 $r_d=1\mu\text{m}$ 时，轴向电场 E_1 随引入的尘埃颗粒密度的变化关系如图 6.8 所示，可以看到随着尘埃颗粒增多，放电管中轴向电场显著增大，尘埃颗粒密度 $n_{d0}=2.5\times10^{12}\,\text{m}^{-3}$ 时，E_1 由无尘埃颗粒时的 207V/m 增大至 605V/m，这一增幅在量级上与实验测量结果[8,9]相符。

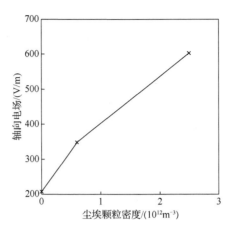

图 6.8　轴向电场随尘埃颗粒密度的变化关系

6.4　带电尘埃颗粒对直流辉光放电等离子体电子温度的影响

在低温氩气直流辉光放电等离子体中，电子温度对电离碰撞截面的影响非常大，所以放电管中的电离率与电子温度直接相关[1]。利用扩展的流体模型计算得到的电子温度径向分布如图 6.9 所示。

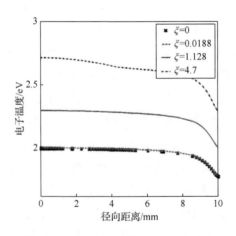

图 6.9　正柱区内电子温度的径向分布

随着尘埃颗粒增多，电子温度明显升高。对于普通氩气放电等离子体，放电气压 $p = 67\text{Pa}$，放电电流为 2.2mA 时，放电管中心的电子温度约为 2eV，而引入密度为 $2.5 \times 10^{12}\text{m}^{-3}$ 的尘埃颗粒，其他条件保持不变时，电子温度升高了约 0.7eV，增幅约为 35%。Fedoseev 等[10]在氢气放电等离子体中也发现引入颗粒尘埃会导致电子温度明显升高，由此可见，在气体放电尘埃等离子体输运模型中电子温度不能设置为常数，而是需要通过能量输运方程来求解。

参 考 文 献

[1] 田瑞焕. 两种典型环境中尘埃等离子体输运运动力学特性[D]. 哈尔滨: 哈尔滨工业大学, 2020: 68-74.

[2] Kinefuchi K, Funaki I, Shimada T, et al. Experimental investigation on microwave interference in full-scale solid rocket exhaust[J]. Journal of Spacecraft and Rockets, 2010, 47(4): 627-633.

[3] Rafatov I, Bogdanov E A, Kudryavtsev A A. On the accuracy and reliability of different fluid models of the direct current glow discharge[J]. Physics of Plasmas, 2012, 19(3): 033502.

[4] Lampe M. Limits of validity for orbital-motion-limited theory for a small floating collector[J]. Journal of Plasma Physics, 2001, 65(3): 171-180.

[5] Khrapak S A, Ivlev A V, Morfill G E. Momentum transfer in complex plasmas[J]. Physical Review E, 2004, 70(5): 056405.

[6] Khrapak S A, Ratynskaia S V, Zobnin A V, et al. Particle charge in the bulk of gas discharges[J]. Physical Review E, 2005, 72(1): 016406.

[7] Lieberman M A, Lichtenberg A J. Principles of plasma discharges and materials processing[M]. New York, USA: John Wiley and Sons, 2005: 79-80.

[8] Polyakov D N, Shumova V V, Vasilyak L M, et al. Study of glow discharge positive column with cloud of disperse particles[J]. Physics Letters A, 2011, 375(37): 3300-3305.

[9] Vasilyak L M, Vetchinin S P, Polyakov D N, et al. Cooperative formation of dust structures in plasma[J]. Journal of Experimental and Theoretical Physics, 2002, 94(3): 521-524.

[10] Fedoseev A V, Sukhinin G I. Radial distributions of dusty plasma parameters in the positive column of a DC glow discharge in helium[C]. 31th International Conference on Phenomena in Ionized Gases, 2013: 12.

第7章 直流辉光放电中带电尘埃
颗粒输运过程

前面讨论直流辉光放电中带电尘埃颗粒对等离子体电子和离子输运过程的影响是在假设尘埃颗粒在空间分布是固定的基础上，并未考虑尘埃颗粒所处的实际环境[1]。实际上，不论是在实验室条件下还是在空间环境中，尘埃颗粒都会受到很多不同的作用力，比如重力、电场力、热泳力、离子曳力以及中性曳力等。在较长的时间尺度内，尘埃颗粒很难保持均匀分布状态，而是在上述各种作用力的综合作用下运动，最终形成一个特定且稳定的密度分布，在这一过程中，等离子体系统中的电子和离子会通过充电和扩散过程迅速地响应尘埃颗粒的运动并重新分布，直至尘埃颗粒在等离子体中处于受力平衡状态。尘埃颗粒输运过程研究中比较典型的一个结果就是在微重力实验条件下尘埃颗粒能够形成一个稳定且具有明显边界的尘埃空洞[2-6]。本章在前述放电尘埃等离子体流体模型的基础上，引入尘埃颗粒的连续性方程以及动量方程以描述尘埃颗粒的分布状态，并考虑尘埃颗粒所受的电场力、离子曳力、中性曳力的影响。为方便起见，假设放电管处于微重力环境下，即不考虑尘埃重力，同时由于放电管中等离子体轴向电场远小于径向电场，轴向电场的影响也可以忽略不计。最后通过 COMSOL Multiphysics 软件利用有限元方法自洽求解等离子体流体模型与尘埃颗粒分布模型，研究在不同放电条件以及不同尘埃颗粒参数条件下，尘埃颗粒的输运过程以及对应的等离子体参数的时空分布。

7.1 带电尘埃颗粒的受力分析

分析尘埃颗粒的受力情况是研究带电尘埃颗粒在等离子体中输运过程的基础。由于等离子体成分比较复杂，处于其中的尘埃颗粒受力情况也比较复杂，总体来说尘埃颗粒受力可以分为两种情况：一种是与尘埃颗粒带电量有关的电场力、离子曳力等，另一种则是与尘埃颗粒带电量无关的中性曳力、热泳力等[1]。在直流辉光放电等离子体中中性气体温度基本为定值，因此与中性气体温度梯度正相关的热泳力可以忽略不计。

7.1.1　电场力

在直流辉光放电管的正柱区内，放电处于稳态时，电子和离子会在径向做双极性扩散运动，同时产生一个径向的双极电场。该电场的方向一般由放电管中心指向管壁，它的作用主要是阻碍电子向外扩散，同时促进离子的扩散，使二者的流量达到平衡状态。尘埃颗粒携带负电荷，其所受电场力表达式为

$$F_E = -Z_d e E_r \tag{7.1}$$

式中，Z_d 为尘埃颗粒表面电荷量；e 为电子电荷；E_r 为径向电场。与对电子的作用效果相同，这一电场力会阻止尘埃颗粒向管壁运动。

7.1.2　离子曳力

尘埃颗粒在等离子体中所受的离子曳力是非常重要而且计算起来相当复杂的一种力。离子曳力主要是由定向运动的离子和尘埃颗粒碰撞并产生动量交换引起的，计算在一定等离子体环境下的离子曳力对于理解空间和实验室环境下的一些尘埃等离子体特殊现象至关重要。这里将采用传统的"二体碰撞模型"[7]来推导计算尘埃颗粒的离子曳力。

尘埃等离子体中离子曳力由"收集力"和"轨道力"两部分组成。"收集力"指的是离子与尘埃颗粒的充电碰撞过程，离子动量完全转移到尘埃颗粒时所产生的力；而"轨道力"则是由于离子与尘埃颗粒发生库仑碰撞时动量交换所产生的力。离子曳力的一般计算式可以写为

$$F_{id} = m_i \int v_i v_i f_i(v_i) \left[\sigma_{id}^{coll}(v_i) + \sigma_{id}^{el}(v_i) \right] dv_i \tag{7.2}$$

式中，$v_i = |v_i|$，v_i 表示离子运动的总速度，是其热运动速度和定向运动速度的和；$f_i(v_i)$ 表示离子的速度分布函数；$\sigma_{id}^{coll}(v_i)$ 和 $\sigma_{id}^{el}(v_i)$ 分别表示尘埃颗粒表面的离子收集截面和库仑散射动量转移截面。

对于一般的低温等离子体，可以假设离子的速度分布函数满足以下形式[7]：

$$f_i(v_i) \approx f_{i0}(v_i)\left(1 + u_i v_i / u_{i,th}^2\right) \tag{7.3}$$

式中，u_i 和 $u_{i,th}$ 分别表示离子的定向运动速度和热运动速度。将式（7.3）代入式（7.2），经过积分化简，可以得到径向的离子曳力为[7]

$$F_{id} = \frac{8\sqrt{2\pi}}{3} r_d^2 n_i m_i u_{i,th} u_i \left[1 + \frac{\rho_{i0}(u_{i,th})}{2r_d} + \frac{\rho_{i0}^2(u_{i,th})}{4r_d^2} \Lambda \right] \tag{7.4}$$

式中，

$$\varLambda = 2\int_0^\infty \ln\left[\frac{2\lambda_{\rm D}x + \rho_{\rm i0}\left(u_{\rm i,th}\right)}{2r_{\rm d}x + \rho_{\rm i0}\left(u_{\rm i,th}\right)}\right]\exp\left(-x\right){\rm d}x \tag{7.5}$$

7.1.3　中性曳力

一般的气体放电尘埃等离子体中，由于电离度比较低（$10^{-7}\sim10^{-6}$ 量级），中性曳力是尘埃颗粒在等离子体中运动时产生摩擦的主要机制。当尘埃颗粒与中性气体之间相对速度远小于中性粒子热速度时，中性曳力为[8]

$$\boldsymbol{F}_{\rm nd} = -m_{\rm d}\nu_{\rm dn}\left(\boldsymbol{u}_{\rm d} - \boldsymbol{u}_{\rm n}\right) \tag{7.6}$$

式中，$\boldsymbol{u}_{\rm d}$ 和 $\boldsymbol{u}_{\rm n}$ 分别表示尘埃颗粒和中性气体的定向运动速度。在直流辉光放电尘埃等离子体中，中性气体定向的宏观运动速度很小，尘埃颗粒和中性气体的相对速度 $\left(\boldsymbol{u}_{\rm d} - \boldsymbol{u}_{\rm n}\right) \approx \boldsymbol{u}_{\rm d}$。$\nu_{\rm dn}$ 为尘埃颗粒和中性粒子的动量转移频率，其表达式为[9]

$$\nu_{\rm dn} = \frac{8}{3\sqrt{\pi}}\frac{n_{\rm n}m_{\rm n}}{m_{\rm d} + m_{\rm n}}\sqrt{\frac{2k_{\rm B}T_{\rm g}(m_{\rm d} + m_{\rm n})}{m_{\rm d}m_{\rm n}}}\pi(r_{\rm d} + r_{\rm n})^2 \tag{7.7}$$

式中，$n_{\rm n}$、$m_{\rm n}$、$T_{\rm g}$、$r_{\rm n}$ 表示中性粒子密度、质量、温度和半径。

7.2　直流辉光放电等离子体中带电尘埃颗粒输运模型

7.2.1　带电尘埃颗粒输运模型方程

第 6 章基于扩展的流体方法建立了含有带电尘埃颗粒的氩气直流辉光放电模型，并研究了带电尘埃颗粒对电子和离子输运的影响。放电模型方程为

$$\frac{\partial n_\alpha}{\partial t} + \nabla \cdot \boldsymbol{\varGamma}_\alpha = S_\alpha - \nu_{\alpha{\rm d}}^{\rm coll}n_\alpha \tag{7.8}$$

$$\boldsymbol{\varGamma}_\alpha = -D_\alpha\nabla n_\alpha + \mu_\alpha Z_\alpha n_\alpha \boldsymbol{E} \tag{7.9}$$

$$\frac{\partial n_\varepsilon}{\partial t} + \nabla \cdot \boldsymbol{\varGamma}_\varepsilon = -e\boldsymbol{\varGamma}_{\rm e} \cdot \boldsymbol{E} + S_{\rm el}^{\rm Te} + S_{\rm inel}^{\rm Te} - e\varphi_{\rm d}\nu_{\rm ed}^{\rm coll}n_{\rm e} \tag{7.10}$$

$$\nabla \cdot \boldsymbol{E} = \frac{e\left(n_{\rm i} - n_{\rm e} - Z_{\rm d}n_{\rm d}\right)}{\varepsilon_0} \tag{7.11}$$

在研究尘埃等离子体中尘埃颗粒的输运过程中，同样把尘埃颗粒作为流体处理。假设放电管中不存在尘埃颗粒的"源"和"汇"，且尘埃颗粒密度有一个固定的初始分布状态。尘埃颗粒受到电场力、离子曳力、尘埃斥力以及中性曳力的作用，电场力和离子曳力决定了尘埃颗粒的最终分布结构，充当摩擦力角色的中性曳力在尘埃颗粒运动的过程中使其动能不断减小并最终保持静止，而尘埃斥力则可以避免尘埃颗粒在电场力和离子曳力的平衡位置附近过度聚集。尘埃颗粒的输运过程主要由尘埃颗粒的连续性方程以及动量方程决定，具体表述如下：

$$\frac{\partial n_d}{\partial t} + \nabla \cdot \boldsymbol{\Gamma}_d = 0 \tag{7.12}$$

$$m_d \frac{\partial \boldsymbol{u}_d}{\partial t} = -Z_d e \boldsymbol{E}_r + \boldsymbol{F}_{id} - \frac{k_B T_d}{n_d} \nabla n_d - m_d \nu_{dn} \boldsymbol{u}_d \tag{7.13}$$

式中，$\boldsymbol{\Gamma}_d = n_d \boldsymbol{u}_d$ 为尘埃颗粒的流量密度。这里考虑了带电尘埃颗粒所受的电场力、离子曳力、压力梯度力及中性曳力。需要注意的是，由于这里研究的是微重力条件下尘埃颗粒的输运过程，所以在尘埃颗粒的动量方程中未包含重力项，同时由于放电管中轴向电场远小于径向电场，因此仅考虑了尘埃颗粒所受的径向电场力[1]。

通过气体放电流体模型方程组［式（7.8）～式（7.11）］，可以求得特定的尘埃颗粒分布条件下等离子体参数的空间分布。而通过尘埃颗粒输运方程［式（7.12）和式（7.13）］，可以看到尘埃颗粒的输运过程、最终输运结果与等离子体粒子密度以及电场等参数的空间分布息息相关。通过对气体放电尘埃等离子体流体模型与尘埃颗粒的空间输运模型进行耦合求解，便可以自洽模拟放电管中等离子体与带电尘埃颗粒的输运过程及相关尘埃等离子体参量的最终分布结果。

7.2.2　模型建立及计算条件设置

选择直流辉光放电的正柱区作为研究尘埃颗粒输运过程的区域。使用商业软件 COMSOL Multiphysics 建立一个二维轴对称放电模型，放电管半径 1cm，管长 20cm，初始尘埃颗粒释放区域为 $12\text{cm} < z < 14\text{cm}$，模型的几何结构具体如图 7.1 所示。

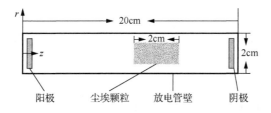

图 7.1　引入尘埃颗粒的放电管结构示意图

　　直流放电模型的边界条件设置如表 7.1 所示，表中 $\boldsymbol{n}$ 表示指向边界的单位向量，$u_{\alpha,\text{th}}$ 表示各粒子的热运动平均速率，γ 表示离子撞击阴极板时的二次电子发射率，ρ_s 表示面电荷密度，$\boldsymbol{D}$ 表示电位移矢量。放电管中的边界包括阳极板边界、阴极板边界、介质壁边界以及放电管中心的对称轴。在对称轴上，各参量的通量为零，以保证对称性条件。假设在其他边界上粒子的反射系数为 0，电子、离子及激发态原子由于热运动撞击到边界上会产生相应的损耗，电子能量因为电子的损耗而减少。离子轰击阴极板，会引起二次电子发射，使一部分电子以及电子能量离开阴极板边界，这里的 ε 表示二次发射电子的平均能量，二次电子发射率 γ 设为 0.1。另外，由于离子的温度较低，热运动速度较小，因此需要考虑离子的漂移运动对其在边界处损耗的贡献。

表 7.1　直流放电模型的边界条件设置

物理量	阳极	阴极	介质壁	对称轴
n_e	$\boldsymbol{n}\cdot\boldsymbol{\Gamma}_e=\frac{1}{4}u_{e,\text{th}}n_e$	$\boldsymbol{n}\cdot\boldsymbol{\Gamma}_e=\frac{1}{4}u_{e,\text{th}}n_e-\gamma\boldsymbol{n}\cdot\boldsymbol{\Gamma}_i$	$\boldsymbol{n}\cdot\boldsymbol{\Gamma}_e=\frac{1}{4}u_{e,\text{th}}n_e$	$\boldsymbol{n}\cdot\boldsymbol{\Gamma}_e=0$
n_i	$\boldsymbol{n}\cdot\boldsymbol{\Gamma}_i=\frac{1}{4}u_{i,\text{th}}n_i+\alpha\mu_i n_i\boldsymbol{n}\cdot\boldsymbol{E}$	$\boldsymbol{n}\cdot\boldsymbol{\Gamma}_i=\frac{1}{4}u_{i,\text{th}}n_i+\alpha\mu_i n_i\boldsymbol{n}\cdot\boldsymbol{E}$	$\boldsymbol{n}\cdot\boldsymbol{\Gamma}_i=\frac{1}{4}u_{i,\text{th}}n_i+\alpha\mu_i n_i\boldsymbol{n}\cdot\boldsymbol{E}$	$\boldsymbol{n}\cdot\boldsymbol{\Gamma}_i=0$
n_{Ar^*}	$\boldsymbol{n}\cdot\boldsymbol{\Gamma}_{\text{Ar}^*}=\frac{1}{4}u_{\text{Ar}^*,\text{th}}n_{\text{Ar}^*}$	$\boldsymbol{n}\cdot\boldsymbol{\Gamma}_{\text{Ar}^*}=\frac{1}{4}u_{\text{Ar}^*,\text{th}}n_{\text{Ar}^*}$	$\boldsymbol{n}\cdot\boldsymbol{\Gamma}_{\text{Ar}^*}=\frac{1}{4}u_{\text{Ar}^*,\text{th}}n_{\text{Ar}^*}$	$\boldsymbol{n}\cdot\boldsymbol{\Gamma}_{\text{Ar}^*}=0$
n_ε	$\boldsymbol{n}\cdot\boldsymbol{\Gamma}_\varepsilon=\frac{5}{12}u_{e,\text{th}}n_\varepsilon$	$\boldsymbol{n}\cdot\boldsymbol{\Gamma}_\varepsilon=\frac{5}{12}u_{e,\text{th}}n_\varepsilon-\gamma\bar{\varepsilon}\,\boldsymbol{n}\cdot\boldsymbol{\Gamma}_i$	$\boldsymbol{n}\cdot\boldsymbol{\Gamma}_\varepsilon=\frac{5}{12}u_{e,\text{th}}n_\varepsilon$	$\boldsymbol{n}\cdot\boldsymbol{\Gamma}_\varepsilon=0$
φ	V_0	0	$\dfrac{\partial\rho_s}{\partial t}=\boldsymbol{n}\cdot\boldsymbol{\Gamma}_i+\boldsymbol{n}\cdot\boldsymbol{\Gamma}_e,$ $-\boldsymbol{n}\cdot\boldsymbol{D}=\rho_s$	$\boldsymbol{n}\cdot\boldsymbol{E}=0$

　　尘埃颗粒输运方程在对称轴处的边界条件为 $\partial n_d/\partial r=0$ 且 $\partial u_d/\partial r=0$，在放电管壁处的边界条件为 $n_d=0$。这里需要说明的是，对称轴处由于电场力及离子曳力均为零，故此处尘埃颗粒加速度为零。而管壁处由于存在等离子体鞘层，电场非常大，尘埃颗粒很难突破鞘层电势到达介质壁，故这里设置相应边界条件为 $n_d=0$。尘埃颗粒输运方程的初始条件为 $t=0$ 时，$n_d=n_{d0}(r,z)$，$u_d=0$，$\partial u_d/\partial t=F_{\text{tot}0}/m_d$。式中 $n_{d0}(r,z)$ 为初始时刻给定的尘埃颗粒密度分布，$F_{\text{tot}0}$ 为等离子体参数决定的初始时刻尘埃颗粒总的受力。

7.3　尘埃颗粒在直流辉光放电等离子体中输运过程的模拟结果

　　带电尘埃颗粒在直流辉光放电等离子体中的输运过程受到诸多因素的影响，比如气体放电条件、尘埃颗粒参数等。改变气体放电条件，比如放电气压或是放电气体种类，会导致不同的放电电流，而放电电流大小又直接决定了等离子体离子密度及其相应的径向输运速度，进而影响尘埃所受的离子曳力和尘埃颗粒的输运过程。尘埃颗粒参数包括尘埃颗粒尺寸、尘埃颗粒质量密度以及尘埃颗粒初始密度等。改变尘埃颗粒尺寸会直接影响尘埃颗粒带电量以及离子和尘埃颗粒的碰撞截面，从而影响尘埃颗粒所受的电场力以及离子曳力，这对尘埃颗粒的输运过程也有直接影响；而尘埃颗粒质量密度和尘埃颗粒初始密度分布的变化主要影响尘埃颗粒分布达到稳定状态所需的时间以及最终分布的形态，但对尘埃颗粒聚集的平衡位置影响不大。为简洁起见，本章主要对放电电流以及尘埃颗粒尺寸这两个能够直接影响尘埃颗粒受力大小的因素进行讨论[1]。

7.3.1　放电电流对带电尘埃颗粒输运过程的影响

首先讨论不同放电电流下尘埃颗粒的输运过程，放电电流对尘埃颗粒所受的离子曳力以及电场力都有直接影响，不同的放电电流会导致尘埃颗粒受力平衡位置的不同，即尘埃颗粒聚集位置的不同。模拟的目标是柱形放电管中尘埃颗粒的输运过程，为防止出现尘埃颗粒聚集密度局部过高导致无法放电的情况，根据尘埃颗粒不同的受力平衡位置设置了不同的初始尘埃颗粒密度分布，受力平衡位置越接近放电管中心，初始尘埃颗粒密度就越低。

放电气压 p 设为 27Pa，尘埃颗粒半径为 1μm，不同情况下的放电电流以及初始时刻的尘埃颗粒密度设置如下。

（1）放电电流 $I = 3.6\text{mA}$，尘埃线性分布区域颗粒密度 $n_{\text{dmax}} = 2.5 \times 10^9 \text{m}^{-3}$。

（2）放电电流 $I = 6.5\text{mA}$，尘埃线性分布区域颗粒密度 $n_{\text{dmax}} = 4 \times 10^{10} \text{m}^{-3}$。

（3）放电电流 $I = 9.35\text{mA}$，尘埃线性分布区域颗粒密度 $n_{\text{dmax}} = 5 \times 10^{10} \text{m}^{-3}$。

本节在上述条件下模拟仿真了具有一定初始密度分布状态的尘埃颗粒在放电等离子体中的输运过程，并得到了不同时刻尘埃颗粒密度空间分布演化结果及其相应的等离子体密度、等离子体径向电场、尘埃颗粒受力以及尘埃颗粒定向运动速度的径向空间分布结果。

图 7.2 为放电电流 $I = 3.6\text{mA}$ 时尘埃颗粒密度的径向分布随时间的演化过程示意图。从图中可以看到，随着时间的推移，尘埃颗粒逐渐向放电管中心方向移动，最终聚集在放电管中心处。这是因为放电电流比较小的情况下，离子密度以及离子定向运动速度也比较小，放电管中尘埃所受电场力始终高于离子曳力，这就导致了尘埃颗粒不断向放电管中心聚集的现象。

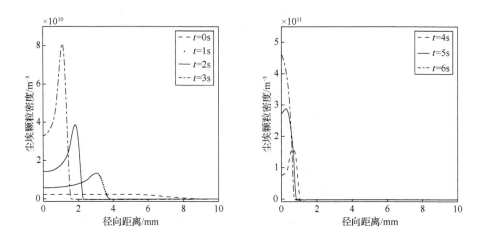

图 7.2　放电电流 $I = 3.6$mA 时不同时刻尘埃颗粒密度径向分布的演化过程

放电电流 $I = 6.5$mA 及 $I = 9.35$mA 时尘埃颗粒密度径向空间分布随时间的演化过程如图 7.3 和图 7.4 所示，可以看到随着时间的推移，两种情况下的尘埃颗粒都是逐渐向放电管中心与管壁之间的某处聚集。这是因为随着放电电流增大，等离子体系统中的离子密度以及离子定向运动速度都会有所增加，相应的尘埃颗粒所受的离子曳力也会增大，这导致了在放电管中心附近的离子曳力超过电场力，迫使尘埃颗粒远离放电管中心，而管壁附近存在等离子体鞘层，电场非常强，因此管壁附近的电场力远远大于离子曳力，并使尘埃颗粒向放电管中心移动。在离子曳力以及电场力的共同作用下，尘埃颗粒最终聚集在二者的平衡位置附近。

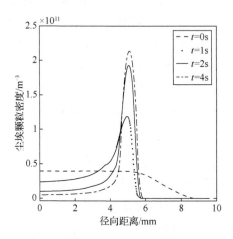

图 7.3　放电电流 $I = 6.5$mA 时不同时刻尘埃颗粒密度径向分布的演化过程

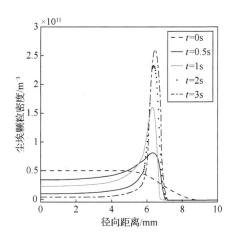

图 7.4　放电电流 $I = 9.35\text{mA}$ 时不同时刻尘埃颗粒密度径向分布的演化过程

图 7.5～图 7.7 表示不同电流情况下尘埃颗粒在空间的分布趋于稳定时，放电等离子体系统中电子、离子以及尘埃颗粒的电荷密度在径向分布的结果。可以看到不同的放电电流下，尘埃颗粒的聚集位置不同，相应的电子、离子输运结果也有所不同。另外，在之前的仿真结果中，尘埃颗粒分布区域的电子密度显著下降，然而本次模拟中的尘埃颗粒聚集区域电子密度仅是轻微下降，同时离子密度明显增大。这是尘埃颗粒分布稳定后，电子和离子向尘埃聚集区域双极性扩散的结果。由于电子相对于离子质量轻，迁移率较大，所以尘埃颗粒会首先吸附较多的电子带上负电荷，这导致尘埃聚集区域的电子密度有所下降，电子密度梯度会产生压

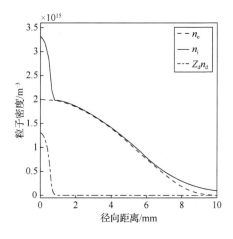

图 7.5　放电电流 $I = 3.6\text{mA}$ 、 $t = 6\text{s}$ 时刻电子、离子以及尘埃颗粒电荷密度的径向分布

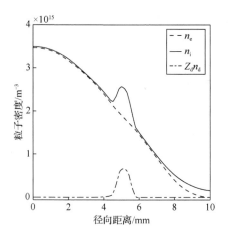

图 7.6　放电电流 $I = 6.5\text{mA}$ 、 $t = 4\text{s}$ 时刻电子、离子以及尘埃颗粒电荷密度的径向分布

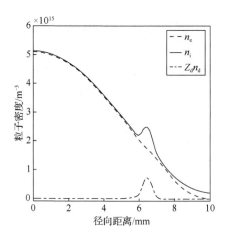

图 7.7　放电电流 $I = 9.35\text{mA}$ 、 $t = 4\text{s}$ 时刻电子、离子以及尘埃颗粒电荷密度的径向分布

力梯度力，周围的电子在该力的作用下向尘埃聚集区域扩散。电子的扩散运动立即导致了微弱的空间电荷不平衡，产生局部的极化电场。这一电场会阻碍电子的扩散，同时拉动离子向该区域运动，最终电子和离子以相同的流量向尘埃颗粒区域运动，即达到双极性扩散状态。从图 7.2～图 7.4 中可以看到，尘埃颗粒的聚集区域很小，因此周围电子的扩散能在很大程度上弥补电子在尘埃颗粒上的损失，最终呈现出来的结果就是尘埃颗粒聚集区域电子密度仅轻微下降，但离子密度却明显增大。

　　图 7.8～图 7.10 为不同放电电流情况下初始时刻与尘埃颗粒空间分布趋于稳定时的径向电场分布结果。可以看到，尘埃颗粒聚集区的径向电场相比于初始状态变化很小，只有略微的起伏。这是因为对尘埃等离子体而言，有 $\mu_d \ll \mu_i \ll \mu_e$，$D_d \ll D_i \ll D_e$，径向电场 $E \approx -D_e\nabla_r n_e / (\mu_e n_e)$，其强度主要由电子密度及其密度梯度决定，而尘埃聚集区域的电子密度及电子密度梯度的变化很小，因此该区域径向电场的变化很小。

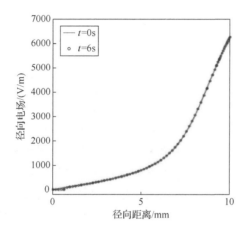

图 7.8　放电电流 $I = 3.6\text{mA}$ 、 $t = 0\text{s}$ 与 $t = 6\text{s}$ 时刻径向电场的空间分布

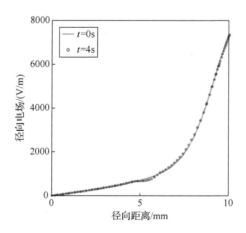

图 7.9　放电电流 $I = 6.5\text{mA}$ 、 $t = 0\text{s}$ 与 $t = 4\text{s}$ 时刻径向电场的空间分布

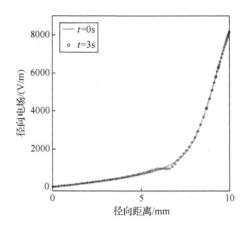

图 7.10　放电电流 $I = 9.35\text{mA}$ 、 $t = 0\text{s}$ 与 $t = 3\text{s}$ 时刻径向电场的空间分布

　　不同放电电流情况下，尘埃颗粒的空间分布趋于稳定时尘埃颗粒受力的径向分布结果如图 7.11～图 7.13 所示。可以看到，不同放电电流下，尘埃颗粒受力平衡的位置不同，随着放电电流的增大，受力平衡的位置逐渐右移，这主要是放电电流增大时离子曳力的增加幅度大于电场力的增加幅度导致的。而且，尘埃颗粒分布趋于稳定时在尘埃聚集区域范围内尘埃所受的电场力与离子曳力相互平衡。初始时刻尘埃颗粒仅在某一点处受力平衡，分析位于放电管轴右侧的尘埃颗粒，则在平衡位置左侧离子曳力大于电场力，而平衡位置右侧则是电场力大于离子曳力。电子和离子向尘埃颗粒区域双极性扩散时会形成微弱的局部极化电场。在尘埃颗粒区域左侧该电场指向放电管壁，与宏观电场方向一致，这使得总的电场强

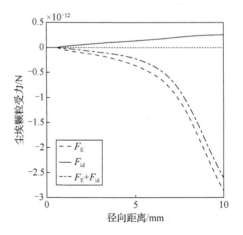

图 7.11　放电电流 $I = 3.6\text{mA}$ 、 $t = 6\text{s}$ 时刻尘埃颗粒受力的径向分布

图中纵坐标 0 点处的虚线为 0 线，余同

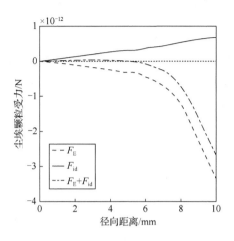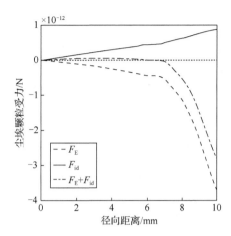

图 7.12　放电电流 $I = 6.5\text{mA}$、$t = 4\text{s}$ 时刻尘
　　　埃颗粒受力的径向分布

图 7.13　放电电流 $I = 9.35\text{mA}$、$t = 3\text{s}$ 时刻尘
　　　埃颗粒受力的径向分布

度增大，进而导致尘埃颗粒的受力平衡位置向左扩展；而在尘埃颗粒区域右侧该局部电场指向放电管中心，与宏观电场方向相反，这使得总的电场强度减小，进而导致尘埃颗粒的受力平衡位置向右扩展。最终在尘埃颗粒初始的受力平衡点附近形成一个受力平衡区域。

图 7.14～图 7.16 为不同放电电流情况下，尘埃颗粒的空间分布趋于稳定时其径向宏观运动速度的分布结果。对比图 7.14～图 7.16 与图 7.11～图 7.13 可以看到，尘埃颗粒运动速度的径向分布与其所受电场力和离子曳力的合力分布相对应。放电电流 $I = 3.6\text{mA}$ 时，尘埃颗粒运动速度在放电管中心附近趋于零，其余位置始

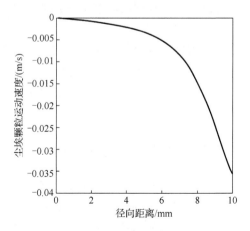

图 7.14　放电电流 $I = 3.6\text{mA}$、$t = 6\text{s}$ 时刻尘埃颗粒运动速度的径向分布

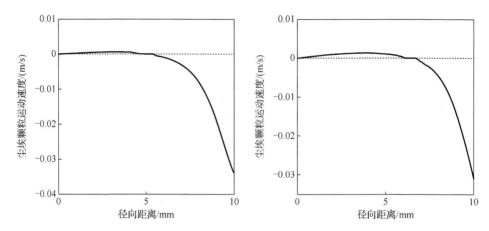

图 7.15 放电电流 $I = 6.5\mathrm{mA}$ 、 $t = 4\mathrm{s}$ 时刻尘
埃颗粒运动速度的径向分布

图 7.16 放电电流 $I = 9.35\mathrm{mA}$ 、 $t = 3\mathrm{s}$ 时刻
尘埃颗粒运动速度的径向分布

终为负，也就是说，尘埃颗粒始终向放电管中心方向移动，并逐渐聚集在放电管
中心附近；放电电流 $I = 6.5\mathrm{mA}$ 时，尘埃颗粒聚集在 $r = 5\mathrm{mm}$ 区域附近，该区域左
侧尘埃颗粒运动速度大于零，右侧小于零；而放电电流 $I = 9.35\mathrm{mA}$ 时，尘埃颗粒
运动速度空间分布与 $I = 6.5\mathrm{mA}$ 情况类似，不同的是尘埃颗粒聚集在 $r = 6.2\mathrm{mm}$ 区
域附近。

另外，在不同的放电电流情况下，尘埃颗粒运动速度的大小也不相同，
$I = 3.6\mathrm{mA}$ 时尘埃颗粒聚集在放电管中心，而放电管中心附近的尘埃颗粒运动速度
非常小，因此尘埃颗粒密度分布达到平衡所需要的时间也更长，约为 6s。而
$I = 6.5\mathrm{mA}$ 和 $I = 9.35\mathrm{mA}$ 两种情况下该时间分别约为 4s 和 3s。这两种情况下受力
平衡区域右侧的尘埃颗粒运动速度远大于左侧的尘埃颗粒运动速度，右侧的尘埃
颗粒能够更快地到达平衡位置，运动速度较慢的左侧颗粒决定了尘埃颗粒密度分
布达到平衡状态所需的时间。由于放电电流增大时离子曳力的增加幅度大于电场
力的增加幅度，放电电流越大，尘埃颗粒在平衡位置左侧获得的速度越大，因此
$I = 9.35\mathrm{mA}$ 时平衡位置左侧的尘埃颗粒运动速度要高于 $I = 6.5\mathrm{mA}$ 时平衡位置左
侧的尘埃颗粒运动速度，所以 $I = 9.35\mathrm{mA}$ 时尘埃颗粒达到稳定分布状态所需的整
体时间更短。

7.3.2 尘埃颗粒尺寸对带电尘埃颗粒输运过程的影响

尘埃颗粒的尺寸也是尘埃等离子体中一个关键的参数，能够直接影响尘埃颗
粒的带电量以及离子-尘埃颗粒碰撞截面，因此能直接影响尘埃颗粒所受的电场力
以及离子曳力。由式（7.1）可得电场力 $F_E \propto Z_d$ ， Z_d 表示尘埃颗粒表面电荷数，
由式（6.7）可得对于球形尘埃颗粒， $Z_d \propto r_d$ ， r_d 表示尘埃颗粒的半径，因此有

$F_{\mathrm{E}} \propto r_{\mathrm{d}}$。而由式（7.4）可知带电尘埃颗粒所受的离子曳力 $F_{\mathrm{id}} \propto r_{\mathrm{d}}^2$。由此可见，改变尘埃颗粒的尺寸会对其在等离子体中的输运过程造成显著影响。本节将根据尘埃颗粒不同的受力平衡位置设置不同的尘埃颗粒初始密度分布。

具体的模拟条件设置为：放电气压 $p=27\mathrm{Pa}$，放电电流 $I=6.5\mathrm{mA}$。不同情况下的参数设置如下。

（1）尘埃颗粒半径 $r_{\mathrm{d}}=0.5\mu\mathrm{m}$，尘埃颗粒初始密度分布峰值 $n_{\mathrm{dmax}}=1.5\times10^9\mathrm{m}^{-3}$。

（2）尘埃颗粒半径 $r_{\mathrm{d}}=1\mu\mathrm{m}$，尘埃颗粒初始密度分布峰值 $n_{\mathrm{dmax}}=4\times10^{10}\mathrm{m}^{-3}$。

（3）尘埃颗粒半径 $r_{\mathrm{d}}=2\mu\mathrm{m}$，尘埃颗粒初始密度分布峰值 $n_{\mathrm{dmax}}=1\times10^{10}\mathrm{m}^{-3}$。

在上述条件下模拟仿真具有一定初始密度分布状态的尘埃颗粒在放电等离子体中的输运过程。图 7.17 为尘埃颗粒半径 $r_{\mathrm{d}}=0.5\mu\mathrm{m}$ 时尘埃颗粒密度径向分布的演化过程。与图 7.3 所示的尘埃颗粒半径 $r_{\mathrm{d}}=1\mu\mathrm{m}$ 的情况不同的是，$r_{\mathrm{d}}=0.5\mu\mathrm{m}$ 时，尘埃颗粒随时间推移逐渐向放电管中心移动，并最终聚集在放电管中心位置附近。由于离子曳力与尘埃颗粒半径的平方成正比，而电场力与离子半径成正比，所以随着尘埃颗粒半径的增大，尘埃颗粒所受的离子曳力的增加幅度大于电场力的增加幅度，尘埃颗粒的受力平衡位置也逐渐由放电管中心向放电管壁移动。

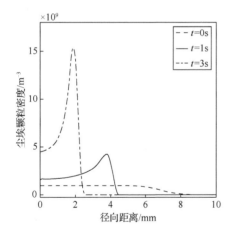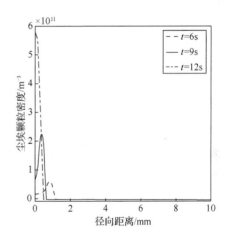

图 7.17　尘埃颗粒半径 $r_{\mathrm{d}}=0.5\mu\mathrm{m}$ 时尘埃颗粒密度径向分布的演化过程

图 7.18 为尘埃颗粒半径 $r_{\mathrm{d}}=2\mu\mathrm{m}$ 时尘埃颗粒密度径向分布的演化过程。可以看到，随着时间的推移，尘埃颗粒密度分布峰值向管壁方向逐渐移动，最终尘埃颗粒聚集在 $r=8\mathrm{mm}$ 附近，相对于 $r_{\mathrm{d}}=1\mu\mathrm{m}$ 时的情况向管壁方向移动了约 3mm。

图 7.19 和图 7.20 分别表示尘埃颗粒半径 $r_{\mathrm{d}}=0.5\mu\mathrm{m}$ 和 $r_{\mathrm{d}}=2\mu\mathrm{m}$，尘埃颗粒分布趋于稳定时电子、离子以及尘埃颗粒电荷密度的径向分布结果。与前文的结果类似，尘埃颗粒聚集区域的电子密度略微下降，离子密度明显上升。

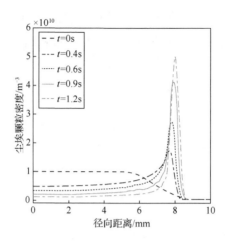

图 7.18 尘埃颗粒半径 $r_d = 2\mu m$ 时尘埃颗粒密度径向分布的演化过程

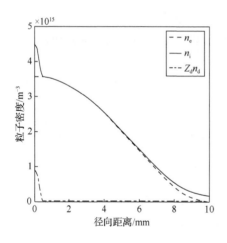

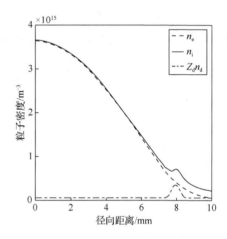

图 7.19 尘埃颗粒分布稳定时电子、离子以及尘埃颗粒电荷密度的径向分布（$r_d = 0.5\mu m$）

图 7.20 尘埃颗粒分布稳定时电子、离子以及尘埃颗粒电荷密度的径向分布（$r_d = 2\mu m$）

图 7.21 和图 7.22 分别为尘埃颗粒半径 $r_d = 0.5\mu m$ 和 $r_d = 2\mu m$ 时尘埃颗粒分布趋于稳定时电场的径向分布结果。当 $r_d = 0.5\mu m$ 时，尘埃颗粒对电场强度基本无影响；而 $r_d = 2\mu m$ 时，由于尘埃颗粒聚集区域靠近等离子体鞘层，该处电子密度很低，尘埃颗粒对电子密度的影响变得更加明显，相应地对电场强度的影响也变得明显。电子和离子向尘埃颗粒区域双极性扩散时形成的微弱的局部极化电场在尘埃颗粒区域左侧指向放电管壁，使得该处总的电场强度增大；而这一微弱的局部极化电场在尘埃颗粒区域右侧指向放电中心，使得该处总的电场强度减小。

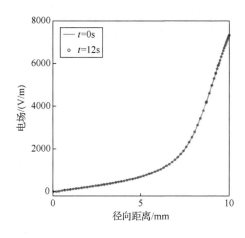
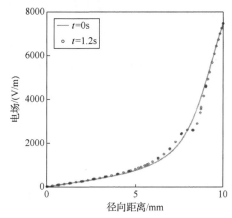

图 7.21　尘埃颗粒半径 $r_d = 0.5\mu m$ 时 $t = 0s$ 与　　图 7.22　尘埃颗粒半径 $r_d = 2\mu m$ 时 $t = 0s$ 与

　　　　$t = 12s$ 时刻电场的径向分布　　　　　　　　　　$t = 1.2s$ 时刻电场的径向分布

当尘埃颗粒半径为 $r_d = 0.5\mu m$ 和 $r_d = 2\mu m$，尘埃颗粒分布趋于稳定时尘埃颗粒受力的径向分布结果如图 7.23 和图 7.24 所示。对比图 7.12 可以看到，随着尘埃颗粒半径增大，离子曳力增大明显，尘埃颗粒的受力平衡位置逐渐向管壁方向移动，且受力平衡区域右侧合力比左侧合力大得多，较小的左侧合力决定了尘埃颗粒达到稳定分布状态所用的时间。随着尘埃颗粒半径增大，平衡位置左侧的合力变大，尘埃颗粒达到稳定分布状态所用的时间缩短，$r_d = 0.5\mu m$ 时这一过程需要约 12s，而 $r_d = 2\mu m$ 时该时间段缩短至约 1.2s。

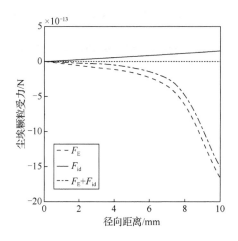
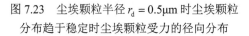
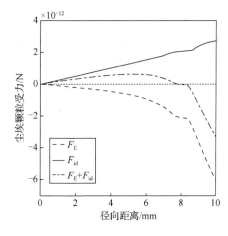

图 7.23　尘埃颗粒半径 $r_d = 0.5\mu m$ 时尘埃颗粒　　图 7.24　尘埃颗粒半径 $r_d = 2\mu m$ 时尘埃颗粒

　　　　分布趋于稳定时尘埃颗粒受力的径向分布　　　　分布趋于稳定时尘埃颗粒受力的径向分布

图 7.25 和图 7.26 分别为尘埃颗粒半径 $r_d = 0.5\mu m$ 和 $r_d = 2\mu m$ 时尘埃颗粒分布趋于稳定时尘埃颗粒运动速度的径向分布结果。尘埃颗粒运动速度分布与其所受的合力相对应，尘埃颗粒受力平衡区域的颗粒速度近似为零，且该区域的位置随着尘埃颗粒半径的增大逐渐向放电管壁靠近。

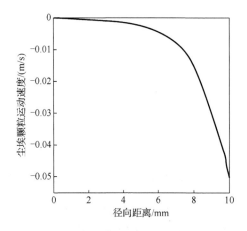

图 7.25　尘埃颗粒半径 $r_d = 0.5\mu m$ 时尘埃颗粒分布趋于稳定时尘埃颗粒运动速度的径向分布

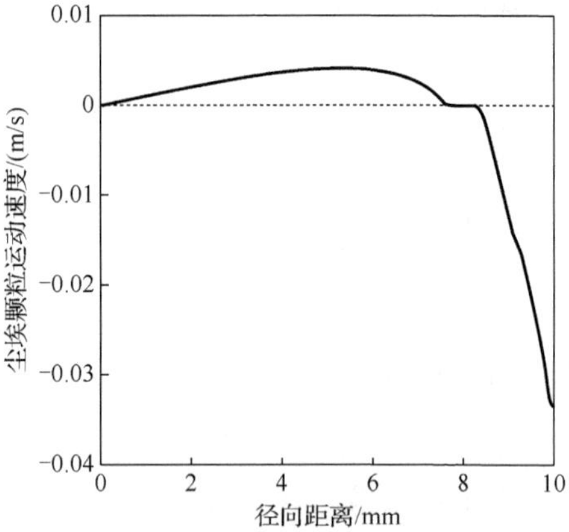

图 7.26　尘埃颗粒半径 $r_d = 2\mu m$ 时尘埃颗粒分布趋于稳定时尘埃颗粒运动速度的径向分布

参 考 文 献

[1] 田瑞焕. 两种典型环境中尘埃等离子体输运动力学特性[D]. 哈尔滨: 哈尔滨工业大学, 2020: 78-83.

[2] Avinash K, Bhattacharjee A, Hu S. Nonlinear theory of void formation in colloidal plasmas[J]. Physical Review Letters, 2003, 90(7): 075001.

[3] Praburam G, Goree J. Experimental observation of very low-frequency macroscopic modes in a dusty plasma[J]. Physics of Plasmas, 1996, 3(4): 1212-1219.

[4] Samsonov D, Goree J. Instabilities in a dusty plasma with ion drag and ionization[J]. Physical Review E, 1999, 59(1): 1047-1058.

[5] Morfill G E, Thomas H M, Konopka U, et al. Condensed plasmas under microgravity[J]. Physical Review Letters, 1999, 83(8): 1598-1601.

[6] Fedoseev A V, Sukhinin G I, Dosbolayev M K, et al. Dust-void formation in a DC glow discharge[J]. Physical Review E, 2015, 92(2): 023106.

[7] Khrapak S A, Ivlev A V, Morfill G E, et al. Ion drag force in complex plasmas[J]. Physical Review E, 2002, 66(4): 046414.

[8] Fortov V E, Morfill G E. Complex and dusty plasmas: From laboratory to space[M]. Boca Raton, USA: CRC Press, 2010: 168.

[9] Schunk R W. Mathematical structure of transport equations for multispecies flows[J]. Reviews of Geophysics, 1977, 15(4): 429-445.

第8章　尘埃等离子体中电磁波传输与散射

电磁波在等离子体中的传播问题一直是等离子体物理学研究的重点[1]。电离层中电磁波传播、高超飞行器遥测通信、实验室等离子体诊断、等离子体隐身技术等领域都涉及与等离子体相关的电磁波传播问题。经典的等离子体电磁波传播理论早在20世纪60年代就基本成熟[2]，人们也一直利用这些理论来描述电磁波在均匀、非均匀、磁化、各向同性与各向异性等离子体中的传播规律[3-8]，但针对含有尘埃颗粒的等离子体电磁波传播问题涉及极少，缺乏深入的理论分析和定量的描述。当电磁波通过等离子体时，等离子体系统内部存在许多复杂的电磁波吸收机制，由于各种作用机制会产生能量损耗，一般情况下考虑较多的还是介电损耗。介电损耗的物理机制是平衡态等离子体中的电子受电场力的作用被加速，把电磁能转化为电子的动能，运动的电子又通过与等离子体中其他带电颗粒的碰撞将动能转化为热能，从而实现等离子体对电磁波能量的损耗过程。因此本章将利用获得的介电常数表达式来研究尘埃等离子体对电磁波的吸收效应。同时，火箭喷焰尘埃等离子体以及许多空间等离子体环境中的尘埃颗粒均服从一定的尺寸分布，因此，尘埃颗粒尺寸分布对电磁波吸收的影响也是本章研究的重点内容之一。从微观角度来说，单个带电尘埃颗粒都会对电磁波产生吸收，不同大小、不同形状、不同属性的尘埃颗粒注入相同的等离子体环境对电磁波的影响程度都不一样。关于单粒子的吸收问题，无论是理论还是实验研究都有许多文献报道[9,10]。因此，本章主要还是把尘埃等离子体当作一种宏观上的连续介质，研究整体对电磁波的吸收损耗问题。

8.1　尘埃等离子体对电磁波的吸收

8.1.1　物理模型的建立

从电磁波与等离子体相互作用的角度考虑，等离子体对电磁波的影响就是等离子体中的带电粒子对电磁波响应的集合，外在反映就是等离子体对电磁波的吸收和散射。由于尘埃等离子体中引入了新的带电颗粒种类，增加了电子的有效碰撞频率，改变了普通等离子体介电常数的虚部，必然会对电磁波的吸收产生一定影响。因此，本节首先利用经典的麦克斯韦方程组，探索尘埃等离子体对电磁波的吸收效应，并利用数值仿真给出尘埃等离子体对电磁波的衰减系数[1]。通常情况下，电磁波满足如下麦克斯韦方程组[11]：

$$\nabla \times \boldsymbol{E} = -\frac{\partial \boldsymbol{B}}{\partial t}, \qquad \nabla \times \boldsymbol{H} = \frac{\partial \boldsymbol{D}}{\partial t}$$
$$\nabla \cdot \boldsymbol{D} = 0, \qquad \nabla \cdot \boldsymbol{B} = 0 \tag{8.1}$$

$$\frac{\partial \boldsymbol{D}}{\partial t} = \varepsilon_0 \frac{\partial \boldsymbol{E}}{\partial t} + \boldsymbol{J}, \quad \boldsymbol{J} = \sigma \boldsymbol{E}, \quad \boldsymbol{D} = \varepsilon_0 \varepsilon_{\mathrm{r}} \boldsymbol{E}, \quad \boldsymbol{B} = \mu_0 \mu_{\mathrm{r}} \boldsymbol{H} \tag{8.2}$$

式中，$\boldsymbol{E}$ 为电场强度；$\boldsymbol{D}$ 为电位移矢量；$\boldsymbol{H}$ 为磁场强度；$\boldsymbol{B}$ 为磁感线强度；ε_{r} 和 σ 分别为物质的介电常数和电导率；ε_0 为真空介电常数；μ_0 为真空磁导率；μ_{r} 为物质的相对磁导率，等离子体中 $\mu_{\mathrm{r}} = 1$。由式（8.1）和式（8.2）可得到电磁波在尘埃等离子体中传播的波动方程：

$$\nabla \times (\nabla \times \boldsymbol{E}) = \frac{\varepsilon_{\mathrm{r}}}{c^2} \frac{\partial^2 \boldsymbol{E}}{\partial t^2} \tag{8.3}$$

通常情况下，利用傅里叶变换可以把电磁波分解为不同频率正弦波的叠加，因此电磁波可以用平面波分量的傅里叶积分来表示。假设电磁波沿着 z 方向传播，即 $E = E_0 \exp(\mathrm{i}kz - \mathrm{i}\omega t)$，式中 k 表示电磁波的传播系数，ω 是电磁波频率，则方程（8.3）的解为

$$k = \frac{\omega}{c} \varepsilon_{\mathrm{r}}^{1/2} \tag{8.4}$$

式中，$\varepsilon_{\mathrm{r}} = \varepsilon' + \mathrm{i}\varepsilon''$ 表示尘埃等离子体的相对介电常数。通常定义传播系数 $k = \mathrm{i}\alpha + \gamma$，$\alpha$ 表示衰减系数，γ 表示相位常数，并将其代入式（8.4），则可求得尘埃等离子体衰减系数：

$$\alpha = \frac{\omega}{c} \left(\frac{1}{2} \left(-\varepsilon' + (\varepsilon'^2 + \varepsilon''^2)^{1/2} \right) \right)^{1/2} \tag{8.5}$$

显然，尘埃等离子体的衰减系数主要与电磁波的频率以及介电常数相关，把尘埃等离子体介电常数的实部和虚部代入式（8.5）就可以得出尘埃等离子体对不同频段电磁波的衰减系数。对高频的电磁波来说，当满足 $\omega \approx \omega_p \gg \max(kv_{\mathrm{e,th}}, \eta)$

时，由于电磁波频率远远大于尘埃颗粒表面电荷涨落频率，因此尘埃颗粒表面电荷的涨落对衰减系数的影响很小，在不考虑空间色散的情况下，尘埃等离子体的相对介电常数可以近似为

$$\varepsilon_r(\omega) = 1 - \frac{\omega_{p\alpha}^2}{\omega^2}\left(1 - i\frac{\nu_{eff}}{\omega}\right) \tag{8.6}$$

式中，ν_{eff} 表示尘埃等离子体中总的有效碰撞频率。等离子体与带电尘埃颗粒的碰撞相关理论公式可参考第 2 章。

8.1.2　计算结果

图 8.1 给出了电磁波频率在 1～10GHz 范围内，不同尘埃颗粒半径条件下尘埃等离子体对电磁波衰减的影响。作为参考例子，同样选择通常的火箭喷焰尘埃等离子体数据来对上述的理论模型进行验证，相关的计算参数分别为：尘埃颗粒密度 $n_d = 10^{12}\,\text{m}^{-3}$，电子密度 $n_e = 10^{17}\,\text{m}^{-3}$ 以及中性粒子密度 $n_n = 10^{22}\,\text{m}^{-3}$，温度 $T = 1000\text{K}$，尘埃颗粒半径分别为 $r_d = 0.1\mu\text{m}$、$r_d = 1\mu\text{m}$ 和 $r_d = 5\mu\text{m}$。

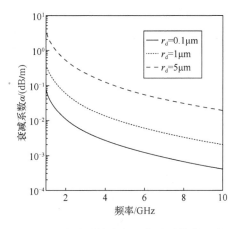

图 8.1　尘埃颗粒半径对衰减系数的影响

图 8.1 表明，尘埃颗粒的加入能显著增大普通等离子体电磁波的衰减系数，而且衰减系数与尘埃颗粒半径的大小有关，在相同密度下，尘埃颗粒半径越大，衰减系数也越大。物理上可以解释为半径越大的尘埃颗粒，具有较多的电荷和库仑散射截面，导致电子与带电尘埃颗粒的碰撞增加，从而增加了对电磁波的吸收衰减。以上仅给出了带电尘埃颗粒对高频段电磁波在等离子体中传播衰减系数的变化。下面利用衰减系数来分析电磁波在尘埃等离子体环境中传播整体的吸收功率。为了简单起见，假设平面电磁波由真空垂直入射到厚度为 d 的均匀各向同性

尘埃等离子体中，电磁波在尘埃等离子体中部分被反射、部分被吸收、部分被透射出去，反射功率和吸收功率分别表示为 p_r 和 p_{abs}，透射功率 p_{tr} 等于入射功率 p_{inc} 减去反射功率 p_r 后再乘上衰减系数，即 $p_{tr} = (p_{inc} - p_r)\exp(-2\alpha d)$。式中的反射功率又可以表示为

$$p_r = p_{inc}\left|\frac{1 - \sqrt{\varepsilon_r}}{1 + \sqrt{\varepsilon_r}}\right|^2 \tag{8.7}$$

显然，电磁波通过尘埃等离子体层中总的吸收功率为入射功率减去反射功率与透射功率之和，即 $p_{abs} = p_{inc} - p_{tr} - p_r$。图 8.2 给出不同尘埃颗粒半径条件下尘埃等离子体对电磁波吸收功率的影响，其计算参数和图 8.1 火箭喷焰尘埃等离子体参数相同，为了比较掺杂尘埃颗粒后的等离子体对电磁波的吸收效果，同样给出了电磁波不含尘埃颗粒情况下的吸收功率。如图 8.2 所示，可以明显地看出，尘埃颗粒加入等离子体扩展了普通等离子体的吸收带宽，吸收峰值也明显增加，对高频区的衰减增加更明显。对于 10GHz 的电磁波，当不含尘埃颗粒时，吸收功率峰值仅为 20%，而含尘埃颗粒时吸收峰值能达到 60%，这说明带电尘埃颗粒对等离子体整体的吸波性能具有很大的影响。同时可知，电磁波在尘埃等离子体中的吸收依赖于尘埃颗粒半径，电磁波的吸收功率峰值和吸收带宽随着尘埃颗粒半径的增大而明显增加。

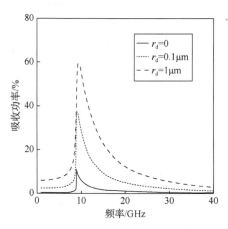

图 8.2　尘埃颗粒半径对电磁波吸收功率的影响

同理，除了尘埃颗粒半径，尘埃颗粒密度同样能对电磁波的吸收产生显著的影响。图 8.3 是尘埃颗粒密度变化对电磁波吸收功率的影响曲线，尘埃颗粒密度变大，电磁波的吸收峰值增加，吸收频带变宽。与传统等离子体对电磁波的碰撞吸收相比，掺杂尘埃颗粒后的等离子体有效地扩大了高频段电磁波的吸收峰值

和吸收带宽，且吸收强烈依赖于尘埃颗粒的尺寸和密度，会随着尘埃颗粒半径和密度的增大而增大。

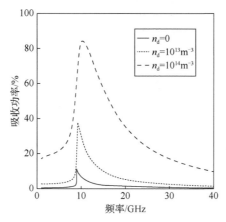

图 8.3　尘埃颗粒密度对电磁波吸收功率的影响

8.2　尘埃颗粒对电磁波传输的影响

8.2.1　尘埃颗粒带电量对电磁波传输的影响

为了探究尘埃颗粒不同带电量对电磁波传输的影响[12]，将尘埃颗粒表面电荷数 Z_d 分别设定为 0、1000、2000、3000。仿真计算时，其他等离子体参数[13-15]为：等离子体厚度 $d = 1.5 \times 10^{-2} \text{m}$，等离子体电子密度 $n_e = 10^{19} \text{m}^{-3}$，离子密度 $n_i = 10^{19} \text{m}^{-3}$，尘埃颗粒密度 $n_d = 8.5 \times 10^{11} \text{m}^{-3}$，尘埃颗粒半径 $r_d = 1 \mu\text{m}$。

从图 8.4 可以看出，尘埃颗粒表面电荷数对电磁波的反射系数影响比较明显。在低频段（小于 26GHz），随着尘埃颗粒表面电荷数的增大，尘埃等离子体的反射系数逐渐减小。在三层介质传输模型下，电磁波的反射系数主要受两种介质界面的介电常数的变化影响，而从介电常数表达式可以看出，随着尘埃颗粒表面电荷数 Z_d 的变化，介电常数也发生变化，因此尘埃颗粒表面电荷数对反射系数会产生一些影响。

从图 8.5 可以看出，在低频段（小于 26GHz），随着尘埃颗粒表面电荷数增大，透射系数增大，这是由于尘埃颗粒被更多的带电粒子充电，电子密度和离子密度下降对电磁波的阻碍减小；而在频率超过 26GHz 时，透射系数随尘埃颗粒表面电荷数的增大，呈现微弱减小的趋势，这是因为尘埃颗粒表面电荷数增大，受电场作用增强，增加了电子与尘埃颗粒的碰撞频率，加速了能量的消耗，降低了透射率。

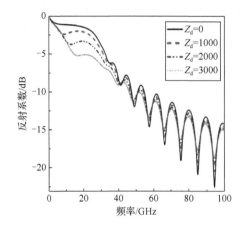
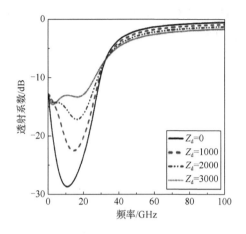

图 8.4 尘埃颗粒表面电荷数对电磁波
反射系数的影响

图 8.5 尘埃颗粒表面电荷数对电磁波
透射系数的影响

从图 8.6 可以看出，随着尘埃颗粒表面电荷数的增大，吸收系数呈整体增大的趋势。也就是说，尘埃颗粒表面电荷数增大，对电磁波能量的吸收也会变多。尘埃颗粒受电场力作用增强，会增大电子与尘埃颗粒的碰撞频率，也就加快了能量的传递。从宏观上来看，尘埃等离子体对电磁波的吸收作用增强了。

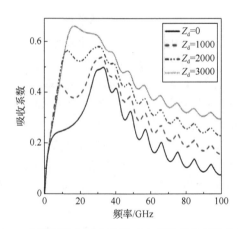

图 8.6 尘埃颗粒表面电荷数对电磁波吸收系数的影响

综合以上分析，随着尘埃颗粒表面电荷数的增大，尘埃等离子体对电磁波的吸收逐步增强，而反射和透射效果却不一样。在低频段，随着尘埃颗粒表面电荷数的增大，反射系数减小，而透射系数增大；但是在高频段，反射系数略微减小，而透射系数逐渐减小。这是因为，在三层介质传输模型下，反射系数主要受两种介质界面的介电常数变化的影响，尘埃颗粒表面电荷数越大，在电磁场中受力会越大，在考虑质量不变的情况下，尘埃颗粒与带电粒子的碰撞会更加剧烈，加快了电磁波能量的传递，因此，对电磁波能量的吸收也会增多。

8.2.2　尘埃颗粒尺寸对电磁波传输的影响

尘埃等离子体中的尘埃颗粒会对其电磁特性产生一定的影响，下面从尘埃颗粒尺寸的角度出发，探究尘埃颗粒的大小对电磁波传输的影响。从理论上推导出的介电常数表达式来看，随着尘埃颗粒半径变大，带电颗粒与其的碰撞频率将会发生变化，从而进一步影响充电过程。对于尘埃颗粒表面电荷数，从前一部分的研究结果来看，选取一个合适的值 $Z_d = 3000$。而对于尘埃颗粒尺寸，用其半径来衡量，仿真时，分别选取 r_d 为 1μm、5μm、10μm。仿真计算时，其他等离子体参数[13-15]为：等离子体厚度 $d = 1.5 \times 10^{-2}\,\text{m}$，等离子体电子密度 $n_e = 10^{19}\,\text{m}^{-3}$，离子密度 $n_i = 10^{19}\,\text{m}^{-3}$，尘埃颗粒密度 $n_d = 8.5 \times 10^{11}\,\text{m}^{-3}$。

从图 8.7 可以看出，电磁波的反射系数随尘埃颗粒半径大小改变较为明显。当尘埃颗粒半径从 1μm 增大到 10μm 时，在低频段（小于 40GHz），反射系数减小，在高频段（大于 40GHz），尘埃颗粒的电极化速度跟不上电场变化，产生弛豫现象，导致反射系数随尘埃颗粒半径变化不太明显。因此在高频段，无论尘埃颗粒大或小，都跟不上电磁场的频率，从而反射系数区别不大，但在低频段，较小的尘埃颗粒容易跟上电磁场的变化，容易把能量反射出去，而尘埃颗粒变大时，反射系数降低。

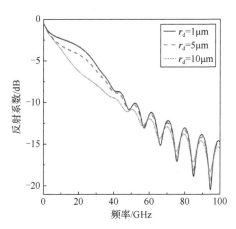

图 8.7　尘埃颗粒尺寸对电磁波反射系数的影响

从图 8.8 可以看出，在尘埃颗粒半径从 1μm 变化到 10μm 时，在低频段（小于 40GHz），随着半径的增大，透射系数有略微增大，而在高频段（大于 40GHz），随着尘埃颗粒半径增大，透射系数减小。这是因为低频段电磁波频率小于等离子体频率，电磁波不容易透过，但尘埃颗粒的加入使得等离子体频率发生变化，且颗粒越大变化越明显，因此透射系数反而略微增大；对于高频段电磁波，穿透等离子体较为容易，但是随着尘埃颗粒半径变大，对电磁波的阻碍增强，因此透射系数减小。

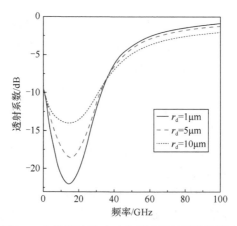

图 8.8   尘埃颗粒尺寸对电磁波透射系数的影响

从图 8.9 可以看出，随着尘埃颗粒半径的增大，电磁波吸收系数也在变大。尘埃颗粒半径较小时，在低频段存在一个吸收高峰，而尘埃颗粒半径较大时，随着电磁波频率的变大，吸收系数也在变小。尘埃颗粒半径增大，将具有较多的电荷和较大的库仑散射截面，意味着电子、离子与尘埃颗粒发生碰撞的概率也增加，从而增加了对电磁波的吸收衰减。因此，电子、离子吸收的电磁波中的能量越容易在碰撞中转化为热能散失，无论在低频段还是高频段，吸收系数都随尘埃颗粒半径增大而增大。

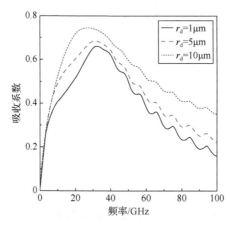

图 8.9   尘埃颗粒尺寸对电磁波吸收系数的影响

综合以上分析，尘埃颗粒半径对于电磁波传输特性的影响如下：在低频段，随着尘埃颗粒半径的增大，反射系数减小，透射系数略微变大，吸收系数变大；而在高频段，反射系数变化不明显，透射系数变小，吸收系数变大。在低频段和高频段传输特性随尘埃颗粒尺寸的变化不同，是因为尘埃颗粒半径变大，意味着质量变大，对电磁波的响应在低频和高频存在不同。质量变大的尘埃颗粒还能够跟得上低频段电磁波的变化，当入射电磁波频率达到一定值后，尘埃颗粒响应不了电磁波的变化。同时电子、离子与尘埃颗粒的碰撞频率也随着尘埃颗粒的大小而变化，所以反射系数和透射系数在不同频段的变化规律不同。

8.2.3　尘埃颗粒密度对电磁波传输的影响

尘埃等离子体中，不仅尘埃颗粒的大小会对其电磁性质产生影响，而且尘埃颗粒的密度也将对其电磁性质产生影响。从理论上来看，尘埃颗粒密度对传输特性的影响规律应该和尘埃颗粒的大小对传输特性的影响规律保持一致，因为这两个参数在尘埃等离子体介电常数的表达式中所处的位置大致相同。对于尘埃颗粒的密度，选取几个不同数量级的 n_d，分别为 $10^{10} \mathrm{m}^{-3}$、$10^{11} \mathrm{m}^{-3}$、$10^{12} \mathrm{m}^{-3}$。仿真计算时，其他等离子体参数[13,15,16]为：等离子体厚度 $d = 1.5 \times 10^{-2} \mathrm{m}$，等离子体电子密度 $n_e = 10^{19} \mathrm{m}^{-3}$，离子密度 $n_i = 10^{19} \mathrm{m}^{-3}$，尘埃颗粒半径 $r_d = 1 \mu\mathrm{m}$，尘埃颗粒表面电荷数 $Z_d = 3000$。

从图 8.10 可以看出，尘埃颗粒的密度对反射系数随入射电磁波频率的变化趋势影响不大，而且随着尘埃颗粒密度升高，反射系数变小。当尘埃颗粒密度达到 $10^{12} \mathrm{m}^{-3}$ 数量级，在入射电磁波低频段（小于 40GHz），反射系数比其他两种密度的反射系数稍有下降，而整体变化趋势仍然一致。

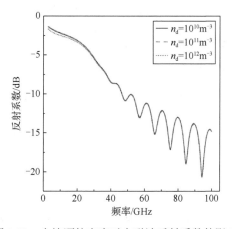

图 8.10　尘埃颗粒密度对电磁波反射系数的影响

从图 8.11 和图 8.12 可见：在低频段（小于 40GHz），随着尘埃颗粒密度的增大，透射系数也略微增大，这与尘埃颗粒大小在低频段（小于40GHz）对入射电磁波传输透射系数的影响是一致的；但是对于高频段电磁波（大于 40GHz），尘埃颗粒的密度对其透射系数的影响几乎不存在，也就是说随着尘埃颗粒密度的变大，透射系数在高频段（大于 40GHz）并没有减小，而是基本不变，这与尘埃颗粒尺寸在高频段（大于40GHz）对电磁波传输透射系数的影响是不一样的。从理论推导出的介电常数表达式可以看出，尘埃颗粒尺寸与密度虽然对介电常数的影响一致，但是由于表达式中尘埃颗粒半径项为平方项，而尘埃颗粒密度为一次项，因此高阶项尘埃颗粒半径的变化对介电常数的影响更大，在传输系数上变化幅度更明显。

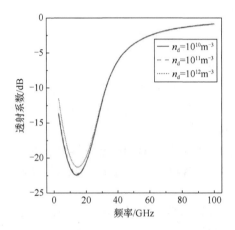

图 8.11　尘埃颗粒密度对电磁波透射
系数的影响

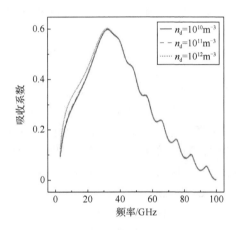

图 8.12　尘埃颗粒密度对电磁波吸收
系数的影响

8.2.4　尘埃等离子体厚度对电磁波传输的影响

前面部分的研究主要集中在尘埃颗粒本身各参数对电磁波传输的影响，此部分将对尘埃等离子体宏观尺寸对电磁波传输的影响进行讨论。从理论推导的弱碰撞完全电离尘埃等离子体介电常数来看，随着模型中尘埃等离子体介质层厚度变大，电磁波与尘埃等离子体的作用距离变长，能量的衰减也将进一步增多。仿真计算时，选取尘埃等离子体厚度 d 分别为 $1 \times 10^{-2} \mathrm{m}$、$2 \times 10^{-2} \mathrm{m}$、$3 \times 10^{-2} \mathrm{m}$。其他等离子体参数为[13-15]：等离子体电子密度 $n_e = 10^{19} \mathrm{m}^{-3}$，离子密度 $n_i = 10^{19} \mathrm{m}^{-3}$，尘埃颗粒密度 $n_d = 8.5 \times 10^{11} \mathrm{m}^{-3}$，尘埃颗粒半径 $r_d = 1\mu \mathrm{m}$，尘埃颗粒表面电荷数 $Z_d = 3000$。

从图 8.13 可以看出，尘埃等离子体的厚度对入射电磁波的反射系数大小的影响不大，但是反射系数随频率的振荡频率将会发生变化。当尘埃等离子体的厚度是入射波波长的整数倍时，反射系数将会上下振荡，而随着厚度的增大，能匹配上尘埃等离子体厚度的电磁波波长的数量变多了，因此反射系数的振荡变快了，在相同的频率间隔内反射系数振荡的次数变多了。

从图 8.14 可以看出，尘埃等离子体的厚度对电磁波透射系数的影响规律比较明显。随着厚度的增大，电磁波与尘埃等离子体的作用过程变长，碰撞次数增多，充电过程加剧，电磁波中能量转移增多，因此透射系数变小。

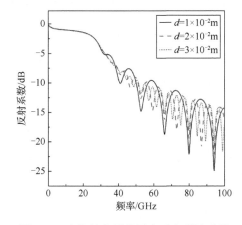

图 8.13　尘埃等离子体厚度对电磁波反射
系数的影响　　　　　

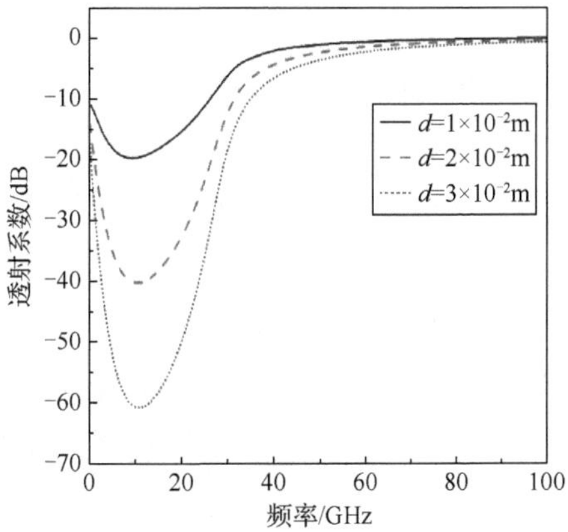

图 8.14　尘埃等离子体厚度对电磁波透射
系数的影响

从图 8.15 可以看出，随着尘埃等离子体厚度的增大，电磁波的吸收系数也增大。吸收系数的增大在高频段（大于 26GHz）较为明显，而在低于 26GHz 的频段，吸收系数变化不明显，这是因为尘埃等离子体截止频率的存在，在低频段（小于26GHz），电磁波中大部分能量都被反射，而在高频段（大于 26GHz），随着充电碰撞过程的加剧，电磁波中的能量更多地被尘埃颗粒吸收，最终转化成热能，即吸收系数随尘埃等离子体厚度的增大而增大。

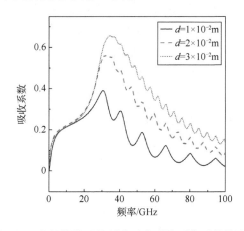

图 8.15　尘埃等离子体厚度对电磁波吸收系数的影响

综合以上分析，尘埃等离子体的厚度对电磁波吸收系数的影响较为明显，尤其是在高频段，吸收系数随尘埃等离子体的厚度增大而增大。对于透射系数，随着尘埃等离子体厚度变大，透射系数减小。电磁波在尘埃等离子体中传播的距离越长，尘埃等离子体中各种微粒之间相互作用增强，碰撞次数和充电次数增多，电磁波的能量将更多地通过电子转移到尘埃颗粒上，最终以热能的形式损耗。

对于电磁波在尘埃等离子体中的传输特性，由于尘埃颗粒的存在，反射系数、透射系数和吸收系数在普通等离子体的基础上都有明显变化，说明尘埃颗粒的影响不能忽略；尘埃颗粒表面电荷数及半径大小对透射系数及吸收系数影响都较为明显，尘埃颗粒的密度对透射系数的影响不明显；而尘埃等离子体厚度对电磁波传输的影响主要体现在电磁波与尘埃等离子体作用过程变长、碰撞次数和充电次数发生变化导致电磁波能量损耗增多，改变了等离子体的透射系数和吸收系数。尘埃颗粒的存在对电磁波传输带来很大影响。

8.3　尘埃等离子体电磁波吸收地面实验

8.3.1　实验装置

用来开展电磁波在尘埃等离子体中吸收实验的装置系统主要由电源系统、放电腔室、真空系统、测试系统以及分析仪器等部件组成。其中电源系统采用中频放电电源，放电频率为 20kHz，放电功率连续可调且最大功率可达 2000W；真空系统可以实现 1～1000Pa 的低气压状态，以满足不同等离子体环境要求。放电腔室采用改进的空心阴极放电模式，腔室尺寸为 $\phi 29\text{cm} \times 40\text{cm}$，其轴向距离大于入射电磁波的波长，该装置能够长时间持续产生大面积的、电子密度分布均匀的等离子体，且产生的等离子体密度连续可控，同时该装置提供了中空、无任何金属电极阻挡的电磁波通路，可用来开展电磁波在等离子体中的地面传输实验[1]。需要特别强调的是，为开展电磁波在尘埃等离子体中的传播特性实验室实验研究，设计配备尘埃注入系统，根据不同的实验要求，可以选择不同尺寸、不同种类的尘埃颗粒注入，形成不同的尘埃等离子体环境，配合微波天线等测试仪器能够满足电磁波在不同的尘埃等离子体环境中的传播实验。图 8.16 为等离子体放电实验设备及状态图，腔室中充入不同气体，可以产生不同密度的等离子体环境。

本节采用的微波传输测量装置为安捷伦矢量网络分析仪 N5234A，配合测试软件 Network+85071E，该设备测量频率范围为 300kHz～43.5GHz，最大输出功率为

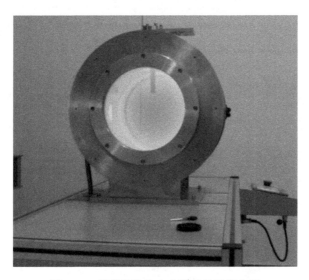

图 8.16　等离子体放电实验设备及状态图

9dBm，动态范围可达128dB，具有较高的测量精度和测量稳定度，支持多种测试模型。利用朗缪尔探针来测量等离子体密度和温度特征参数。朗缪尔探针法是较早用来测量等离子体参数的诊断工具之一，将探测器安装在等离子体腔体的顶部，它通过收集等离子体中的电子和离子电流来确定等离子体的参量，关于探针的原理和使用方法有许多文献报道。实验微波测试用的是喇叭天线，根据实验要求选择不同频段天线进行测试，配合矢量网络分析仪可以直接给出输出功率的大小。

8.3.2　实验测量方法

尘埃等离子体电磁波传播实验技术流程如图 8.17 所示。首先，利用机械抽气泵将等离子体实验装置放电室内的气体抽成低气压状态，完成后按照实验要求在装置中充入氩气或氦气等惰性气体，使整个放电室气压维持动态平衡状态，为获得更为纯净的气体环境，此过程可能要重复多次。然后，接通电源，对等离子体系统供电，可以使腔室内的气体电离，调节腔室的气压、放电功率等就可以生成均匀的等离子体环境。再利用朗缪尔探针对等离子体的电子密度、电子温度等参数进行综合诊断。接着，向等离子体系统中注入纳米尺度的固体颗粒产生尘埃等离子体环境。目前注入纳米颗粒的方式有两种：一是通过专门的尘埃注入口，利用气压注入。这种方式的优点是注入的尘埃颗粒分散均匀，缺点是气流容易引起等离子体不稳定。二是安装好特定尺度的筛网，通过定时振动播撒。这种方式的优点是可使等离子体维持稳定，实验结果可靠，缺点是撒播的面积小，颗粒容易团聚。注入尘埃颗粒后，再利用矢量网络分析仪测量结合不同频段的喇叭天线，开展尘埃等离子体电磁波传播实验。

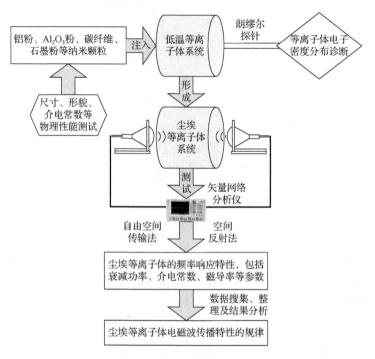

图 8.17　尘埃等离子体电磁波传播实验技术流程图

当尘埃颗粒注入等离子体后会被等离子体中的电子充电，由于充电过程极快（在微秒量级时间以内便可充电完成，达到动态平衡），在这个过程中受到重力作用下落的尘埃颗粒下落位移可以忽略，因此该系统可以较好地模拟尘埃等离子体环境。通常情况下，测量尘埃等离子体对电磁波的吸收可以采取简单的波导法。波导法主要是将填充了尘埃等离子体的设备作为传输系统来测量电磁波通过它时一些特征参量的变化。具体的测量方法又可以分为传输法和反射法。其中传输法是波导测量介质方法中较常见的一种，这种方法主要是通过测量介质的电磁波的传播系数来确定它对电磁波的衰减与吸收，实验测量结果也比较可靠。本节采用的微波测量方法为自由空间传输法，选择合适频段的微波天线，将其放置于产生的尘埃等离子体的腔体两侧，分别产生和接收微波信号。发射信号经过产生的尘埃等离子体环境后，再由接收天线把接收到的信号输入矢量网络分析仪中进行分析，如图 8.18 所示。

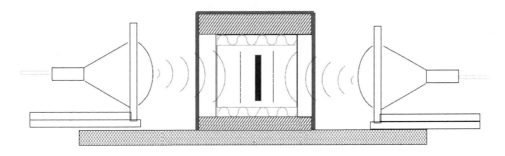

图 8.18　尘埃等离子体微波传输实验示意图

8.3.3　实验数据结果分析与讨论

为了寻求最优的纳米颗粒种类，当放电腔内形成均匀的等离子体环境后，分别注入纳米碳粉、氧化铝等尘埃颗粒，发现相同尺寸不同材料的纳米颗粒对电磁波传输的影响效果基本一致，因此在多次试验中，统一使用半径为 30nm 的 Al_2O_3 纳米颗粒。同时为了讨论尘埃等离子体与普通等离子体的区别，对尘埃注入等离子体系统前后的数据分别进行测量分析。

图 8.19 是在地面实验室利用朗缪尔探针分别对氩气放电产生的普通等离子体和尘埃等离子体进行测量得到的不同时刻电子密度随时间的变化曲线。由图 8.19 可以明显地看出，与普通等离子体相比，尘埃颗粒的存在使得电子密度有一定程度的降低，这是由于等离子体中电子对尘埃颗粒的充电导致的。

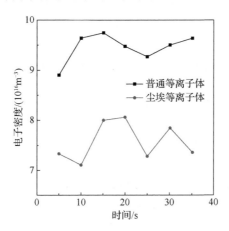

图 8.19　尘埃颗粒注入前后电子密度随时间的变化曲线

图 8.20 和图 8.21 是利用矢量网络分析仪和喇叭天线测量得到的电磁波穿透普通等离子体和尘埃等离子体的实验数据。其中，图 8.20 对应的是空气电离环境，其放电气压为 60Pa，放电功率为 2000W，喇叭天线频段为 4～6GHz；图 8.21 对

应的是氩气电离环境，其放电气压为 25Pa，放电功率也为 2000W，喇叭天线频段为 4～12GHz。

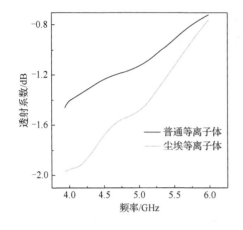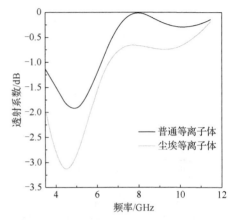

图 8.20　注入尘埃颗粒前后电磁波在等离子　　图 8.21　注入尘埃颗粒前后电磁波在等离子
体中传输的透射系数（测量频段为 4～6GHz）　体中传输的透射系数（测量频段为 4～12GHz）

　　由图 8.20 和图 8.21 可知，理论上注入尘埃颗粒后，电子密度降低，等离子体对电磁波的衰减应该是降低，但从实验结果来看，注入尘埃颗粒后，明显地增加了电磁波的衰减，显然尘埃颗粒的注入显著改变了普通等离子体的电磁特性。将该实验数据和理论研究结果相比较，二者之间的变化趋势较符合，虽然由于目前还缺少对尘埃颗粒密度的精确测量，只能对理论模型给出定性的解释，但实验结果符合理论预期，作为定性研究结果是合理的。

8.4　尘埃等离子体的非相干散射理论研究

8.4.1　等离子体非相干散射理论基础

　　关于尘埃等离子体对电磁波的散射有许多研究成果，但大部分理论工作都集中在尘埃德拜屏蔽对电磁波的散射效应。实际情况下，等离子体中的任何带电颗粒都会对入射的电磁波造成不同程度的散射，如果考虑带电颗粒处于无规则的热运动，这种互不相干的散射电磁波现象被称为非相干散射。非相干散射功率谱对于理解等离子体的物理性质具有重要的意义，从非相干散射谱中可以分析出许多用来描述等离子体物理特性的参量，包括等离子体的密度、温度以及速度等。然而，等离子体内部各带电粒子之间存在库仑相互作用，导致各带电粒子之间的运动是紧密相关的，虽然这种相关性对等离子体总的非相干散射强度影响不大，但它会对散射信号的功率谱产生极大的影响，这也就是为什么通常情况下获得的等离子体非相干散射功率谱往往要比预期复杂得多。从前面章节的研究结果分析可知，尘埃等离子体中带电尘埃颗粒的存在改变了普通等离子体中电子和离子的一些动力学性质，而这些性质的改变必然会对普通等离子体的非相干散射功率谱产生不同程度的影响。为了研究尘埃等离子体非相干散射谱特征，需要首先了解尘埃等离子体的介电常数。因此，本节将利用之前获得的尘埃等离子体介电常数的理论表达式来研究尘埃等离子体的非相干散射谱特征，并在此基础上分析尘埃颗粒半径、浓度和温度等参数对尘埃等离子体非相干散射谱的影响规律[1]。

通常情况下，电磁波在等离子体中传播时都是把等离子体看作连续的电介质，一个平面电磁波入射到等离子体中任何一个带电粒子上，将加速带电粒子从而引起辐射，这种辐射向所有方向发射，而且其频率与入射波的频率一致，这种由单个带电粒子产生的散射为汤姆孙散射，也称为非相干散射。1958 年，Gordon[17]提出了等离子体中互不相干的电子能对电磁波产生散射信号并给出了首个非相干散射的理论模型，此后该理论模型被 Bowles[18]试验测量所证实。随后，研究人员围绕着磁化等离子体、弱电离等离子体等条件下的非相干散射谱理论和实验开展了大量的研究工作，完善和发展了等离子体的非相干散射理论[19-24]。1969 年，Evans[25]对等离子体的汤姆孙散射理论、非相干散射雷达的脉冲编制技术和等离子参数的提取等进行了总结，发表了综述性文章。Sheffield[26]进一步总结和发展了前人的研究成果，给出了任意粒子分布条件下的非相干散射谱的通用表达式，推进了非相干散射理论在电离层等离子体中的广泛应用。

1. 单粒子散射理论

当电磁波在等离子体中传播时，电磁波被带电粒子散射，由于离子的荷质比远远小于电子，因此散射的信号强度大部分来自等离子体中电子的贡献。图 8.22 表示单个电子对电磁波的散射。图中，$E_{入射}$ 为入射电磁波的电场分量；u_e 为电子运动速度；r_s 为散射电磁波传播方向；$E_{散射}$ 为散射电磁波的电场分量；θ 为速度散射夹角。

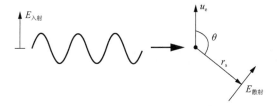

图 8.22　单个电子对电磁波的散射

假设入射电磁波为单色平面波，可以表示为

$$E = E_0 \exp\left[\mathrm{i}(k \cdot r - \omega_0 t)\right] \tag{8.8}$$

则用来描述电子加速过程的方程可表示为

$$\boldsymbol{u}_e = \frac{e\boldsymbol{E}_0}{m_e}\exp(-\mathrm{i}\omega_0 t) \tag{8.9}$$

单位立体角内辐射的瞬间功率为

$$\frac{\mathrm{d}P}{\mathrm{d}\Omega} = \frac{e^2\boldsymbol{u}_e^2}{4\pi c^3}\sin^2\theta \tag{8.10}$$

式中，θ 为速度散射夹角。利用单位立体角、单位时间内辐射电磁波的能量与入射电磁波能量的比值定义单个电子对电磁波的微分散射截面为

$$\left(\frac{\mathrm{d}\sigma}{\mathrm{d}\Omega}\right)_{\text{单}} = \left(\frac{e^2}{mc^2}\right)^2\sin^2\theta \tag{8.11}$$

为了求得单个电子对电磁波的散射截面，对式（8.11）进行积分，可以得到电子的散射截面为

$$\sigma = \frac{8\pi}{3}\left(\frac{e^2}{mc^2}\right)^2 \tag{8.12}$$

对单个电子来说，其散射截面约为 $10^{-24}\,\mathrm{cm}^2$，这也是现有的非相干散射雷达都采用高功率发射机的原因。

2. 等离子体集体散射

以上讨论的仅是等离子体中单个电子的非相干散射行为，如果假设各电子互不相关，则可以叠加所有电子的贡献，这样单位体积等离子体的微分散射截面为

$$\frac{\mathrm{d}\sigma}{\mathrm{d}\Omega} = n_e\left(\frac{e^2}{mc^2}\right)^2\sin^2\theta \tag{8.13}$$

为了得到等离子体中的非相干散射谱，叠加所有具有相同方向速度分量的电子贡献，对服从麦克斯韦分布平衡态的等离子体来说，单位频率间隔、单位体积的微分散射截面为

$$\frac{\mathrm{d}^2\sigma}{\mathrm{d}\Omega\mathrm{d}\omega} = \left(\frac{e^2}{mc^2}\right)^2 S(\boldsymbol{k},\omega)\sin^2\theta \tag{8.14}$$

式中，$S(\boldsymbol{k},\omega)$ 为电子引起的密度扰动功率谱，这个谱函数通常可以用统计学的方法来进行描述。假定电子密度的分布函数包括平衡态分布和扰动态分布两部分，

即 $f_e(\boldsymbol{r}, \boldsymbol{v}, t) = f_{e0}(\boldsymbol{v}) + f_{e1}(\boldsymbol{r}, \boldsymbol{v}, t)$，式中平衡态分布服从麦克斯韦分布：

$$f_{e0}(\boldsymbol{v}) = N_e \left(\frac{m_e}{2\pi k_B T_e} \right)^{3/2} \exp\left(-\frac{m_e \boldsymbol{v}^2}{2k_B T_e} \right) \tag{8.15}$$

式中，T_e 为电子温度；k_B 为玻尔兹曼常量。则电子的自相关函数为

$$\rho(\boldsymbol{k}, \tau) = \int f_{e0}(\boldsymbol{v}) \mathrm{e}^{-\mathrm{i}\boldsymbol{k} \cdot \boldsymbol{v}\tau} \mathrm{d}^3 \boldsymbol{v} \tag{8.16}$$

对式（8.16）进行傅里叶变换，就可以得到功率谱密度函数为

$$S(\boldsymbol{k}, \omega) = N_e \left(\frac{m_e}{2\pi k_B T_e} \right)^{1/2} \exp\left(-\frac{m_e \boldsymbol{v}^2}{2k_B T_e} \right) \tag{8.17}$$

从上面给出的结果可以看到，非相干散射信号的多普勒频移与电子热运动速度相关。此谱线的半宽度仅为电子温度的函数，因此，如果可以测量到等离子体的非相干散射，就可以推导出电子温度的大小。虽然很多实验接收到的信号强度和理论预测差不多，但散射信号谱要比上述理论预期复杂得多，试验测量的谱宽要比理论预测出来的非相干散射谱宽窄很多，显然这个散射谱不仅仅是由电子的热运动造成，还包含了等离子体中离子的影响。后来这一观点被众多学者从理论上证实，认为等离子体中离子的动力学过程严格控制着电子的散射效应，散射功率谱也基本上由离子的运动来确定。等离子体的集体散射截面需要用等离子体动理学方法求解，定量地讨论等离子体集体散射超出本书研究的范畴，不过可以简单概述下等离子体集体散射功率谱的物理性质。首先假设电子密度符合如下表达：

$$n_e(\boldsymbol{r}, t) = \sum_{i=1}^{N} \delta[\boldsymbol{r} - \boldsymbol{r}_i(t)] \tag{8.18}$$

对散射体元内 N_s 个电子的总散射场进行求和，可得

$$E_s(t) = r_e E_0 \mathrm{e}^{-\mathrm{i}\omega_0 t} \sin\chi \sum_{i=1}^{N_s} \frac{1}{|\boldsymbol{R}_s - \boldsymbol{r}_i(t')|} \mathrm{e}^{-\mathrm{i}\boldsymbol{k} \cdot \boldsymbol{r}_i(t')} \tag{8.19}$$

依据经典的维纳-欣钦（Wiener-Khinchine）定理，散射信号的自相关函数为

$$\left\langle E_s(t+\tau) E_s^*(t) \right\rangle = \frac{r_e^2}{R_s^2} E_0^2 \sin^2\chi \mathrm{e}^{-\mathrm{i}\omega_0\tau} \left\langle n_e(\boldsymbol{k}, t+\tau) n_e^*(\boldsymbol{k}, t) \right\rangle \tag{8.20}$$

则集体散射的信号功率谱为

$$P(\omega + \omega_0) = V n_{e0} \frac{r_e^2}{R_s^2} E_0^2 \sin^2\chi S(\boldsymbol{k}, \omega) \tag{8.21}$$

$$S(\boldsymbol{k},\omega) = \lim_{V\to\infty,T\to\infty} \frac{1}{VT} \left\langle \frac{\left|n_{\mathrm{e}}(\boldsymbol{k},\omega)\right|^2}{n_{\mathrm{e}0}} \right\rangle \tag{8.22}$$

式中，V 为等离子体的体积。显然，等离子体的散射截面由功率谱密度函数 $S(\boldsymbol{k},\omega)$ 来确定，它包含了等离子体系统内部所有带电粒子相互作用的效应。然而，鉴于散射是由电子密度的涨落谱来确定的，可以定性地认为，在散射谱中看到的是等离子体集体行为对电子密度涨落的影响。通常情况下，等离子体中电子密度的涨落可以描述成两种贡献的总和：一种是与离子运动相关的电子涨落，也称为离子分量；另外一种是由电子的集体运动产生。换句话说，这些相关性给出了各个散射场之间的相干性，这和单粒子散射理论不同，单粒子散射是完全非相干的。要继续深入理解式（8.22），就需要用等离子体动理论的方法。在无碰撞的等离子体环境中，带电粒子的分布函数满足经典的弗拉索夫方程：

$$\frac{\partial f_a}{\partial t} + \boldsymbol{v}\cdot\frac{\partial f_a}{\partial \boldsymbol{r}} + \frac{\boldsymbol{F}_a}{m_a}\cdot\frac{\partial f_a}{\partial \boldsymbol{v}} = 0 \tag{8.23}$$

利用第 4 章求解动理论方程的微扰法，可以求出带电粒子的扰动分布函数，对其进行积分可得到等离子体的密度扰动表达式为

$$\Delta n(\boldsymbol{r},t) = n_0 \int f_1(\boldsymbol{r},\boldsymbol{v},t)\mathrm{d}^3\boldsymbol{v} \tag{8.24}$$

式中，n_0 为平均带电粒子密度。对各向同性的粒子速度分布，在忽略磁场的影响下，通常式（8.24）可以写为

$$\Delta n(\boldsymbol{r},t) = -\frac{qn_0}{m}\int \mathrm{d}^3\boldsymbol{v}\int_0^\infty \boldsymbol{E}(\boldsymbol{r}',t-\tau)\frac{\partial f_0(\boldsymbol{v}')}{\partial \boldsymbol{v}'}\mathrm{d}\tau \tag{8.25}$$

对式（8.25）进行空间傅里叶变换，则方程转化为

$$\Delta n(\boldsymbol{k},\omega) = -\frac{qn_0}{m}\int_0^\infty \mathrm{d}\tau\mathrm{e}^{\mathrm{i}\omega\tau}\int \boldsymbol{E}(\boldsymbol{k},\omega)\frac{\partial f_0(\boldsymbol{v})}{\partial \boldsymbol{v}}\mathrm{e}^{-\mathrm{i}\boldsymbol{k}\cdot\boldsymbol{v}\tau}\mathrm{d}^3\boldsymbol{v} \tag{8.26}$$

从式（8.26）可知，等离子体的密度扰动正比于电场和电子的自相关函数傅里叶变换的一阶导数的乘积。为了简化式（8.26），引入极化率，则式（8.26）可以进一步写为

$$\Delta n(\boldsymbol{k},\omega) = -\mathrm{i}\frac{\varepsilon_0}{q}\chi(\boldsymbol{k},\omega)\boldsymbol{k}\cdot\boldsymbol{E}(\boldsymbol{k},\omega) \tag{8.27}$$

式中，电场强度 $\boldsymbol{E}(\boldsymbol{k},\omega)$ 由电荷密度扰动来决定。根据经典的泊松方程，可写为

$$\boldsymbol{E}(\boldsymbol{k},\omega) = -\frac{\mathrm{i}\boldsymbol{k}}{\varepsilon_0 k^2}Q(\boldsymbol{k},\omega) \tag{8.28}$$

式中，$Q(\boldsymbol{k},\omega)$ 表示等离子体的电荷密度扰动。则带电粒子的密度扰动可写为

$$\Delta n(\boldsymbol{k},\omega) = -\frac{1}{q}Q(\boldsymbol{k},\omega)\chi(\boldsymbol{k},\omega) \qquad (8.29)$$

显然只要知道电荷密度扰动和等离子体的极化率，就可以计算出散射信号的功率谱。按照上述理论，可以求出与电子相关的电荷密度为

$$Q_{\mathrm{e}}(\boldsymbol{k},\omega) = q_{\mathrm{e}}n_{\mathrm{e}0}(\boldsymbol{k},\omega) - Q_{\mathrm{e}}(\boldsymbol{k},\omega)\chi_{\mathrm{e}} - Q_{\mathrm{e}}(\boldsymbol{k},\omega)\chi_{\mathrm{i}} \qquad (8.30)$$

将式（8.30）代入式（8.29）可得到

$$\Delta n_{\mathrm{ee}}(\boldsymbol{k},\omega) = \frac{1+\chi_{\mathrm{i}}}{\varepsilon}n_{\mathrm{e}0}(\boldsymbol{k},\omega) \qquad (8.31)$$

式中，$\varepsilon = 1 + \chi_{\mathrm{i}} + \chi_{\mathrm{e}}$ 表示的是等离子体的介电常数。把上述方程代入方程式（8.22）可得扰动功率谱密度函数为

$$S(\boldsymbol{k},\omega) = \frac{2\pi}{k}\left|1-\frac{\chi_{\mathrm{e}}}{\varepsilon}\right|^2 f_{\mathrm{e}0}\left(\frac{\omega}{k}\right) + \frac{2\pi Z}{k}\left|\frac{\chi_{\mathrm{e}}}{\varepsilon}\right|^2 f_{\mathrm{i}0}\left(\frac{\omega}{k}\right) \qquad (8.32)$$

8.4.2　尘埃等离子体非相干散射谱

1. 物理模型

在尘埃等离子体中，由于带电尘埃颗粒的存在，电子密度的扰动包括以下四个部分：电子本征振荡扰动、电子与电子的相互作用、电子与离子的相互作用，以及电子与尘埃颗粒的相互作用。按照上述的理论模型，由离子作用引起的电子密度扰动为

$$\Delta n_{\mathrm{ei}}(\boldsymbol{k},\omega) = -\frac{1}{q_{\mathrm{e}}}Q_{\mathrm{i}}(\boldsymbol{k},\omega)\chi_{\mathrm{e}} \qquad (8.33)$$

式中，Q_{i} 为离子产生的全部电荷密度扰动：

$$Q_{\mathrm{i}}(\boldsymbol{k},\omega) = q_{\mathrm{i}}n_{\mathrm{i}0}(\boldsymbol{k},\omega) - Q_{\mathrm{i}}(\boldsymbol{k},\omega)\chi_{\mathrm{e}} - Q_{\mathrm{i}}(\boldsymbol{k},\omega)\chi_{\mathrm{i}} - Q_{\mathrm{d}}(\boldsymbol{k},\omega)\chi_{\mathrm{d}} \qquad (8.34)$$

其中方程右边从左至右分别表示离子的本征振荡扰动、离子拖曳电子的扰动、离子与离子相互作用引起的扰动、离子与尘埃颗粒的相互作用引起的扰动。因此，由离子产生的全部电荷密度扰动可以写成如下的形式：

$$Q_{\mathrm{i}}(\boldsymbol{k},\omega) = \frac{q_{\mathrm{i}}n_{\mathrm{i}0}(\boldsymbol{k},\omega)}{\varepsilon} \qquad (8.35)$$

式中，$\varepsilon = 1 + \chi_e + \chi_i + \chi_d$ 为尘埃等离子体的介电常数。则方程式（8.35）可以写为

$$\Delta n_{ei}(\boldsymbol{k}, \omega) = -\frac{q_i \chi_e}{q_e \varepsilon} n_{i0}(\boldsymbol{k}, \omega) \tag{8.36}$$

同理，由于带电尘埃颗粒引起的扰动可以写为

$$\Delta n_{ed}(\boldsymbol{k}, \omega) = -\frac{q_d \chi_e}{q_e \varepsilon} n_{d0}(\boldsymbol{k}, \omega) \tag{8.37}$$

电子引起的扰动包括本征的扰动以及电子与它周围的其他带电颗粒引起扰动的总和，则与电子相关的电荷密度为

$$Q_e(\boldsymbol{k}, \omega) = q_e n_{e0}(\boldsymbol{k}, \omega) - Q_e(\boldsymbol{k}, \omega) \chi_e - Q_e(\boldsymbol{k}, \omega) \chi_i - Q_e(\boldsymbol{k}, \omega) \chi_d \tag{8.38}$$

代入方程（8.29），则电子引起的密度扰动为

$$\left\langle \left| n_e(\boldsymbol{k}, \omega) \right|^2 \right\rangle = \left\langle \left| \Delta n_{ee}(\boldsymbol{k}, \omega) \right|^2 \right\rangle + \left\langle \left| \Delta n_{ei}(\boldsymbol{k}, \omega) \right|^2 \right\rangle + \left\langle \left| \Delta n_{ed}(\boldsymbol{k}, \omega) \right|^2 \right\rangle \tag{8.39}$$

对整个尘埃等离子体系统来说，功率谱则可以写为

$$S(\boldsymbol{k}, \omega) = \frac{2\pi}{k} \left| 1 - \frac{\chi_e}{\varepsilon} \right|^2 f_{e0}\left(\frac{\omega}{k}\right) + \frac{2\pi Z_i}{k} \left| \frac{\chi_e}{\varepsilon} \right|^2 f_{i0}\left(\frac{\omega}{k}\right) + \frac{2\pi Z_d}{k} \left| \frac{\chi_e}{\varepsilon} \right|^2 f_{d0}\left(\frac{\omega}{k}\right) \tag{8.40}$$

式中，Z_i 和 Z_d 分别为离子电荷数和尘埃颗粒表面电荷数；f_{e0}、f_{i0} 和 f_{d0} 分别为尘埃等离子体中的电子、离子以及尘埃颗粒的速度分布函数。对于麦克斯韦分布：

$$f_M(v) = \frac{1}{\sqrt{\pi} v_{th}} \exp\left(-v^2 / v_{th}^2\right) \tag{8.41}$$

式中，v_{th} 为带电粒子的热运动速度。介电常数 ε 中的电子、离子以及尘埃颗粒的极化率可以写成如下形式：

$$\chi_e(\boldsymbol{k}, \xi_e) = \frac{1}{2\lambda_{De}^2 k^2} \int_{-\infty}^{\infty} \frac{\partial g_e / \partial p_e}{\xi_e - p_e} \mathrm{d}p_e \tag{8.42}$$

$$\chi_i(\boldsymbol{k}, \xi_i) = \frac{1}{2\lambda_{Di}^2 k^2} \int_{-\infty}^{\infty} \frac{\partial g_i / \partial p_i}{\xi_i - p_i} \mathrm{d}p_i \tag{8.43}$$

$$\chi_d(\boldsymbol{k}, \xi_d) = \frac{1}{2\lambda_{Dd}^2 k^2} \int_{-\infty}^{\infty} \frac{\partial g_d / \partial p_d}{\xi_d - p_d} \mathrm{d}p_d \tag{8.44}$$

式中，$p_e = v/v_{e,th}$；$p_i = v/v_{i,th}$；$p_d = v/v_{d,th}$；$\xi_e = \omega/kv_{e,th}$；$\xi_i = \omega/kv_{i,th}$；$\xi_d = \omega/kv_{d,th}$；λ_{De}、λ_{Di} 和 λ_{Dd} 分别为电子、离子和尘埃颗粒的德拜半径；g_e、g_i 和 g_d 分别为电子、离子和尘埃颗粒的归一化分布函数。对麦克斯韦分布有：$g_e = \exp(-p_e^2)/\sqrt{\pi}$，$g_i = \exp(-p_i^2)/\sqrt{\pi}$，$g_d = \exp(-p_d^2)/\sqrt{\pi}$。定义色散函数：

$$Z(\xi) = \frac{1}{\sqrt{\pi}} P \int_{-\infty}^{\infty} \frac{\exp(-p^2)}{p-\xi} \mathrm{d}p + \mathrm{i}\sqrt{\pi}\exp(-\xi^2)$$
$$= \mathrm{i}\sqrt{\pi}\exp(-\xi^2)[1 + \mathrm{erf}(\mathrm{i}\xi)] \tag{8.45}$$

式中，P 为柯西积分主值；erf 为误差函数。对上述表达式进行近似处理，常用的近似有两种，分别是高频近似和低频近似，对于高频近似，$\xi \gg 1$，也就是 $p \ll \xi$，对式（8.45）进行泰勒展开并积分得到 $Z(\xi)$ 的实部为

$$\mathrm{Re}[Z(\xi)] = -\frac{1}{\xi} - \frac{1}{2\xi^3} - \frac{3}{4\xi^5} - \cdots \quad (\xi \gg 1) \tag{8.46}$$

则等离子体的极化率可以写成如下简单的形式：

$$\chi_e(\boldsymbol{k}, \xi_e) = \frac{1}{\lambda_{De}^2 k^2}[1 + \xi_e Z(\xi_e)] \tag{8.47}$$

$$\chi_i(\boldsymbol{k}, \xi_i) = \frac{1}{\lambda_{Di}^2 k^2}[1 + \xi_i Z(\xi_i)] \tag{8.48}$$

$$\chi_d(\boldsymbol{k}, \xi_d) = \frac{1}{\lambda_{Dd}^2 k^2}[1 + \xi_d Z(\xi_d)] \tag{8.49}$$

将方程（8.47）～方程（8.49）代入式（8.40）即可计算出包含尘埃颗粒的等离子体非相干散射谱。

2. 数值模拟结果

作为参考例子，选取火箭喷焰尘埃等离子体数据进行数值模拟研究。其中电子密度为 $10^{17}\,\mathrm{m^{-3}}$，电子温度为 2000K，尘埃颗粒密度为 $10^{13}\,\mathrm{m^{-3}}$，离子参数由电中性关系求得。由于尘埃等离子体的非相干散射功率谱中包含电子、离子以及尘埃三种带电颗粒的贡献，因此对应的谱线中必然存在电子谐振区、离子谐振区和尘埃谐振区三个区间，其中尘埃谐振区是尘埃等离子体非相干散射功率谱中特有的现象。考虑到尘埃颗粒对高频段的电子谐振区的贡献很小，而等离子体的谱线特征主要由电子特征参数决定，因此电子谐振区的计算结果暂未给出。为了评估带电尘埃颗粒半径、温度以及密度等参数对尘埃等离子体非相干散射谱中尘埃谐振区和离子谐振区的影响效果，探索尘埃等离子体非相干散射功率谱的

决定性因素，需要对这两个谐振区分开进行研究，这样更有利于突出其中的物理图像。图 8.23 是尘埃颗粒半径对非相干散射谱尘埃谐振区的影响结果，由图可知，尘埃谐振区的非相干散射谱呈现单峰结构，而且尘埃颗粒的半径对谱线的幅度和谱宽能产生一定的影响，总体上其幅度随尘埃颗粒半径的变大而增加，相应的谱宽会变窄。

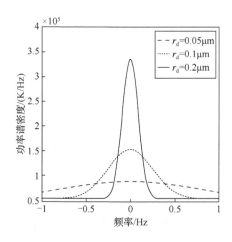

图 8.23　尘埃颗粒半径对非相干散射谱尘埃谐振区的影响曲线

等离子体的非相干散射谱与其中带电粒子的热运动速度密切相关，显然尘埃颗粒温度的变化一定程度上也会对等离子体非相干散射谱线产生一定的影响。图 8.24 为尘埃颗粒温度对非相干散射谱尘埃谐振区的影响曲线，由图可知，随着尘埃颗粒温度的增加，尘埃谐振区谱宽变宽，而相对应的幅度呈下降趋势。

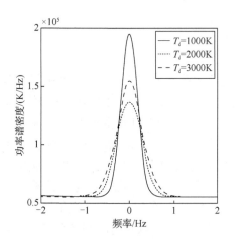

图 8.24　尘埃颗粒温度对非相干散射谱尘埃谐振区的影响曲线

　　除了带电尘埃颗粒的半径和温度，尘埃颗粒密度一定程度上也会对尘埃等离子体的非相干散射功率谱产生影响。图 8.25 为尘埃颗粒密度对非相干散射谱尘埃谐振区的影响曲线，由图可知，虽然整体上来看尘埃颗粒密度对尘埃谐振区谱线的宽度影响不大，但随着尘埃颗粒密度的增大，其谱线幅度明显增加。

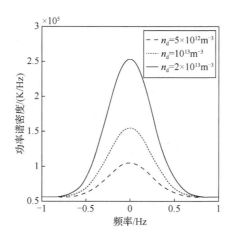

图 8.25　尘埃颗粒密度对非相干散射谱尘埃谐振区的影响曲线

　　从以上数值模拟分析结果来看，在尘埃等离子体非相干散射谱的尘埃谐振区，如果不考虑尘埃颗粒表面电荷涨落的情况下，尘埃颗粒仅相当于一种重离子成分对等离子体非相干散射谱产生影响。尘埃等离子体的谱线宽度会随着尘埃颗粒半径的增大而增大，温度降低导致谱宽变窄以及幅度增大，其数值结果与等离子体非相干散射谱理论预期完全相符合。

　　由于等离子体中带电尘埃颗粒的存在对离子的运动产生一定影响，显然也会改变等离子体非相干散射的离子谱线。图 8.26 为尘埃颗粒对非相干散射离子谱线的影响曲线，为了比较，同时给出没有尘埃颗粒的离子谱线，由图可知，等离子体中带电尘埃颗粒的存在会对非相干散射离子谱线产生很大的影响，主要表现在增加谱线幅度的峰值以及降低谱宽。

　　此外，尘埃颗粒的温度和尺寸在一定程度上对等离子体的离子谱线的幅度和宽度产生影响。图 8.27 为尘埃颗粒半径和温度对非相干散射离子谱线的影响曲线，由图可知，在尘埃等离子体非相干散射的离子谐振区，非相干散射谱呈现为典型的双峰结构，随着尘埃颗粒半径的增大，谐振谱线间距变小，上下行离子谱线自身的谱宽变窄。同时，随着等离子体温度的增加，离子谐振区同时出现谱宽变宽和上下行谱线间距变大现象。

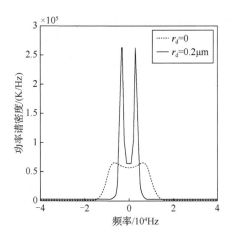

图 8.26　尘埃颗粒对非相干散射离子谱线的影响曲线

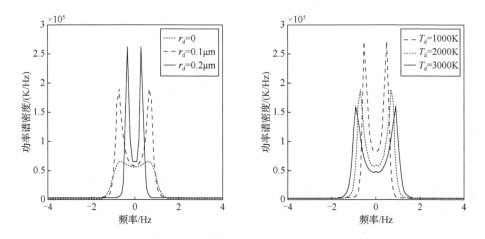

图 8.27　尘埃颗粒半径和温度对非相干散射离子谱线的影响曲线

　　将含尘埃颗粒的离子谱线与相同参数条件下不含尘埃颗粒的离子谱线相比较，在非相干散射谱的离子谐振区，带电尘埃颗粒对离子谱线的影响很大，尘埃离子谱线的幅度远大于后者，且受尘埃颗粒影响，其离子谱线的谐振频率也存在很大的变化，影响的大小某种程度上取决于尘埃颗粒半径、温度以及密度等参数。因此，当利用传统的非相干散射理论体系建立尘埃等离子体物理参数反演方法时，如果不考虑带电尘埃颗粒的影响，会带来反演参数量级上的误差，必须慎重考虑。

参 考 文 献

[1]　李辉. 尘埃等离子体动力学及电磁特性研究[D]. 哈尔滨: 哈尔滨工业大学, 2017: 68-76.

[2]　金兹堡. 电磁波在等离子体中的传播[M]. 钱善, 戴世强, 译. 北京: 科学出版社, 1978: 554-562.

[3] Tang D L, Sun A P, Qiu X M, et al. Interaction of electromagnetic waves with a magnetized nonuniform plasma slab[J]. IEEE Transactions on Plasma Science, 2003, 31(3): 405-410.

[4] Jazi B, Rahmani Z, Shokri B. Reflection and absorption of electromagnetic wave propagation in an inhomogeneous dissipative magnetized plasma slab[J]. IEEE Transactions on Plasma Science, 2013, 41(2): 290-295.

[5] Yang M, Li X P, Kai X, et al. A large volume uniform plasma generator for the experiments of electromagnetic wave propagation in plasma[J]. Physics of Plasmas, 2013, 20(1): 012101.

[6] Gospodchikov E D, Khusainov T A, Shalashov A G. Attenuation of Bragg backscattering of electromagnetic waves from density fluctuations near the region of polarization degeneracy in magnetoactive plasma[J]. Plasma Physics Reports, 2016, 42(8): 723-733.

[7] Vladimirov S V, Ishihara O. Electromagnetic wave band structure due to surface plasmon resonances in a complex plasma[J]. Physical Review E, 2016, 94(1): 013202.

[8] Soltanmoradi E, Shokri B, Siahpoush V. Study of electromagnetic wave scattering from an inhomogeneous plasma layer using green's function volume integral equation method[J]. Physics of Plasmas, 2016, 23(3): 033304.

[9] 李芳, 李廉林, 隋强. 等离子体中尘埃粒子对电磁波的吸收效应[J]. 中国科学: E 辑, 2004, 34(7): 832-840.

[10] 石丸. 随机介质中波的传播和散射[M]. 黄润恒, 周诗健, 译. 北京: 科学出版社, 1986: 584-592.

[11] Alexandrov A F, Bogdankevich L S, Rukhadze A A. Principles of plasma electrodynamics[M]. Berlin, Germany: Springer, 1984: 102-121.

[12] 贾洁姝. 电磁波在尘埃等离子体中的传输特性研究[D]. 哈尔滨: 哈尔滨工业大学, 2017: 85-87.

[13] Motie I, Bokaeeyan M. Effect of the radio frequency discharge on the dust charging process in a weakly collisional and fully ionized plasma[J]. Physics of Plasmas, 2015, 22(2): 023707.

[14] Baishya S K, Das G C. Dynamics of dust particles in a magnetized plasma sheath in a fully ionized space plasma[J]. Physics of Plasmas, 2003, 10(9): 3733-3745.

[15] de Angelis U. Dusty plasmas in fusion devices[J]. Physics of Plasmas, 2006, 13(1): 012514.

[16] Chen F F. Introduction to plasma physics and controlled fusion[M]. New York, USA: Plenum Press, 1984: 148-156.

[17] Gordon W E. Incoherent scattering of radio waves by free electrons with applications to space exploration by radar[J]. Proceedings of the IRE, 1958, 46(11): 1824-1829.

[18] Bowles K L. Observation of vertical-incidence scatter from the ionosphere at 41 Mc/sec[J]. Physical Review Letters, 1958, 1(12): 454-455.

[19] Fejer J A. Scattering of radio waves by an ionized gas in thermal equilibrium[J]. Canadian Journal of Physics, 1960, 38(8): 1114-1133.

[20] Dougherty J P, Farley D T. A theory of incoherent scattering of radio waves by a plasma: Scattering in a partly ionized gas[J]. Journal of Geophysical Research, 1963, 68(19): 5473-5486.

[21] Dougherty J P, Farley D T. Theory of incoherent scattering of radio waves by a plasma: The effect of unequal ion and electron temperatures[J]. Journal of Geophysical Research, 1966, 71(17): 4091-4098.

[22] Salpeter E E. Electron density fluctuations in a plasma[J]. Physical Review, 1960, 120(5): 1528-1535.

[23] Salpeter E E. Plasma density fluctuations in a magnetic field[J]. Physical Review, 1961, 122(6): 1663-1674.

[24] Hagfors T. Density fluctuations in a plasma in a magnetic field, with applications to the ionosphere[J]. Journal of Geophysical Research, 1961, 66(6): 1699-1712.

[25] Evans J V. Theory and practice of ionosphere study by thomson scatter radar[J]. Proceedings of the IEEE, 1969, 57(4): 496-530.

[26] Sheffield J. Plasma scattering of electromagnetic radiation[M]. New York, USA: Academic Press, 1975: 315.

第 9 章　极区中层顶尘埃等离子体动力学过程

地球高纬地区中层顶是中高层大气科学研究非常复杂的区域，是低电离层与中高层大气的交界面，其间存在着复杂的化学和动力学过程，存在着许多丰富的地球物理现象，这些现象背后物理机制的研究对弄清电离层与中高层大气的耦合以及极区中高层大气在全球环境变化中的作用具有十分重要的科学意义[1]。由于全球大气环流的作用，夏季极区中层顶是地球上温度最低的地方，平均最低温度在 150K 以下。一定情况下对流层丰富的水分子能上升到中层顶，遇此极低的温度凝结成冰晶颗粒，这些冰晶颗粒与低电离层等离子体相互作用形成了天然的尘埃等离子体环境。中层顶处半径较大的冰晶颗粒对太阳光的散射会形成瑰丽的夜光云现象，其观察历史悠久，从 1885 年夜光云（noctilucent clouds, NLC）第一次被发现以来，NLC 出现的概率一直在增大[2,3]，它被认为是预示全球气候变化的一个重要标志。此外，雷达观测表明夏季极区中层顶存在异常强烈的雷达回波[4,5]，相对于其他季节高出几十分贝，这些回波通常发生在一些很薄的层，厚度从几百米到几千米，而且从 2.78MHz 到 1.29GHz 都有发现，持续时间经常能达数十小时，也就是人们常说的 PMSE 现象。长期的实验数据统计研究表明[6-10]，PMSE 的产生和中层顶存在的冰晶颗粒高度范围和时间范围是一致的，这意味着 PMSE 和尘埃等离子体的存在密切相关。

本章的重点是利用欧洲非相干散射科学联合会（EISCAT Scientific Association）先进的实验条件及其探空火箭历史资料，采用理论建模和数值模拟的方法，从尘埃等离子体动力学的角度，来研究极区中层顶尘埃等离子体分层结构发生、发展的规律并弄清其机理。利用时变的二维大气重力波波动模式、尘埃等离子体流体力学方程组以及实验观测的热力学结构，建立中层顶尘埃等离子体分层结构的动力学模型；利用数值模拟的方法对构建的动力学模型进行求解；利用实验数据对理论模型进行检验。通过这些研究，阐明中层顶尘埃等离子体分层结构的时空演变规律和其中决定性的物理过程。

9.1　中层顶尘埃等离子体研究现状

为了理解产生 PMSE 的物理机制，同时利用激光雷达和探空火箭，测量产生 PMSE 的中层顶区域的等离子体物理特性。图 9.1 左侧部分是甚高频（very high frequency, VHF）雷达探测到的 PMSE 剖面，右侧部分为探空火箭（ECT02）同时测量的 PMSE 区域内电子密度剖面和尘埃颗粒电荷密度剖面[5]。

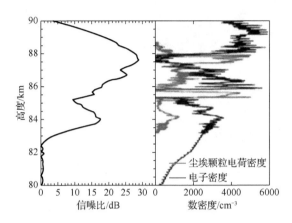

图 9.1　VHF 雷达（左）和探空火箭（右）实验测量 PMSE 剖面[5]
（扫封底二维码查看彩图）

　　从图 9.1 右侧的探空火箭实验测量数据可知，PMSE 尘埃等离子体存在着明显的分层结构特征，尤其是在 86km 和 88km 附近的两个厚度和密度基本相同的带电尘埃颗粒层。结合左边雷达测量数据，在 84km 和 88km 附近的 PMSE 峰值对应着尘埃颗粒密度的峰值，然而在 86km 附近的带电尘埃颗粒密度极大值却对应一个 PMSE 的谷值点。显然，要理解产生 PMSE 的物理机制，需要弄清楚 PMSE 尘埃等离子体异常分层结构背后的物理成因。

　　过去人们对极区中层顶异常的尘埃等离子体分层结构形成物理机制的理论解释中，Hoffmann 等[11]曾在对雷达观测到的 PMSE 分层现象进行研究时提出由于重力波造成大气温度的变化，导致冰晶颗粒形成和增长，并指出冰晶颗粒分层结构的形成是重力作用造成的。显然，他们的观点认为分层结构的形成主要是温度和重力两大因素起主要作用，然而随后的多次探空火箭实验观测结果显示，夏季极区中层顶典型的温度剖面中并没有出现这样的分层结构，显然单纯从热力学观点并不能解释这些尘埃等离子体异常分层结构的形成机理。图 9.2 为由 VHF 雷达测量的 PMSE 现象和激光雷达观测的夜光云冰晶颗粒，表明 PMSE 现象和带电冰晶颗粒能够长时间稳定存在，并且 PMSE 有一个发展过程，在出现的初期，发生的高度范围较高，冰晶颗粒较小，带电尘埃颗粒基本是单层，随着时间的推移，带电尘埃颗粒的发生高度逐步下降，并出现双层结构，PMSE 也随之增强。对图 9.1 和图 9.2 实验数据进行进一步分析，结果表明，在 PMSE 发生的区域必然存在着一个动力学过程以保证这两层高密度、大质量的带电尘埃颗粒稳定存在于此高度。

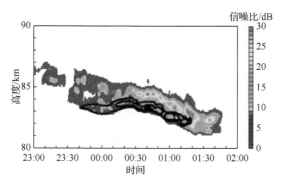

图 9.2　由 VHF 雷达观测的 PMSE 和激光雷达同时观测的夜光云冰晶颗粒[5]

　　重力波是极区中高层大气非常活跃的动力学现象[12-14]，它对中高层大气的动力学过程、热平衡过程和环流结构形成起着至关重要的作用，向上传播的重力波能把低层大气的能量和动量输运到中层顶，从而影响中高层大气温度和风场的变化。此外，通过输运和湍流混合，经由粒子之间的碰撞，重力波还能对中高层大气中存在的带电粒子进行重新分配。但是，在之前的一些研究中人们只注意到它的热力学作用，并没有考虑它的动力学作用。理论猜测，尘埃等离子体分层结构是由于大气重力波在垂直运动方向上节点的突然增加，或者说垂直方向上波长的突然减少造成的。

9.2　极区中层顶尘埃等离子体动力学模型

9.2.1　基本物理模型

　　为了研究带电冰晶颗粒受重力波扰动的动力学演化过程，采取流体力学方程组来对尘埃颗粒的运动过程进行物理建模[1]。由于冰晶颗粒的生成和消失过程与中层顶的水分子密度以及热力学结构相关[15,16]，是一个相对复杂的化学过程，且这个过程所需要的时间比研究尘埃颗粒运动的时间尺度要长。因此，在质量连续性方程中忽略冰晶颗粒的产生率和消失率，则带电冰晶颗粒的质量连续性方程可简化为

$$\frac{\partial n_{\mathrm{d}}}{\partial t} + \nabla \cdot (n_{\mathrm{d}} \boldsymbol{u}_{\mathrm{d}}) = 0 \tag{9.1}$$

式中，n_{d} 和 $\boldsymbol{u}_{\mathrm{d}}$ 分别表示冰晶颗粒的密度和速度。冰晶颗粒的运动用动量方程来描述：

$$m_{\mathrm{d}} n_{\mathrm{d}} \frac{\partial \boldsymbol{u}_{\mathrm{d}}}{\partial t} = -Z_{\mathrm{d}} e n_{\mathrm{d}} (\boldsymbol{E} + \boldsymbol{u}_{\mathrm{d}} \times \boldsymbol{B}) + \boldsymbol{F}_{\mathrm{id}} n_{\mathrm{d}} - n_{\mathrm{d}} m_{\mathrm{d}} \nu_{\mathrm{dn}} (\boldsymbol{u}_{\mathrm{d}} - \boldsymbol{u}_{\mathrm{n}}) - \frac{\partial \boldsymbol{p}_{\mathrm{d}}}{\partial z} + m_{\mathrm{d}} n_{\mathrm{d}} \boldsymbol{g} \tag{9.2}$$

式中，F_{id} 表示离子拖曳力。离子拖曳力包括两部分：一部分是冰晶颗粒吸附离子产生的力，另一部分是由带电冰晶颗粒对离子的库仑散射场产生的力。相关研究已在 7.1.2 节进行了详细的阐述。此外，由于低电离层中等离子体密度较低，相比其他尘埃等离子体环境，冰晶颗粒所带电荷数极少，这样冰晶颗粒的荷质比远远小于电子和离子的荷质比，因此，中层顶带电冰晶颗粒所受到的电磁力是极小的，通过计算发现带 1 个电荷的冰晶颗粒受到的电场力仅为重力的千分之一，所以在计算过程中可暂且忽略电场力的影响。$u_n = u_n(u, w)$ 表示大气波动速度（u 是水平速度，w 是竖直速度）；ν_{dn} 表示冰晶颗粒与中性大气分子的碰撞频率，其表达式为

$$\nu_{dn} = \frac{8}{3\sqrt{\pi}} \frac{n_n m_n}{m_d + m_n} \sqrt{\frac{2k_B T(m_d + m_n)}{m_d m_n}} \pi(r_d + r_n)^2 \tag{9.3}$$

式中，n_n、m_n、r_d 分别表示中性粒子密度、质量和尘埃颗粒半径。因为模型主要考虑重力波扰动对带电冰晶颗粒动力学过程的影响，所以方程中大气波动速度 $u_n(u, w)$ 由大气动力学方程来描述。这里则采取二维可压缩大气的基本运动方程来描述重力波的传播过程[17,18]：

$$\frac{\partial \rho}{\partial t} + \frac{\partial(\rho u)}{\partial x} + \frac{\partial(\rho w)}{\partial z} = 0$$

$$\frac{\partial(\rho u)}{\partial t} + \frac{\partial(\rho u^2)}{\partial x} + \frac{\partial(\rho u w)}{\partial z} + \frac{\partial p}{\partial x} = 0$$

$$\frac{\partial(\rho w)}{\partial t} + \frac{\partial(\rho u w)}{\partial x} + \frac{\partial(\rho w^2)}{\partial z} + \frac{\partial p}{\partial z} + g\rho = 0 \tag{9.4}$$

$$\frac{\partial T}{\partial t} + \frac{\partial(Tu)}{\partial x} + \frac{\partial(Tw)}{\partial z} + T(\gamma - 1)\left(\frac{\partial u}{\partial x} + \frac{\partial w}{\partial z}\right) = 0$$

$$p = \rho R T$$

式中，x 是水平坐标；z 是竖直坐标（向上为正）；ρ、p 和 T 分别是密度、气压和温度；R 是气体常数；$\gamma = R/C_v$，C_v 是等比热容。

式（9.4）就是用来描述尘埃等离子体在大气重力波作用下的运动方程组。对上述理论模型求解，需要给定各物理参量的初始状态以及待求参量在求解边界处所满足的条件。为了考察初始冰晶颗粒在重力波扰动下的动力学演化过程，需要给出一个背景环境冰晶颗粒密度随高度变化的曲线作为冰晶颗粒未扰动的初始值。考虑到冰晶颗粒的形成过程是一个化学过程，它完全由中层顶的热力学结构决定，依据实验探测结果，引入高斯分布来作初始条件：

$$n_d = n_{d0} \exp\left(-(h - h_0)^2 / (2\sigma^2)\right) \tag{9.5}$$

式中，σ 表示半宽；h 表示高度。另外假设初始背景环境大气为水平均匀且满足静力学平衡的大气。

9.2.2 模型数值求解方法

数值模拟是研究复杂系统的一个重要和有效的手段，目前探空火箭实验测量结果只能给出一维、瞬态的分层结构，仅仅依靠单纯的火箭测量对尘埃颗粒分层形成及演化规律的认识是极其有限的，无法得到完整的物理图像，而通过数值模拟的手段能够给出二维的空间分布和时空演化过程。因此，本节的研究内容就是利用数值模拟的方法对构建的动力学模型进行求解。物理模型中的带电冰晶颗粒连续性方程和动量方程是典型的一阶偏微分方程，对于偏微分方程的数值求解一般都采取有限差分法，对方程进行差分，然后再进行数值迭代求解。在数值计算过程中，对这两个方程主要采用双层算术平均或克兰克-尼科尔森（Crank-Nicolson）格式对微分方程离散化处理，这种方法具有较高的精度，也比较稳定[19]。对一维问题的隐式，每个差分方程只涉及三个变量。例如对第 i 个格点，差分方程可表示为

$$\alpha_i f_{i-1} + \beta_i f_i + \gamma_i f_{i+1} = s_i \tag{9.6}$$

式中，α_i、β_i、γ_i、s_i 为已知量；f_i 为待求的变量。整个方程具有 $Af = S$ 的形式，即构成了一个三对角矩阵形式：

$$\begin{bmatrix} \beta_1 & \gamma_1 & 0 & \cdots & 0 & 0 \\ \alpha_2 & \beta_2 & \gamma_2 & \cdots & 0 & 0 \\ 0 & \alpha_3 & \beta_3 & \cdots & 0 & 0 \\ \vdots & \vdots & \vdots & & \vdots & \vdots \\ 0 & 0 & 0 & \cdots & \alpha_n & \beta_n \end{bmatrix} \begin{bmatrix} f_1 \\ f_2 \\ f_3 \\ \vdots \\ f_n \end{bmatrix} = \begin{bmatrix} s_1 \\ s_2 \\ s_3 \\ \vdots \\ s_n \end{bmatrix} \tag{9.7}$$

它是一个实对角矩阵，第一行和第 n 行只包含两个系数，它们对应的方程为

$$\begin{aligned} \beta_1 f_1 + \gamma_1 f_2 &= s_1 \\ \alpha_n f_{n-1} + \beta_n f_n &= s_n \end{aligned} \tag{9.8}$$

这两个方程和边界条件相关，其他行的系数对应于差分方程。对上述三角矩阵比较好的解法是追赶法，可按照下面的步骤进行求解。

首先计算 $f_k = d_k - \lambda_k f_{k+1}$，$\lambda_1 = \dfrac{\gamma_1}{\beta_1}$ 和 $d_1 = \dfrac{s_1}{\beta_1}$。

然后令 $k = 2, 3, 4, \cdots, n-1$，依次按照下面的公式迭代：

$$\lambda_k = \frac{\gamma_k}{\beta_k - \alpha_k \lambda_{k-1}}, \qquad d_k = \frac{s_k - \alpha_k d_{k-1}}{\beta_k - \alpha_k \lambda_{k-1}} \tag{9.9}$$

最后得到的方程的解为

$$f_n = \frac{s_n - \alpha_n d_{n-1}}{\beta_n - \alpha_n \lambda_{n-1}}, \qquad f_k = d_k - \lambda_k f_{k+1} \tag{9.10}$$

追赶法求解一维隐式的计算量只是显式差分格式的两倍左右，但是换来的是良好的稳定性。

在数值求解中，无论是定态问题还是非定态问题，都需要设置一定的边界条件来进行求解，相对于初始条件的选择，边界条件的标定将更复杂、更重要。对于数值计算只能限制在有限的区域，需要人为地引入某种边界来限制计算区域的大小，若考虑背景水平方向的均匀性，且波动是具有周期性的正弦波动，采取周期性边界条件。周期性边界条件指的是，在粒子的运动过程中，若有一个或多个粒子跑出模型，则必然有相同的粒子数从相反的界面回到模型中，从而保证模型粒子数恒定不变，消除了边界效应的影响。在垂直方向，由于背景风场随高度变化，所以背景的不均匀性很突出，并且波动在垂直方向不具有周期性边界条件，采取等值外推的方法，即 $\rho_0^{n+1} = \rho_1^{n+1}$ 相当于假定 ρ 在边界上的一阶空间微商为零，$\partial \rho / \partial x = 0$。在求解模式时，考虑到水平方向背景的均匀性，在水平方向采用通俗的拟谱方法。在垂直方向，考虑到背景温度和风场的不均匀性，并且波动在上下波动边界的不稳定性，在垂直方向上采取全隐式有限差分法，详细的数值求解模式可参考相关数值模拟文献[17-19]。对于大气的初始扰动，假设初始时刻处于流体静力学平衡，等温大气中加上一个向上传播的高斯型重力波初始扰动，其水平扰动速度形式为

$$u'(x,z,0) = A\cos\left(k_x x + k_z (z - z_0)\right)\exp\left(-\ln 2\left(\frac{z - z_0}{\lambda_z}\right)^2\right)\exp\left(\frac{z - z_0}{2H}\right) \tag{9.11}$$

式中，k_z 和 k_x 分别表示重力波的垂直波数和水平波数。其他的扰动量可以由线性重力波的偏振关系求得。

9.2.3　计算结果

图 9.3 给出了中层顶带电冰晶颗粒层受大气重力波扰动的二维动力学演化结果。其中纵坐标为高度，横坐标表示水平距离，模拟区间为水平 0～200km，垂直高度是 78～92km，右侧色带对应尘埃颗粒的密度，演化时间尺度为 2.5h，为考察尘埃颗粒的动力学演化过程，每半小时给出一张数值结果。

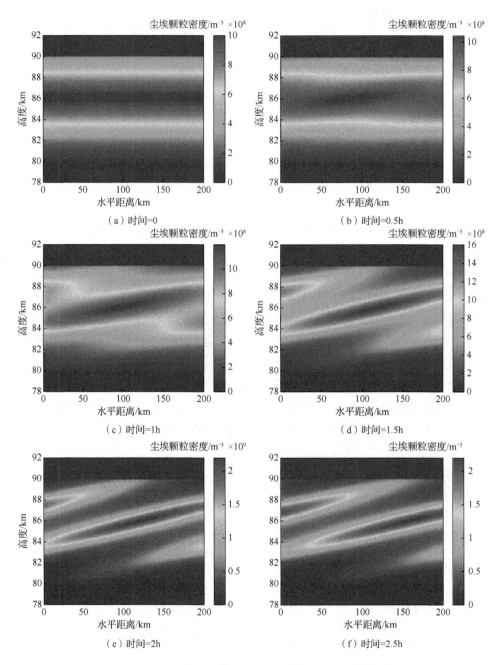

图 9.3　中层顶带电冰晶颗粒层受大气重力波扰动的二维动力学演化过程（时间间隔为30min）

（扫封底二维码查看彩图）

如图 9.3 所示，初始假设服从高斯分布的带电冰晶颗粒层在大气重力波扰动的作用下，最终可以形成明显的分层结构。物理上可以解释为，受重力波的扰动，考虑到在重力波传播过程中，在垂直方向上波的节点会发生变化，根据物理模型，冰晶颗粒的运动受大气重力波运动所支配，初始冰晶颗粒层受重力波扰动会从原来的厚层中迅速断裂。显然，带电冰晶颗粒的分层结构是大气垂直运动的动力学状态突然改变的结果，不是从别的地方移来或其他作用形成的。由此看来，过去单纯从热力学的观点，用温度结构以及湍流来解释多层冰晶云现象，至少对于实验观测到的这些尘埃等离子体大尺度分层结构现象是不太现实的。以上的模拟结果和许多雷达观测到的 PMSE 现象的发展过程也很吻合，这也充分说明中层顶区域的带电尘埃颗粒分层结构是由动力学过程造成的。上述结果只模拟了 2.5h 的演化过程，事实上形成的冰晶颗粒层会随着重力波不停地波动，层之间也不断地发生变化，又由于尘埃颗粒的扩散速度比较慢，即使重力波的动力学消失后，尘埃颗粒层仍然能维持一段时间，这或许可以用来解释为什么观测的 PMSE 现象在没有大气波动的情况下，经常还能持续数小时。

此外，探空火箭实验观测结果显示，中层顶的带电冰晶颗粒层经常会出现单层、双层，甚至数层现象。利用物理模型同样可以解释这个现象，考虑到冰晶颗粒分层是由重力波垂直方向上波数节点的变化造成的，那么层数的变化必然受重力波的垂直波长的影响。为了验证这个假设，改变初始扰动的重力波垂直波长，分别为 3km、4km、5km，水平波长保持不变。为了直观，选取水平距离为 100km 处、时间为 2h 的数值结果，其他数值和图 9.3 保持一致，模拟结果如图 9.4 所示。如图所示，当 $\lambda = 3km$ 时，可以明显看到双层结构；当 $\lambda = 4km$ 时，冰晶颗粒层的顶部结构逐渐变小；当 $\lambda = 5km$ 时，已经变成明显的单层结构了。

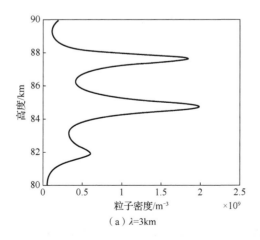

（a）$\lambda = 3km$

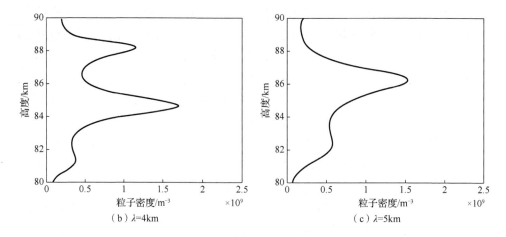

图 9.4　不同重力波垂直波长对尘埃颗粒分层结构的影响

　　按照上述物理模型，冰晶颗粒分层除了与重力波的波长有关，还与冰晶颗粒的尺寸紧密相关。而实验探测也显示，中层顶形成的冰晶颗粒具有一定的尺寸分布，不同尺寸的冰晶颗粒受到的力也不一样，它们在相同的重力波参数扰动下，形成的层状结构也肯定不一样。为了考察冰晶颗粒尺寸对形成层过程的影响，数值模拟选取冰晶颗粒半径分别为 10nm、20nm、30nm，相关重力波参数和图 9.3 保持一致，结果如图 9.5 所示。

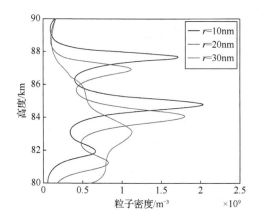

图 9.5　不同冰晶颗粒尺寸对尘埃颗粒分层结构的影响
（扫封底二维码查看彩图）

　　从图 9.5 中可以看出，在重力波参数保持不变的前提下，尺寸越小的冰晶颗粒越容易形成层状结构。以上主要是在重力波的影响下，对中层顶冰晶颗粒分层结构形成的动力学过程进行了数值模拟，根据计算模拟的结果可得如下结论：在重力波的作用下，带电冰晶颗粒密度能形成明显的分层结果，分层的层数很大程度上取决于重力波的波长和冰晶的尺寸。此外，重力波的风场大小和冰晶颗粒数量的大小一定程度上对冰晶颗粒层的影响也很大，风场越大形成冰晶颗粒层所需的时间越短，峰宽更小，冰晶颗粒密度越大，形成的冰晶颗粒层数也越多。下面利用现有的一些实验数据对以上的理论研究进行验证和分析。

9.3　实验观测数据分析

9.3.1　探空火箭历史资料

为了研究夜光云和夏季极区中层雷达回波现象与夏季极区中层存在的冰晶颗粒之间的关系，1994 年 7 月 25 日至 8 月 12 日，在挪威 Andøya 火箭发射场进行了三次探空火箭实验，实验期间同时利用地面 EISCAT-VHF（224MHz）雷达和 ALOMAR SOUSY（53.5MHz）雷达对 PMSE 进行观测，用地面两个相距 2km 的激光雷达对 NLC 进行观测。其中在 7 月 28 日的火箭发射被记为 ECT02 实验。实验中发射的火箭上配备有测量尘埃电流的探针和测量中性成分及电子电流的探针，当火箭穿越中层顶时，带电冰晶颗粒和电子分别碰撞到 DUSTY 探针和电子探针，表面产生电流，并把产生的尘埃电流和电子电流记录下来。根据电离层探针相关工作原理推算出冰晶颗粒密度和电子密度，同时利用火箭上的离子化标尺测量可得到中层顶的温度数据。相关实验数据处理结果如图 9.6 和图 9.7 所示。

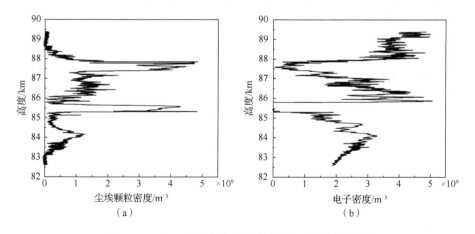

图 9.6　ECT02 实验中尘埃颗粒密度和电子密度剖面

从图 9.6 可以明显看出，带电尘埃颗粒密度出现了明显的双层结构，与此对应的电子密度出现了"吞噬"现象。同时，实验数据分析显示中层顶冰晶尺寸为纳米量级，根据尘埃颗粒充电物理模型可以简单计算出，一个 8nm 冰晶颗粒初步估计带 1 个电荷，而 20nm 的冰晶颗粒大约带 2 个电荷。显然，在 85.5km 和 87.5km 这两个高度上出现如此大的冰晶颗粒电荷密度，必然积累了大量的冰晶颗粒。

图 9.7 是 ECT02 实验期间探测到的中层顶温度剖面。由图可知，该次实验所对应的温度剖面中并没有之前大多数理论预言的明显分层结构，这也充分验证了中层顶的热力学结构不是形成冰晶颗粒分层结构的主要因素。进一步验证了冰晶颗粒处于动态平衡状态的动力学过程，是使这些高密度、大质量的冰晶颗粒存在于此高度并形成异常的分层结构的主要原因。

利用该次实验数据，也可以定性地验证本节理论模型的正确性。由于缺少重力波试验观测数据，下面结合 ECT02 实验数据来选择合理的重力波参数，对模型结果进行比较。模拟结果如图 9.8 所示，由模拟结果和 ECT02 实验数据的比较可知，当选择合适的重力波参数，也能得到和实验观测数据较一致的结果，这进一步确定了理论猜测的合理性。对于 84km 处的实验和模拟结果，层状结构和大小形式非常吻合，只是高度出现偏差，这很大程度上是由于冰晶颗粒的尺寸和重力波垂直波长随高度变化而形成的[1]。

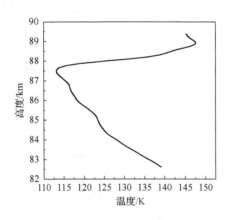
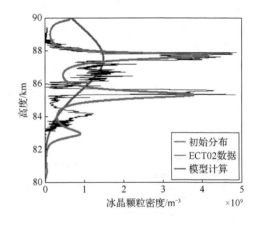

图 9.7　ECT02 实验测量的温度剖面　　　　图 9.8　尘埃颗粒分层结构的理论模拟结果
　　　　　　　　　　　　　　　　　　　　　　　　　　　（扫封底二维码查看彩图）

9.3.2　PMSE 连续实验观测

PMSE 理论和实验研究均表明，PMSE 与尘埃等离子体分层结构之间有着密切的联系，通过连续长时间对 PMSE 观测，能进一步了解 PMSE 的形态特征及变化规律,这种变化规律又可以间接地反映出尘埃等离子体层的一些时空变化特征。

因此，连续长时间的观测为理解 PMSE 的形成机制以及了解 PMSE 尘埃等离子体层发生、发展的物理过程起到了关键的作用。图 9.9 是 EISCAT 雷达站的 MORRO 雷达（频率为 53.5MHz）开展的 PMSE 24h 的连续观测结果。

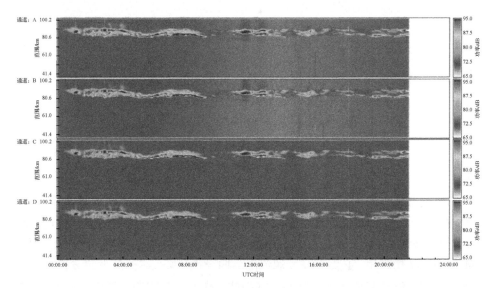

图 9.9　MORRO 雷达四个阵列同时观测到的 PMSE 回波功率时间演化图
（扫封底二维码查看彩图）

UTC 为协调世界时，coordinated universal time

实验除了长时间观测到 PMSE 现象外，一个重要的特征就是 PMSE 呈现明显的波动特征，这种 PMSE 周期性的波动特征被许多研究者从实验方面证实了与重力波有关。按照物理模型，冰晶颗粒肯定要受重力波扰动的影响，这也证实 PMSE 和重力波之间存在紧密的联系，本次实验不但为理论研究积累了丰富的数据，也从侧面反映了理论模型的合理性。

9.3.3　PMSE 方向敏感性实验研究

PMSE 现象的一个重要特征是具有很强的方向性，即垂直发射的雷达回波很强，但偏离垂直方向的回波信号衰减得很快，这一特征被多次实验所证实。针对这一问题，按照拟定的实验方案利用 EISCAT-VHF 雷达开展了 PMSE 方向敏感性实验研究。实验分析结果如图 9.10 所示，从未校标的雷达反射信号可以看出，PMSE 除了具有很强的方向敏感性，还具有一定的倾斜性，即回波功率的峰值不一定发生在雷达垂直入射的方向。这也是首次利用 EISCAT 的非相干散射雷达探测到的 PMSE 方向敏感性和倾斜性。

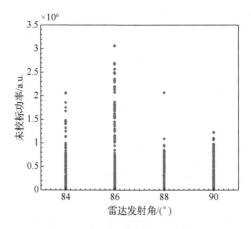

图 9.10　PMSE 方向敏感性观测结果

从现有的电离层无线电波传播理论来看，能引起 PMSE 方向敏感性的因素大概分为两种机制：一种是湍流的各向异性引起的布拉格（Bragg）散射，另一种是锐边界的空间尘埃等离子体层引起的部分反射。如果 PMSE 的方向敏感性是由湍流不规则体结构产生，必然存在着湍流的各向异性，那么在如此小的波长情况下，一定有一种机制使得如此小尺度的不规则体存在着优势方向。然而，在如此低的电离层高度上，按照之前的理论分析，碰撞频率很大，地磁场无法起到实际作用，完全不具备形成湍流的各向异性的条件。因此，湍流理论与实验结果是相矛盾的。初步分析认为，PMSE 是由尘埃等离子体层对电磁波造成强反射产生的现象。

图 9.11 为尘埃等离子体层对电波的反射示意图，它解释了为什么实验观测到的回波功率峰值不是发生在雷达垂直入射的方向，而具有一定的夹角。理论模型和数值结果恰恰能反映出这一点。由理论模型可知，重力波存在水平和垂直两个

图 9.11　尘埃等离子体层对电波的反射示意图

方向,后者被证实是形成 PMSE 尘埃等离子体多层结构的主要原因之一。水平方向的重力波会导致 PMSE 尘埃等离子体层出现水平不均匀,因此实际形成的 PMSE 尘埃等离子体层具有一定的倾斜角度,而这个角度的大小由重力波水平波长和垂直波长的比值来确定。根据部分反射理论,观测到的 PMSE 也存在一定的角度依赖性,该现象用二维的尘埃等离子体动力学物理模型可以很好地给出解释,也从侧面反映出构建的中层顶尘埃等离子体分层的动力学模型是正确的。

9.4　冰晶颗粒的生长和运动模型

冰晶颗粒的生长和运动模型基于夏季极区中层顶（距离地面 $80\sim90km$）区域,假设该区域内由中性气体携带的水蒸气分子以恒定的速度向上运动[20],大气层外的微陨石以一定的通量从上边界下降进入该研究区域,大气层内飞行器喷焰中的尘埃颗粒以及火山灰等颗粒从下边界上升进入该研究区域,这些颗粒充当着冰晶的凝结核。当温度低于凝华点时[21],热运动碰撞到凝结核表面的水蒸气分子很容易凝结成冰,通过这一过程凝结核变成冰晶颗粒并不断吸附水分子生长[22]。这里讨论凝结层内部冰晶颗粒的生长、运动和充电过程,并且只考虑冰晶颗粒和等离子体在竖直方向的输运过程,因为输运参数的水平梯度相对竖直方向的梯度可以忽略不计[10]。

在冰晶颗粒的生长过程中,其运动过程需要用变质量物体的运动方程来描述:

$$m_d \frac{d\boldsymbol{v}_d}{dt} + (\boldsymbol{v}_d - \boldsymbol{v}_n)\frac{dm_d}{dt} = m_d \boldsymbol{g} - v_{dn}m_d(\boldsymbol{v}_d - \boldsymbol{v}_n) + q_d \boldsymbol{E} \tag{9.12}$$

式中, m_d 、 $\boldsymbol{v}_d$ 和 q_d 分别是冰晶颗粒的质量、速度及带电量; $\boldsymbol{v}_n$ 是中性气体的运动速度; $\boldsymbol{g}$ 是重力加速度; v_{dn} 是冰晶颗粒与中性粒子的碰撞频率; $\boldsymbol{E}$ 是电场强度。因为中层顶区域冰晶颗粒的荷质比通常很小[23,24],所以电场力对冰晶颗粒运动的影响可以忽略不计。式（9.12）左侧的第一项在量级上远小于重力[21],因此该项也可以不予考虑。

中层顶的水汽处于过饱和状态[25],假设凝结核的尺寸大于凝结临界尺寸,因此,凡是在热运动过程中接触到冰晶颗粒的水分子都能凝于其上,冰晶颗粒一直能持续稳定地生长。忽略冰晶颗粒升华等逆过程,冰晶颗粒的质量变化可以描述为

$$\frac{dm_d}{dt} = v_{wd}m_w \tag{9.13}$$

假设冰晶颗粒为球形粒子,根据硬球碰撞模型[26],水蒸气分子和冰晶颗粒之间的碰撞频率 $v_{wd} = n_w \pi r_d^2 v_{w,th}$,式中 m_w 、 n_w 和 $v_{w,th}$ 分别是水蒸气分子的质量、密度和热运动速度, r_d 为冰晶颗粒半径。式（9.12）右侧第二项为中性曳力项,空

气中的中性粒子与冰晶颗粒的碰撞频率为[27]

$$\nu_{dn} = \frac{8}{3\sqrt{\pi}} \frac{n_n m_n}{m_d + m_n} \sqrt{\frac{2k_B T_g (m_d + m_n)}{m_d m_n}} \pi (r_d + r_n)^2 \tag{9.14}$$

式中，n_n、m_n 和 r_n 分别为中性粒子密度、质量及半径；T_g 是气体温度。在极区中层顶，电子温度和离子温度都与中性气体温度相同。中性粒子质量取为空气的平均分子质量 $m_n = 28.96 m_u$，式中 m_u 为质子质量。通常极区中层顶的冰晶颗粒半径 r_d 的量级为几纳米至几十纳米，因此有 $r_d \gg r_n$，$m_d \gg m_n$，式（9.14）可以简化为 $\nu_{dn} \approx 4\pi n_n m_n v_{n,th} r_d^2 / (3m_d)$，式中 $v_{n,th} = (8k_B T_g / (\pi m_n))^{1/2}$ 是中性气体的热运动平均速度。

根据式（9.12），冰晶颗粒的速度可以表示为

$$v_d = v_n + \frac{m_d}{\nu_{dn} m_d + \nu_{wd} m_w} g \tag{9.15}$$

由 ν_{dn} 和 ν_{wd} 的近似表达式可以得到：$\nu_{wd} m_w / (\nu_{dn} m_d) \approx 3 m_w n_w v_{w,th} / (4 m_d n_n v_{n,th})$。由于中层顶区域的水分子密度远小于空气分子密度[28]，即 $n_w \ll n_n$，再结合 $m_w \ll m_d$ 和 $v_{w,th} \approx v_{n,th}$ 两个近似条件，可得 $\nu_{wd} m_w / (\nu_{dn} m_d) \ll 1$。取竖直向上为正方向，由式（9.15）可得竖直方向上冰晶颗粒的速度为

$$v_d = v_n - g / \nu_{dn} \tag{9.16}$$

冰晶颗粒由凝结核和凝附的冰晶组成，设凝结核的初始半径为 r_0，其质量密度为 ρ_0，冰晶的质量密度设为 ρ_d，则单个冰晶颗粒的质量为

$$m_d = \frac{4}{3} \pi r_0^3 \rho_0 + \frac{4}{3} \pi (r_d^3 - r_0^3) \rho_d \tag{9.17}$$

将 ν_{dn} 的近似表达式与式（9.17）代入式（9.16），得到冰晶颗粒的速度与半径的关系为

$$v_d = v_n - \frac{g}{n_n m_n v_{n,th}} \left(\rho_d r_d + (\rho_0 - \rho_d) \frac{r_0^3}{r_d^2} \right) \tag{9.18}$$

在凝结层的上下边界处 $r_d = r_0$，凝结核的初始速度为

$$v_{d0} = v_n (1 - r_0 / r_c) \tag{9.19}$$

式中，r_c 为临界半径，计算公式为

$$r_c = \frac{n_n m_n v_{n,th} v_n}{g \rho_0} \tag{9.20}$$

在凝结层边界处，如果凝结核的半径 $r_0 > r_c$，那么颗粒所受重力大于中性曳力，$v_{d0} < 0$，颗粒向下运动。反之若 $r_0 < r_c$，则重力小于中性曳力，$v_{d0} > 0$，颗粒向上运动。

将式（9.17）代入式（9.13），可得冰晶颗粒半径随时间的变化率为

$$\frac{\mathrm{d}r_\mathrm{d}}{\mathrm{d}t} = \frac{n_\mathrm{w} m_\mathrm{w} v_\mathrm{w,th}}{4\rho_\mathrm{d}} \tag{9.21}$$

由式（9.21）可得冰晶颗粒生长速率是与水分子的密度、质量和热运动速度有关的常数，将该常数设为 c。冰晶颗粒半径随时间的变化关系为

$$r_\mathrm{d} = r_0 + ct \tag{9.22}$$

冰晶颗粒的运动轨迹可以通过以下积分求得：

$$z - z_0 = \int_0^t v_\mathrm{d} \mathrm{d}t = \frac{1}{c} \int_{r_0}^{r_\mathrm{d}} v_\mathrm{d} \mathrm{d}r_\mathrm{d} \tag{9.23}$$

式中，z_0 是凝结核进入研究区域时的相对高度。设凝结层下边界处 $z_0 = 0$，上边界处 $z_0 = h$，h 为凝结层的厚度。

假设凝结核半径的分布范围为 $r_{0\min} \sim r_{0\max}$，其分布函数设为 $f(r_0)$，则半径在 $r_0 \to r_0 + \mathrm{d}r_0$ 范围内的凝结核密度为 $\mathrm{d}n(r_0) = f(r_0)\mathrm{d}r_0$，这部分粒子进入凝结层时速度为 v_{d0}。当这部分粒子运动到 z 点时，其半径增大至 $r_\mathrm{d}(r_0, z)$，相应的粒子密度变为 $\mathrm{d}n(r_0, z)$，速度变为 $v_\mathrm{d}(r_0, z) = v_\mathrm{d}(r_0, r_\mathrm{d}(r_0, z))$。根据粒子数守恒定律，颗粒密度满足

$$v_{d0}\mathrm{d}n(r_0) = v_\mathrm{d}(r_0, z)\mathrm{d}n(r_0, z) \tag{9.24}$$

高度 z 处总的冰晶颗粒密度可由下述积分求得：

$$n_\mathrm{d}(z) = \int \mathrm{d}n(r_0, z) = \int_{r_{0\min}}^{r_{0\max}} \frac{v_{d0} f(r_0)}{v_\mathrm{d}(r_0, z)} \mathrm{d}r_0 \tag{9.25}$$

高度 z 处冰晶颗粒的平均半径为

$$\overline{r}_\mathrm{d}(z) = \frac{\int r_\mathrm{d}(z)\mathrm{d}n(r_0, z)}{n_\mathrm{d}(z)} \tag{9.26}$$

通过对凝结核的所有半径值进行积分，就可以得到 n_d 和 $\overline{r}_\mathrm{d}$ 的稳定分布。

为使计算简便，将上述物理量无量纲化，令 $V_\mathrm{d} = v_\mathrm{d}/v_\mathrm{n}$，$\rho = \rho_\mathrm{d}/\rho_0$，$R_0 = r_0/r_c$，$R_\mathrm{d} = r_\mathrm{d}/r_c$，$T = t/t_c$，$Z = (z - z_0)/z_c$。式中 $t_c = r_c/c$，表示冰晶颗粒半径由 r_d 生

长至 $r_d + r_c$ 所用的时间，它可以表征冰晶的生长时间尺度。$z_c = v_n t_c$，表示在 t_c 时间段内中性风的运动距离。

冰晶颗粒的无量纲速度 V_d 表达式为

$$V_d = 1 - \rho R_d - (1 - \rho) \frac{R_0^3}{R_d^2} \tag{9.27}$$

冰晶颗粒的无量纲位置坐标 Z 与 T 和 R_d 的关系式分别为

$$Z(R_0, T) = T - \frac{1}{2} \rho T(T + 2R_0) - (1 - \rho) R_0^2 \frac{T}{T + R_0} \tag{9.28}$$

$$Z(R_0, R_d) = R_d - R_0 - \frac{1}{2} \rho (R_d^2 - R_0^2) + (1 - \rho) R_0^3 \left(\frac{1}{R_d} - \frac{1}{R_0} \right) \tag{9.29}$$

冰晶颗粒密度和无量纲半径随高度 Z 的分布为

$$n_d(Z) = n_0 \int_{R_{0\min}}^{R_{0\max}} \frac{V_{d0} F(R_0)}{V_d [R_0, R_d(R_0, Z)]} dR_0 \tag{9.30}$$

$$\bar{R}_d(Z) = \frac{n_0}{n_d(Z)} \int_{R_{0\min}}^{R_{0\max}} \frac{R_d(Z) V_{d0} F(R_0)}{V_d [R_0, R_d(R_0, Z)]} dR_0 \tag{9.31}$$

式中，n_0 是凝结层边界处凝结核的总密度，设为 $5 \times 10^8 \mathrm{m}^{-3}$[29]。归一化的半径分布函数 $F(R_0)$ 满足 $\int_{R_{0\min}}^{R_{0\max}} F(R_0) dR_0 = 1$。

9.5 极区中层顶尘埃等离子体输运模型

下面将建立 PMSE 区尘埃等离子体的输运模型，以计算冰晶颗粒密度和半径的空间分布对等离子体输运的影响[20]。考虑电离、电子-离子复合和冰晶颗粒对离子的吸附过程，离子的连续性方程为

$$\frac{\partial n_i}{\partial t} + \frac{\partial (n_i v_i)}{\partial z} = Q - K_{re} n_i n_e - v_{id}^{\mathrm{coll}} n_i \tag{9.32}$$

式中，n_i 表示离子密度。忽略重力作用，由漂移扩散近似可得离子迁移速度 v_i 为

$$v_i = \frac{eE}{m_i v_{in}} - \frac{k_B T_g}{m_i v_{in}} \frac{1}{n_i} \frac{\partial n_i}{\partial z} \tag{9.33}$$

式中，m_i 表示离子的平均质量；v_{in} 表示离子和中性粒子的动量转移频率；E 表示

竖直方向的电场强度大小。因为电子的扩散系数和迁移率比离子对应的输运系数大得多，所以竖直方向的电场强度主要由电子的密度梯度决定：

$$E = -\frac{k_B T_g}{e} \frac{1}{n_e} \frac{\partial n_e}{\partial z} \tag{9.34}$$

由 Hill 等[30]提出的理论可知，离子和中性粒子的动量转移频率 ν_{in} 的经验公式为

$$\nu_{in} = 2.6 \times 10^{-15} n_n \left(0.78 \frac{28}{M_i + 28} \sqrt{1.74 \frac{M_i + 28}{28 M_i}} \right.$$
$$\left. + 0.21 \frac{32}{M_i + 32} \sqrt{1.57 \frac{M_i + 32}{32 M_i}} + 0.01 \frac{40}{M_i + 40} \sqrt{1.64 \frac{M_i + 40}{40 M_i}} \right) \tag{9.35}$$

式中，$M_i = m_i / m_u$。在典型的 PMSE 区域中，有多种带一个单位正电荷的离子，如 N_2^+、O_2^+、NO^+和$^+(H_2O)_n$ 等。根据文献[31]，在约 85km 高度处，设离子的平均质量 m_i 为质子质量 m_u 的 50 倍。

在约 85km 高度处，式（9.32）右侧第一项描述的电子和离子产生速率 Q 设为 $3.6 \times 10^7 \mathrm{m}^{-3} \cdot \mathrm{s}^{-1}$，右侧第二项中电子-离子复合速率系数 $K_{re} = 10^{-12} \mathrm{m}^3 / \mathrm{s}$ [10]，则无冰晶颗粒时，电子和离子密度 $n_0 = 6 \times 10^9 \mathrm{m}^{-3}$。右侧第三项表示离子在冰晶颗粒表面的损耗，吸附率 $\nu_{id}^{coll} = \sum n_q \nu_{i,q}$，$n_q$ 表示带 q 个电荷的冰晶颗粒的密度，$\nu_{i,q}$ 表示带 q 个电荷的冰晶颗粒对离子的捕获率。在 PMSE 区，冰晶颗粒只携带少数的几个电荷，需要用离散充电模型[32,33]来描述其充电过程。根据离散充电模型，冰晶颗粒对离子的捕获率为

$$\nu_{i,q \leqslant 0} = \pi r_d^2 \nu_{i,th} \left(1 + C_q \sqrt{\frac{e^2}{16 \varepsilon_0 k_B T_g r_d}} + D_q \frac{|q| e^2}{4 \pi \varepsilon_0 k_B T_g r_d} \right) \tag{9.36}$$

式中，冰晶颗粒半径 r_d 由式（9.26）求得的平均半径 $\bar{r}_d$ 表示；离子的热运动速度 $\nu_{i,th} = \left(8 k_B T_g / (\pi m_i) \right)^{1/2}$；$C_q$ 和 D_q 的取值如表 9.1[34]所示。

带 q 个电荷的冰晶颗粒对电子的捕获率[34]为

$$\nu_{e,q \geqslant 0} = \pi r_d^2 \nu_{e,th} \left(1 + C_q \sqrt{\frac{e^2}{16 \varepsilon_0 k_B T_g r_d}} + D_q \frac{|q| e^2}{4 \pi \varepsilon_0 k_B T_g r_d} \right) \tag{9.37}$$

$$\nu_{e,q < 0} = \pi r_d^2 \gamma_q^2 \nu_{e,th} \exp \left[-\frac{|q| e^2}{4 \pi \varepsilon_0 k_B T_g r_d \gamma_q} \left(1 - \frac{1}{2 \gamma_q (\gamma_q^2 - 1) |q|} \right) \right] \tag{9.38}$$

电子的热运动速度 $v_{\text{e,th}} = \left(8k_{\text{B}}T_{\text{g}} / (\pi m_{\text{e}})\right)^{1/2}$，$\gamma_q$ 满足关系式[35]：

$$-q = \frac{2\gamma_q^2 - 1}{\gamma_q \left(\gamma_q^2 - 1\right)^2} \tag{9.39}$$

在重力和中性曳力的作用下，冰晶颗粒总密度 $n_{\text{d}} = \sum n_q$ 能达到稳定分布，但是带 q 个电荷的冰晶密度分量 n_q 在充电过程中是随时间变化的。带 q 个电荷的冰晶颗粒连续性方程为

$$\frac{\partial n_q}{\partial t} = n_{q+1}v_{\text{e},q+1}n_{\text{e}} + n_{q-1}v_{\text{i},q-1}n_{\text{i}} - (n_q v_{\text{e},q}n_{\text{e}} + n_q v_{\text{i},q}n_{\text{i}}) \tag{9.40}$$

上式中"源"项为：带 $q+1$ 个电荷的冰晶颗粒吸附一个电子，电荷变为 q；带 $q-1$ 个电荷的冰晶颗粒吸附一个离子，电荷变为 q。"汇"项为：带 q 个电荷的冰晶颗粒吸附一个电子或离子，电荷量改变。PMSE 区域单个冰晶颗粒一般至多携带两个负电荷[10,36]，因此 q 的值设为 -2、-1、0 和 1。

表 9.1 冰晶颗粒对电子、离子捕获率表达式中的参数取值

q	C_q	D_q
0	1.41	—
−1	1.00	1.78
−2	0.95	1.58
−3	0.92	1.49
−4	0.90	1.43

注：$q = 0$ 时，D_q 可以为任意值[34]。

根据 PMSE 区典型的等离子体参数，德拜半径约为 9mm，远小于 PMSE 区等离子体密度结构米量级的空间尺度，因此该处尘埃等离子体满足准中性条件：

$$n_{\text{i}} + \sum_q q n_q = n_{\text{e}} \tag{9.41}$$

电子密度 n_{e} 的分布可由准中性条件求得。式（9.32）～式（9.41）构成了 PMSE 区域的动态输运模型。先根据 9.2 节的生长和运动模型求解冰晶颗粒密度和半径的空间分布，再结合该输运模型，便可求得电子和离子密度的空间分布。

选取 85km 高度处的环境参数：中性粒子密度 $n_{\text{n}} = 2.3 \times 10^{20}\,\text{m}^{-3}$[37]，水分子密度 $n_{\text{w}} = 2.5 \times 10^{14}\,\text{m}^{-3}$[28]，温度 $T_{\text{g}} = 150\text{K}$，冰的密度 $\rho_{\text{d}} = 1 \times 10^3\,\text{kg/m}^3$，中性风速

度 $v_n = 3\text{cm/s}$ [21]，凝结核的密度 $\rho_0 = 2.7 \times 10^3\,\text{kg/m}^3$。则冰晶生长速率 $c = n_w m_w v_{w,\text{th}} / (4\rho_d) \approx 7.8 \times 10^{-4}\,\text{nm/s}$。这里只考虑初始半径 $r_0 > r_c$ 从上边界降入凝结层和初始半径 $r_0 \leqslant r_c$ 从下边界升入凝结层的凝结核生长和运动。

9.6　冰晶颗粒的速度和运动轨迹

图 9.12 表示不同初始半径的情况下，冰晶颗粒速度 V_d 和半径 R_d 的对应关系。冰晶颗粒初始速度和初始半径的关系为 $V_{d0} = 1 - R_0$，如图中黑色实线所示[20]。初始半径 $R_0 \leqslant 1$ 时，$V_{d0} \geqslant 0$，凝结核从下边界上升至凝结区域；初始半径 $R_0 > 1$ 时，$V_{d0} < 0$，凝结核从上边界降落到凝结区域。在初始时刻，$R_d = R_0$，$\partial V_d / \partial R_d = 2 - 3\rho > 0$ $(\rho = 1/2.7)$，向上运动的颗粒做加速运动，向下运动的颗粒做减速运动。之后随着颗粒生长，R_d 逐渐增大，$\partial V_d / \partial R_d = -\rho + 2(1-\rho)R_0^3 / R_d^3 < 0$，颗粒的加速度指向下方，最终所有颗粒都向下运动。

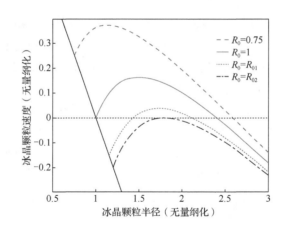

图 9.12　冰晶颗粒速度 V_d 和冰晶颗粒半径 R_d 的对应关系

凝结区域下边界附近冰晶颗粒的运动轨迹如图 9.13 所示，这些颗粒升入凝结区域后，随着冰晶颗粒半径 R_d 增大，重力增大较快，颗粒开始做减速运动，直到速度变为零，之后向下做加速运动直到从下边界离开凝结区域。所有从下边界上升的颗粒都将在 $Z_m < Z < Z_M$ 的范围内折回，Z_m 是初始半径 $R_0 = 1$ 的冰晶颗粒能到达的最大高度，Z_M 是初始半径 $R_0 = R_{0\min} = 0.5$ 能到达的最大高度。联立方程 $V_d(R_0, R_d) = 0$ 和 $Z(R_0, R_d) = Z_m$，可得 $Z_m = 0.1512$；联立方程 $V_d(R_0, R_d) = 0$ 和 $Z(R_0, R_d) = Z_M$，得到 $Z_M = 0.7682$。

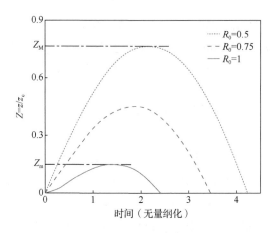

图 9.13　凝结区域下边界附近冰晶颗粒的运动轨迹

　　凝结区域上边界附近冰晶颗粒的运动轨迹如图 9.14 所示,可以根据初始半径 R_0 的取值范围对运动轨迹进行分类。当 $1 < R_0 < R_{01}$ 时,随着冰晶颗粒降落,中性曳力的增长速率大于重力的增长速率,颗粒所受合力指向上方,向下做减速运动,直到速度变为零,然后向上折返,直至从上边界离开凝结区域。当 $R_0 = R_{01}$ 时,颗粒在 $Z = Z_1$ 处向上折返,运动到上边界 $Z = 0$ 处,其速度恰好为零,随后再次向下运动进入凝结区域。当 $R_{01} < R_0 < R_{02}$ 时,冰晶颗粒在 $Z_2 < Z < Z_1$ 的范围内向上折返,然后在到达上边界之前再次向下运动。当 $R_0 = R_{02}$ 时,颗粒进入凝结区域后向下做减速运动到 $Z = Z_2$ 处,速度变为零,此时加速度也恰好为零,随后重力超过中性曳力,颗粒继续向下做加速运动。当 $R_0 > R_{02}$ 时,颗粒进入凝结区域后持续向下运动,没有发生折返。联立方程 $V_d(R_0, R_d) = 0$ 和 $Z(R_0, R_d) = 0$,可得 $R_{01} = 1.1519$;联立方程 $V_d(R_0, R_d) = 0$ 和 $\partial V_d / \partial R_d = 0$,可得 $R_{02} = 1.197$。

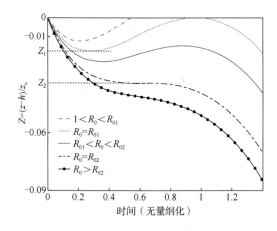

图 9.14　凝结区域上边界附近冰晶颗粒的运动轨迹

从图 9.13 和图 9.14 可以看到,特定初始半径的凝结核会在凝结区域边界附近多次折返,因此冰晶颗粒会在该区域聚集,形成一些小尺度密度结构。

9.7　冰晶颗粒密度和半径分布对等离子体分布的影响

由于凝结区域上下边界附近冰晶颗粒的运动规律不同,所以分开讨论上下边界附近冰晶颗粒的参数分布及其对等离子体的影响[20]。

9.7.1　下边界附近冰晶颗粒参数分布

首先求解凝结区域下边界附近冰晶颗粒的密度和半径分布。从图 9.13 可以看到, 所有初始半径 $R_0 \leqslant 1$ 的冰晶颗粒都会两次经过 $0 < Z < Z_m$ 区域,因此这些颗粒对该区域的密度有两次贡献;而在 $Z_m < Z < Z_M$ 区域内,只有能够到达 Z 点的颗粒才对该点的密度有贡献。凝结区域下边界附近冰晶颗粒密度和平均半径可由下列积分求得:

$$n_d(Z) = n_0 \int_{0.5}^{R_{0Z}} V_{d0} F(R_0) \left[\frac{1}{V_{d1}(R_0, R_{d1})} + \frac{1}{|V_{d2}(R_0, R_{d2})|} \right] dR_0 \qquad (9.42)$$

$$\overline{R}_d(Z) = \frac{n_0}{n_d(Z)} \int_{0.5}^{R_{0Z}} V_{d0} F(R_0) \left[\frac{R_{d1}}{V_{d1}(R_0, R_{d1})} + \frac{R_{d2}}{|V_{d2}(R_0, R_{d2})|} \right] dR_0 \qquad (9.43)$$

式中, R_{d1} 和 R_{d2} 分别表示颗粒两次经过 Z 点时的半径; V_{d1} 和 V_{d2} 分别为对应的速度;积分上限 R_{0Z} 由式(9.44)决定:

$$R_{0Z} = \begin{cases} 1, & \text{当 } 0 < Z \leqslant Z_m \\ \text{求解}\left(Z(R_{0Z}, R_d) = Z; V_d(R_{0Z}, R_d) = 0\right), & \text{当 } Z_m < Z < Z_M \end{cases} \qquad (9.44)$$

Berger 等[38]的工作表明极区中层顶冰晶颗粒的半径接近高斯分布,因此这里假设凝结核的半径分布函数 $F(R_0)$ 为高斯函数:

$$F(R_0) = A \exp[-(R_0 - R_{00})^2 / \Delta^2] \qquad (9.45)$$

式中, R_{00} 为分布函数中心的半径,设为 0.8; $\Delta = 0.03$ 为特征宽度; $A = 18.8$ 为归一化系数。冰晶颗粒密度和平均半径的空间分布如图 9.15 所示。可以看到在冰晶颗粒的密度分布中有一个尖峰结构,其半高宽度约为 5m,与前人理论工作[10,39]中假设的冰晶颗粒密度结构尺度以及 1994 年 7 月 ECT02 实验中探空火箭测量的数据[5]一致。冰晶颗粒的平均半径随高度升高由 7nm 增大至 11nm。

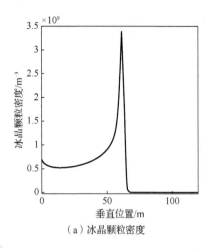

（a）冰晶颗粒密度

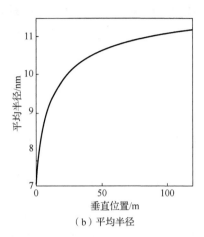

（b）平均半径

图 9.15　下边界附近冰晶颗粒的密度及平均半径的空间分布

相对于离子，电子的质量轻、迁移率较大，所以冰晶颗粒很快就会吸附电子带上一个负电荷，这导致电子密度 n_e 在有冰晶的区域急剧下降，如图 9.16（a）所示，电子下降幅度 $\Delta n_e \approx (n_{-1} + 2n_{-2})/2$，与 Lie-Svendsen 等[10]在扩散平衡近似下得到的结果一致。较大的电子密度梯度会产生压力梯度力，电子在该力的作用下向损耗区扩散。电子的扩散运动会立即导致微弱的空间电荷不平衡，产生极化电场。这一电场阻碍了电子的扩散，同时拉动离子向冰晶区域扩散，最终电子和离子以相同的流量向冰晶区域运动，即达到双极性扩散状态。由于在双极性电场下的扩散过程中，离子密度 n_i 在 $z = 60\text{m}$ 附近大幅度增加，如图 9.16（b）所示。携带一个负电荷的冰晶颗粒密度 n_{-1} 的分布如图 9.16（c）所示。

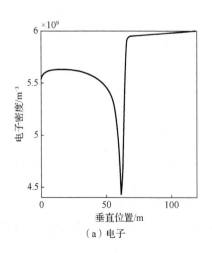

（a）电子

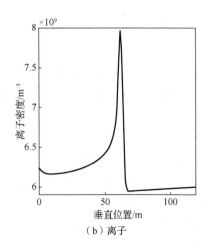

（b）离子

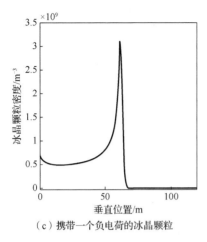
（c）携带一个负电荷的冰晶颗粒

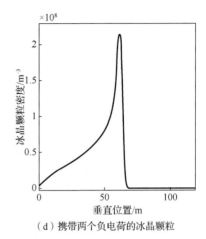
（d）携带两个负电荷的冰晶颗粒

图 9.16　$t=1000$s 时下边界附近各粒子密度的空间分布

由于冰晶颗粒吸附作用和等离子体双极性扩散过程，电子密度 n_e 与带一个负电荷的冰晶颗粒密度 n_{-1} 及离子密度 n_i 负相关。n_e 和 n_{-1} 的负相关性与图 9.17[40] 所示的 1994 年 ECT02 实验中探空火箭观测的结果一致，n_e 和 n_i 的负相关性也在很多实验中被探空火箭观测到，比如图 9.18[10]所示的 1993 年的 SCT-06 实验。另外，结合图 9.15（b）和图 9.16（c）可以看到，冰晶颗粒的平均半径由 7nm 增大至 11nm 时，带一个负电荷的冰晶颗粒密度占总密度的比例由 97.5%降至 85.1%。图 9.16（d）表示的是带两个负电荷的冰晶颗粒密度，随着颗粒半径由 7nm 增大至 11nm，该密度占比从 0.53%增大至 13.6%，说明冰晶颗粒半径越大，其携带的负电荷越多，这与 Havnes 等[41]的观测结果以及 Rapp 等[36]的理论计算结果相符。冰晶颗粒能吸附一个正离子而携带正电荷，但这一带正电荷的冰晶颗粒很容易吸附一个电子变为中性粒子，所以携带一个正电荷的冰晶颗粒密度很小，均小于 $10^5 \mathrm{m}^{-3}$，比其他带电颗粒的密度低四至五个量级，可以忽略不计。

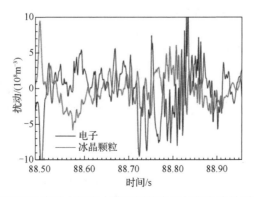

图 9.17　1994 年 ECT02 实验中探空火箭观测的电子与带电冰晶颗粒的密度扰动[40]
（扫封底二维码查看彩图）

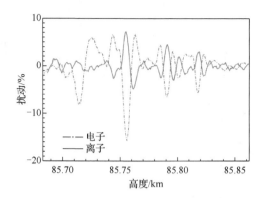

图 9.18　1993 年 SCT-06 实验中探空火箭观测到的电子与
离子密度相对变化[10]

9.7.2　上边界附近冰晶颗粒参数分布

定义上边界附近高度的无量纲量 $Z = (z - h)/z_c$。考虑半径 $R_0 > 1$ 的凝结核从上边界落入凝结层，冰晶颗粒密度和平均半径的表达式由式（9.30）和式（9.31）决定，其中积分下限 $R_{0min} = 1$，积分上限 R_{0max} 的取值较为复杂，由 Z 的范围决定，下面分区域进行讨论。

当 $Z_1 < Z < 0$ 时，给定 Z 值，半径为 R_{0Z1} 的凝结核在 Z 点折返后向上运动，半径为 R_{0Z2} 的凝结核在 Z 点折返后向下运动，如图 9.19 所示。

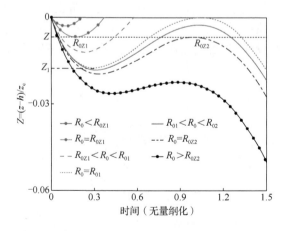

图 9.19　凝结区域上边界附近冰晶颗粒的运动轨迹
（扫封底二维码查看彩图）

联立方程 $V_d(R_{0Z}, R_d) = 0$ 及 $Z(R_{0Z}, R_d) = Z$ 可求出 R_{0Z1} 和 R_{0Z2} 的具体值。冰晶颗粒对其密度的贡献按照初始半径的值可进行如下分类。

（1）半径 $R_0 < R_{0Z1}$ 的凝结核无法到达 Z 点，对 Z 点冰晶颗粒密度没有贡献。

（2）半径 $R_{0Z1} < R_0 < R_{01}$ 的凝结核进入凝结层后两次经过 Z 点，对 $n_d(Z)$ 贡献两次，由式（9.29）可求得颗粒两次经过 Z 点时的半径分别为 R_{d31} 和 R_{d32}，由式（9.27）得出与之对应的速度为 V_{d31} 和 V_{d32}。

（3）半径 $R_{01} < R_0 < R_{0Z2}$ 的凝结核进入凝结层后三次经过 Z 点，由式（9.29）可求得颗粒经过 Z 点时的半径分别为 R_{d41}、R_{d42} 及 R_{d43}，由式（9.27）得出与之对应的速度为 V_{d41}、V_{d42} 及 V_{d43}。

（4）半径 $R_0 > R_{0Z2}$ 的凝结核进入凝结层后仅经过 Z 点一次，由式（9.29）和式（9.27）求得颗粒经过 Z 点时的半径和速度分别为 R_{d5}、V_{d5}。

将上述所有值代入式（9.30）和式（9.31），可得 $Z_1 < Z < 0$ 范围内冰晶颗粒密度和平均半径为

$$
\begin{aligned}
n_d(Z) = & n_0 \int_{R_{0Z1}}^{R_{01}} |V_{d0}| F(R_0) \left[\frac{1}{|V_{d31}(R_0, R_{d31})|} + \frac{1}{V_{d32}(R_0, R_{d32})} \right] dR_0 \\
& + n_0 \int_{R_{01}}^{R_{0Z2}} |V_{d0}| F(R_0) \left[\frac{1}{|V_{d41}(R_0, R_{d41})|} + \frac{1}{V_{d42}(R_0, R_{d42})} + \frac{1}{|V_{d43}(R_0, R_{d43})|} \right] dR_0 \\
& + n_0 \int_{R_{0Z2}}^{R_{0\max}} \frac{|V_{d0}| F(R_0)}{|V_{d5}(R_0, R_{d5})|} dR_0
\end{aligned}
\tag{9.46}
$$

$$
\begin{aligned}
\overline{R}_d(Z) = & \frac{n_0}{n_d(Z)} \int_{R_{0Z1}}^{R_{01}} |V_{d0}| F(R_0) \left[\frac{R_{d31}}{|V_{d31}(R_0, R_{d31})|} + \frac{R_{d32}}{V_{d32}(R_0, R_{d32})} \right] dR_0 \\
& + \frac{n_0}{n_d(Z)} \int_{R_{01}}^{R_{0Z2}} |V_{d0}| F(R_0) \left[\frac{R_{d41}}{|V_{d41}(R_0, R_{d41})|} + \frac{R_{d42}}{V_{d42}(R_0, R_{d42})} + \frac{R_{d43}}{|V_{d43}(R_0, R_{d43})|} \right] dR_0 \\
& + \frac{n_0}{n_d(Z)} \int_{R_{0Z2}}^{R_{0\max}} \frac{R_{d5} |V_{d0}| F(R_0)}{|V_{d5}(R_0, R_{d5})|} dR_0
\end{aligned}
\tag{9.47}
$$

当 $Z_2 < Z < Z_1$ 时，如前文所述，给定 Z 值时，首先求出在 Z 点折返的两种凝结核的初始半径 R_{0Z3} 和 R_{0Z4}，然后讨论各半径范围内凝结核对 Z 点冰晶颗粒密度的贡献次数。半径 $R_0 < R_{01}$ 的凝结核无法到达 Z 点，对 Z 点的冰晶颗粒密度没有贡献；半径 $R_{01} < R_0 < R_{0Z3}$ 的凝结核进入凝结层后仅经过 Z 点一次，由式（9.29）

可求得颗粒经过 Z 点时的半径为 R_{d6}，由式（9.27）得出与之对应的速度为 V_{d6}；半径 $R_{0Z3} < R_0 < R_{0Z4}$ 的凝结核进入凝结层后三次经过 Z 点，彼时的半径分别为 R_{d71}、R_{d72} 及 R_{d73}，与之对应的速度为 V_{d71}、V_{d72} 及 V_{d73}；半径 $R_0 > R_{0Z4}$ 的凝结核进入凝结层后经过 Z 点一次，由式（9.29）和式（9.27）求得颗粒经过 Z 点时的半径和速度分别为 R_{d8}、V_{d8}。将上述所有值代入式（9.30）和式（9.31），可得 $Z_2 < Z < Z_1$ 范围内冰晶颗粒密度和平均半径为

$$n_d(Z) = n_0 \int_{R_{01}}^{R_{0Z3}} \frac{|V_{d0}|F(R_0)}{|V_{d6}(R_0, R_{d6})|} dR_0 + n_0 \int_{R_{0Z4}}^{R_{0max}} \frac{|V_{d0}|F(R_0)}{|V_{d8}(R_0, R_{d8})|} dR_0$$
$$+ n_0 \int_{R_{0Z3}}^{R_{0Z4}} |V_{d0}|F(R_0) \left[\frac{1}{|V_{d71}(R_0, R_{d71})|} + \frac{1}{V_{d72}(R_0, R_{d72})} + \frac{1}{|V_{d73}(R_0, R_{d73})|} \right] dR_0$$

$$（9.48）$$

$$\overline{R}_d(Z) = \frac{n_0}{n_d(Z)} \int_{R_{01}}^{R_{0Z3}} \frac{R_{d6}|V_{d0}|F(R_0)}{|V_{d6}(R_0, R_{d6})|} dR_0 + \frac{n_0}{n_d(Z)} \int_{R_{0Z4}}^{R_{0max}} \frac{R_{d8}|V_{d0}F(R_0)}{|V_{d8}(R_0, R_{d8})|} dR_0$$
$$+ \frac{n_0}{n_d(Z)} \int_{R_{0Z3}}^{R_{0Z4}} |V_{d0}|F(R_0) \left[\frac{R_{d71}}{|V_{d71}(R_0, R_{d71})|} + \frac{R_{d72}}{V_{d72}(R_0, R_{d72})} + \frac{R_{d73}}{|V_{d73}(R_0, R_{d73})|} \right] dR_0$$

$$（9.49）$$

当 $Z < Z_2$ 时，所有 $R_0 \geqslant R_{01}$ 的颗粒均仅经过 Z 点一次。由式（9.29）和式（9.27）求得颗粒经过 Z 点时的半径和速度分别为 R_{d9} 和 V_{d9}。将上述所有值代入式（9.30）和式（9.31），可得 $Z < Z_2$ 时冰晶颗粒密度和平均半径为

$$n_d(Z) = n_0 \int_{R_{01}}^{R_{0max}} \frac{|V_{d0}|F(R_0)}{|V_{d9}(R_0, R_{d9})|} dR_0 \tag{9.50}$$

$$\overline{R}_d(Z) = \frac{n_0}{n_d(Z)} \int_{R_{01}}^{R_{0max}} \frac{R_{d9}|V_{d0}|F(R_0)}{|V_{d9}(R_0, R_{d9})|} dR_0 \tag{9.51}$$

设上边界处凝结核总密度 $n_0 = 5 \times 10^8 \, \mathrm{m}^{-3}$，凝结核的最大半径 R_{0max} 取为 1.3，半径分布函数 $F(R_0)$ 满足高斯分布，分布函数中心的半径 $R_{00} = 1.08$，特征宽度 $\Delta = 0.01$，对应的归一化系数 $A = 56.4$。上边界附近冰晶颗粒的密度及平均半径空间分布的计算结果如图 9.20 所示，冰晶颗粒密度分布具有米量级的薄层结构，这一结构尺度与前人理论工作中假设的冰晶颗粒密度结构尺度以及实验观测到的结构尺度一致。在这一薄层结构中冰晶颗粒的平均半径为 5～5.7nm。

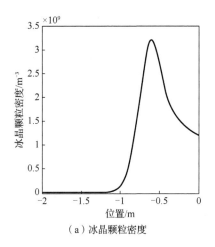

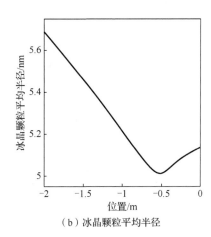

（a）冰晶颗粒密度　　　　　　　　　　（b）冰晶颗粒平均半径

图 9.20　上边界附近冰晶颗粒密度和平均半径的空间分布

基于图 9.20 所示的冰晶颗粒密度和平均半径的空间分布，根据前文所述的输运模型，可以求得电子、离子以及携带不同电荷的冰晶颗粒的密度分布，结果如图 9.21 所示。由于冰晶颗粒对电子的吸附作用，电子密度与冰晶颗粒密度负相关，如图 9.21（a）所示。由于双极性扩散过程，离子密度在冰晶区域明显增大，如图 9.21（b）所示。电子密度的减少量 Δn_e 和离子密度的增加量 Δn_i 满足 $\Delta n_e \approx \Delta n_i \approx \left(n_{-1} + 2 n_{-2} \right) / 2$，这与扩散平衡近似[10]下的结果相一致。从图 9.21（c）和图 9.21（d）可以看到，约 97% 的冰晶颗粒携带了一个负电荷，只有极少的颗粒携带两个负电荷，这对于半径稍大于 5nm 的冰晶颗粒来说是合理的。

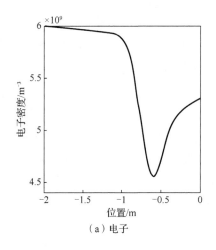

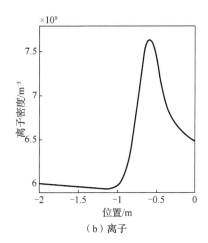

（a）电子　　　　　　　　　　　　　（b）离子

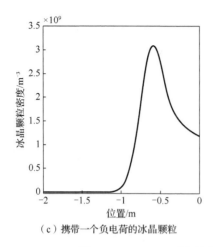
（c）携带一个负电荷的冰晶颗粒

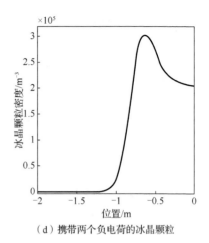
（d）携带两个负电荷的冰晶颗粒

图 9.21　$t = 1000\text{s}$ 时上边界附近各粒子密度的空间分布

9.8　尘埃等离子体密度结构空间尺度影响因素

中性风速度、水分子密度和海拔高度会影响冰晶生长和运动的时空尺度，进而影响冰晶颗粒密度不规则结构的空间尺度。下面将分别讨论这些因素对尘埃等离子体密度结构空间尺度的影响[20]。

9.8.1　中性风速度对尘埃等离子体密度结构空间尺度的影响

其他条件保持不变，将中性风速度 v_n 由 3cm/s 变化至 5cm/s，探究不同风速对应的凝结区域下边界及上边界附近的冰晶颗粒密度、冰晶颗粒平均半径、电子密度和离子密度的空间分布，结果如图 9.22 和图 9.23 所示。随着中性风速度增大，冰晶颗粒和电子、离子密度不规则结构的空间尺度变大。因为风速越大，生长模型中凝结核的临界半径 r_c 越大，冰晶颗粒生长运动的时间尺度 t_c 和空间尺度 z_c 越大。另外，从图 9.22（c）、（d）可以看到，随着风速变大，下边界附近电子密度和离子密度的变化幅度明显增大，这是因为冰晶颗粒的平均半径随着冰晶生长时间尺度的延长而增大，如图 9.22（b）所示，此时冰晶颗粒对等离子输运的影响增强。电子密度和离子密度在上边界附近的变化幅度受风速的影响较小，如图 9.23（c）、（d）所示。

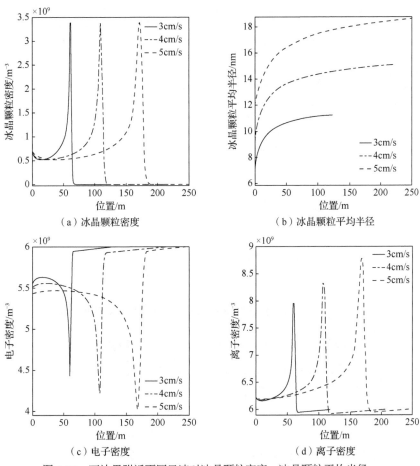

（a）冰晶颗粒密度　　　　　　　　　　（b）冰晶颗粒平均半径

（c）电子密度　　　　　　　　　　　（d）离子密度

图 9.22　下边界附近不同风速对冰晶颗粒密度、冰晶颗粒平均半径、
电子密度、离子密度分布的影响

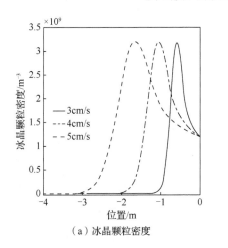

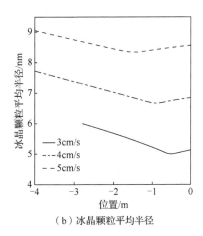

（a）冰晶颗粒密度　　　　　　　　　　（b）冰晶颗粒平均半径

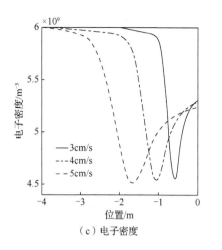

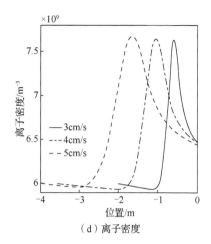

（c）电子密度　　　　　　　　　　　（d）离子密度

图 9.23　上边界附近不同风速对冰晶颗粒密度、冰晶颗粒平均半径、
电子密度、离子密度分布的影响

9.8.2　水分子密度对尘埃等离子体密度结构空间尺度的影响

通过改变冰晶颗粒的生长速率 c，可以影响冰晶颗粒密度结构的空间尺度。随着水分子密度的增大，各粒子密度不规则结构的空间尺度减小，如图 9.24 和图 9.25 所示。因为水分子密度越大，冰晶生长速率越大，冰晶生长和运动的时间尺度越短，冰晶颗粒可以更快地达到折返条件，即折返点离边界越近，所以冰晶颗粒密度结构的空间尺度变小。因为电子密度和离子密度与冰晶颗粒密度存在相关性，所以其密度结构的空间尺度也随水分子密度的增大而减小。

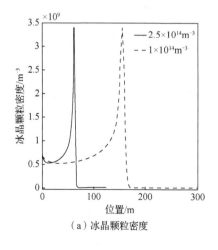

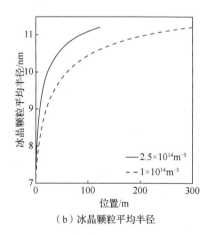

（a）冰晶颗粒密度　　　　　　　　　　（b）冰晶颗粒平均半径

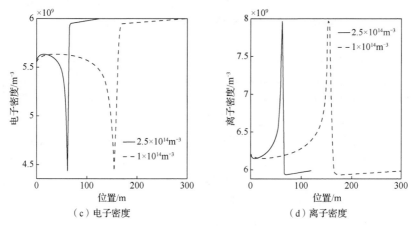

（c）电子密度　　　　　　　　　　　　（d）离子密度

图 9.24　下边界附近不同水分子密度对冰晶颗粒密度、冰晶颗粒平均半径、
电子密度、离子密度分布的影响

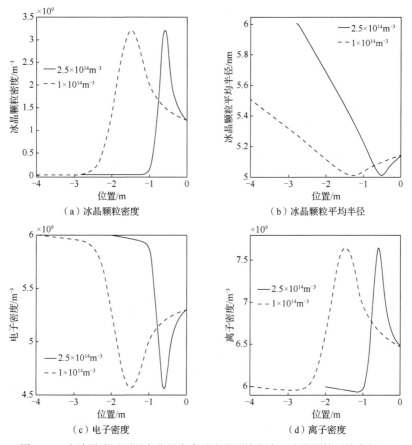

（a）冰晶颗粒密度　　　　　　　　　　　（b）冰晶颗粒平均半径

（c）电子密度　　　　　　　　　　　　（d）离子密度

图 9.25　上边界附近不同水分子密度对冰晶颗粒密度、冰晶颗粒平均半径、
电子密度、离子密度分布的影响

9.8.3　海拔高度对尘埃等离子体密度结构空间尺度的影响

海拔高度主要影响中性粒子密度 n_n，离子种类，离子质量 m_i，等离子体产生速率 Q，电子、离子复合速率系数 K_{re} 以及无冰晶颗粒时的等离子体密度 n_0。

除了之前计算的 85km 高度，这里考虑 82km 和 88km 高度处冰晶颗粒密度和平均半径分布，以及对应的电子密度和离子密度分布。82km 和 88km 是常见的 PMSE 区域的上下边界[10]。根据文献[25]、[36]、[42]：在 82km 高度处，正离子主要是 $(H_3O)^+(H_2O)_3$ 离子簇，离子质量 $m_i = 73m_u$，其他参数 $n_n = 4.2 \times 10^{20}\,\mathrm{m}^{-3}$，$Q = 6.3 \times 10^7\,\mathrm{m}^{-3} \cdot \mathrm{s}^{-1}$，$K_{re} = 7 \times 10^{-12}\,\mathrm{m}^3/\mathrm{s}$，$n_0 = 3 \times 10^9\,\mathrm{m}^{-3}$；在 88km 高度处，正离子主要是 NO^+，离子质量 $m_i = 30m_u$，$n_n = 1.1 \times 10^{20}\,\mathrm{m}^{-3}$，$Q = 6 \times 10^7\,\mathrm{m}^{-3} \cdot \mathrm{s}^{-1}$，$K_{re} = 6 \times 10^{-13}\,\mathrm{m}^3/\mathrm{s}$，$n_0 = 1 \times 10^{10}\,\mathrm{m}^{-3}$。不同海拔高度对应的冰晶颗粒密度、冰晶颗粒平均半径、电子密度及离子密度相对变化的空间分布如图 9.26 和图 9.27 所示。

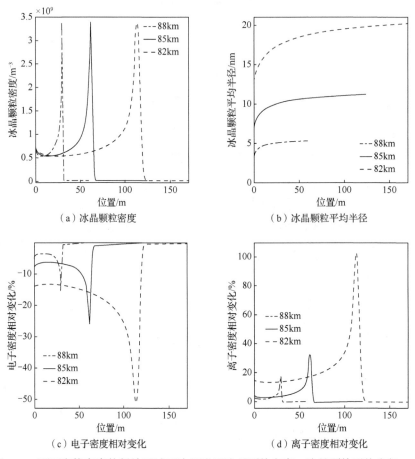

（a）冰晶颗粒密度　　　　　　　　　　（b）冰晶颗粒平均半径

（c）电子密度相对变化　　　　　　　　（d）离子密度相对变化

图 9.26　不同海拔高度的凝结区域下边界附近冰晶颗粒密度、冰晶颗粒平均半径、电子密度及离子密度相对变化的空间分布

不同高度处无冰晶颗粒时的等离子体密度 n_0 相差很大，为了方便对比，图中用相对变化值 $\Delta n_e/n_0$ 和 $\Delta n_i/n_0$ 来描述各海拔高度对应的电子密度和离子密度分布情况，其中 $\Delta n_e=n_e-n_0$，$\Delta n_i=n_i-n_0$。从图 9.26（a）和图 9.27（a）可以看到，随着海拔升高，冰晶颗粒密度不规则结构的空间尺度变小。高海拔处，中性粒子密度 n_n 和凝结核临界半径 r_c 较小，这导致冰晶生长和运动的时间尺度（$t_c=r_c/c$）和空间尺度（$z_c=v_n t_c$）减小。对比图 9.26（c）和图 9.27（c）可以很容易地发现，低海拔区域电子密度不规则结构的空间尺度大于高海拔区域的该空间尺度。这一结果与 Bremer 等[43]在解释较低海拔处半波长为 54m 的长波长雷达探测到的 PMSE 信号要强于半波长为2.8m的短波长雷达探测到的信号这一现象时提出的观点一致。另外，随着海拔升高，电子密度和离子密度的相对变化幅度明显减小，这是因为高海拔处冰晶颗粒的平均半径较小，冰晶颗粒对等离子体的影响较小。

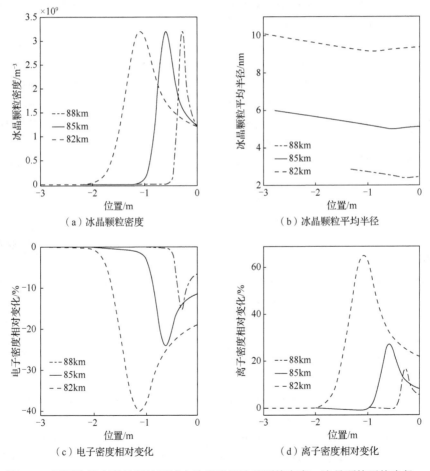

图 9.27　不同海拔高度的凝结区域上边界附近冰晶颗粒密度、冰晶颗粒平均半径、
电子密度及离子密度相对变化的空间分布

参 考 文 献

[1] 李辉. 尘埃等离子体动力学及电磁特性研究[D]. 哈尔滨: 哈尔滨工业大学, 2017: 76-82.

[2] Backhouse T W. The luminous cirrus cloud of June and July[J]. Meteorological Magazine, 1885, 20(133): 133.

[3] Gadsden M. The north-west Europe data on noctilucent clouds: A survey[J]. Journal of Atmospheric and Solar-Terrestrial Physics, 1998, 60(12): 1163-1174.

[4] Cho J Y N, Röttger J. An updated review of polar mesosphere summer echoes: Observation, theory, and their relationship to noctilucent clouds and subvisible aerosols[J]. Journal of Geophysical Research, 1997, 102(D2): 2001-2020.

[5] Rapp M, Lübken F J. Polar mesosphere summer echoes (PMSE): Review of observations and current understanding[J]. Atmospheric Chemistry and Physics, 2004, 4(11/12): 2601-2633.

[6] Ecklund W L, Balsley B B. Long-term observations of the Arctic mesosphere with the MST radar at Poker Flat, Alaska[J]. Journal of Geophysical Research, 1981, 86(A9): 7775-7780.

[7] Hoz C L, Havnes O, Naesheim L I, et al. Observations and theories of polar mesospheric summer echoes at a Bragg wavelength of 16cm[J]. Journal of Geophysical Research, 2006, 111(D4): D04203.

[8] Havnes O, Brattli A, Aslaksen T, et al. First common volume observations of layered plasma structures and polar mesospheric summer echoes by rocket and radar[J]. Geophysical Research Letters, 2001, 28(8): 1419-1422.

[9] Hoppe U P, Hall C, Röttger J. First observations of summer polar mesospheric backscatter with a 224 MHz radar[J]. Geophysical Research Letters, 1998, 15(1): 28-31.

[10] Lie-Svendsen Ø, Blix T A, Hoppe U P, et al. Modelling the plasma response to small-scale aerosol particle perturbations in the mesopause region[J]. Journal of Geophysical Research, 2003, 108(D8): 8442.

[11] Hoffmann P, Rapp M, Fiedler J, et al. Influence of tides and gravity waves on layering processes in the polar summer mesopause region[J]. Annales Geophysicae, 2008, 26(12): 4013-4022.

[12] Fritts D C, Alexander M J. Gravity wave dynamics and effects in the middle atmosphere[J]. Reviews of Geophysics, 2003, 41(1): 1003.

[13] Röttger J, Hoz C L, Kelly M C, et al. The structure and dynamics of polar mesosphere summer echoes observed with the EISCAT 224MHz radar[J]. Geophysical Research Letters, 1988, 15(12): 1353-1356.

[14] Rüster R, Czechnowsky P, Hoffmann P, et al. Gravity wave signatures at mesopause heights[J]. Annales Geophysicae, 1996, 14(11): 1186-1191.

[15] Li H, Wu J, Wu J, et al. Study on the layered dusty plasma structures in the summer polar mesopause[J]. Annales Geophysicae, 2010, 28(9): 1679-1686.

[16] Klostermeyer J. A height and time-dependent model of polar mesosphere summer echoes[J]. Journal of Geophysical Research, 1997, 102(D6): 6715-6727.

[17] Xu J Y, Smith A K. Studies of gravity wave induced fluctuations of the sodium layer using linear and nonlinear models[J]. Journal of Geophysical Research, 2004, 109(D2): D02306.

[18] Zhang S D, Yi F. A numerical study of nonlinear propagation of a gravity-wave packet in compressible atmosphere[J]. Journal of Geophysical Research, 1999, 104(D12): 14261-14270.

[19] Hu Y Q, Wu S T. A full-implicit-continous-eulerian (FICE) scheme for multidimensional transient magneto hydro dynamic (MHD) flows[J]. Journal of Computational Physics, 1984, 55(1): 33-64.

[20] Garcia R R, Solomon S. The effect of breaking gravity waves on the dynamics and chemical composition of the mesosphere and lower thermosphere[J]. Journal of Geophysical Research, 1985, 90(D2): 3850-3868.

[21] Körner U, Sonnemann G R. Global three-dimensional modeling of the water vapor concentration of the mesosphere-mesopause region and implications with respect to the noctilucent cloud region[J]. Journal of Geophysical Research, 2001, 106(D9): 9639-9651.

[22] 田瑞焕. 两种典型环境中尘埃等离子体输运动力学特性[D]. 哈尔滨: 哈尔滨工业大学, 2020: 48-57.

[23] Pfaff R, Holzworth R, Goldberg R, et al. Rocket probe observations of electric field irregularities in the polar summer mesosphere[J]. Geophysical Research Letters, 2001, 28(8): 1431-1434.

[24] Jensen E, Thomas G E. A growth-sedimentation model of polar mesospheric clouds: Comparison with SME measurements[J]. Journal of Geophysical Research, 1988, 93(D3): 2461-2473.

[25] Lübken F J. Thermal structure of the Arctic summer mesosphere[J]. Journal of Geophysical Research, 1999, 104(D8): 9135-9149.

[26] Lieberman M A, Lichtenberg A J. Principles of plasma discharges and materials processing[M]. New York, USA: John Wiley and Sons, 2005: 28-35.

[27] Schunk R W. Mathematical structure of transport equations for multispecies flows[J]. Reviews of Geophysics, 1977, 15(4): 429-445.

[28] Seele C, Hartogh P. Water vapor of the polar middle atmosphere: Annual variation and summer mesosphere conditions as observed by ground-based microwave spectroscopy[J]. Geophysical Research Letters, 1999, 26(11): 1517-1520.

[29] Bardeen C G, Toon O B, Jensen E J, et al. Numerical simulations of the three-dimensional distribution of meteoric dust in the mesosphere and upper stratosphere[J]. Journal of Geophysical Research, 2008, 113(D17): D17202.

[30] Hill R J, Bowhill S A. Collision frequencies for use in the continuum momentum equations applied to the lower ionosphere[J]. Journal of Atmospheric and Terrestrial Physics, 1977, 39(7): 803-811.

[31] Reid G C. Ice particles and electron "bite-outs" at the summer polar mesopause[J]. Journal of Geophysical Research, 1990, 95(D9): 13891-13896.

[32] Robertson S, Sternovsky Z. Effect of the induced-dipole force on charging rates of aerosol particles[J]. Physics of Plasmas, 2008, 15(4): 040702.

[33] Mahmoudian A, Scales W A. On the signature of positively charged dust particles on plasma irregularities in the mesosphere[J]. Journal of Atmospheric and Solar-Terrestrial Physics, 2013, 104: 260-269.

[34] 高瑞林. 同轴网格空心阴极等离子体诊断及微波传输特性研究[D]. 哈尔滨: 哈尔滨工业大学, 2017: 63-67.

[35] Natanson G L. On the theory of the charging of amicroscopic aerosol particles as a result of capture of gas ions[J]. Soviet Physics-Technical Physics, 1960, 30: 573-588.

[36] Rapp M, Lübken F J. Modelling of particle charging in the polar summer mesosphere: Part 1—general results[J]. Journal of Atmospheric and Solar-Terrestrial Physics, 2001, 63(8): 759-770.

[37] Hill R J, Gibson-Wilde D E, Werne J A, et al. Turbulence-induced fluctuations in ionization and application to PMSE[J]. Earth, Planets and Space, 1999, 51(7-8): 499-513.

[38] Berger U, von Zahn U. Icy particles in the summer mesopause region: Three-dimensional modeling of their environment and two-dimensional modeling of their transport[J]. Journal of Geophysical Research, 2002, 107(A11): 1-32.

[39] Rapp M, Lübken F J. On the nature of PMSE: Electron diffusion in the vicinity of charged particles revisited[J]. Journal of Geophysical Research, 2003, 108(D8): 8437.

[40] Rapp M, Lübken F J, Blix T A. Small scale density variations of electrons and charged particles in the vicinity of polar mesosphere summer echoes[J]. Atmospheric Chemistry and Physics, 2003, 3(5): 1399-1407.

[41] Havnes O, Trøim J, Blix T, et al. First detection of charged dust particles in the Earth's mesosphere[J]. Journal of Geophysical Research, 1996, 101(A5): 10839-10847.

[42] Blix T A. Small scale plasma and charged aerosol variations and their importance for polar mesosphere summer echoes[J]. Advances in Space Research, 1999, 24(5): 537-546.

[43] Bremer J, Hoffmann P, Manson A H, et al. PMSE observations at three different frequencies in northern Europe during summer 1994[J]. Annales Geophysicae, 1996, 14(12): 1317-1327.

第 10 章　尘埃等离子体诊断

朗缪尔探针诊断是等离子体诊断中最常用的方法，它所需的实验装置简单，且只从探针数据就可以获得等离子体的很多参数及其时间、空间分布[1]。根据探针诊断原理，尘埃等离子体中的负电性尘埃颗粒对离子饱和电流的测量不会产生干扰，可直接用于尘埃等离子体的离子密度诊断。

从探针上所加的偏置电压 $V = V_p - \phi_p$ 及其对应的探针电流 I_p 可以推导出等离子体参数，探针电流可以是离子电流或是电子电流，也可以由二者一起组成。被吸收的电荷通过主等离子体区和探针金属表面之间的电场收集，这个向等离子体中以几个德拜半径 λ_D 的长度扩展的空间电势分布被称为等离子体鞘层。此外，这个局部电场也可以根据收集到的电流大小而改变。因此，电荷收集过程取决于不同的特征长度，比如探针半径 r_p 和与德拜半径相关的探针表面鞘层厚度，以及描述电子间碰撞、弱电离碰撞等离子体中离子和中性粒子之间碰撞的平均自由程 λ。对自然界或实验室中的不同等离子体而言，这些尺度之间可能存在数量级的差异，导致朗缪尔探针没有一个统一的理论方法。目前实验条件较为符合莫特·史密斯（Mott-Smith）提出的无碰撞鞘层圆柱形探针模型，这可以作为探针诊断离子密度的理论依据[1]。

10.1　无碰撞鞘层圆柱形探针模型

假设探针半径 $a \ll s$ 和 $s \ll d$，其中 s 为探针周围鞘层厚度，d 为探针有效长度。考虑无碰撞时离子的运动轨迹，如图 10.1 所示，入射离子在鞘层边界 $r = s$ 处具有 $-v_r$ 和 v_ϕ 的径向和切向的初始速度分量。在探针半径 $r = a$ 处，被探针收集的离子的速度分量分别为 $-v_r'$ 和 v_ϕ'。

根据能量守恒方程，可以得到

$$\frac{1}{2}M\left(v_r^2 + v_\phi^2\right) + e\left|\phi_p - V_p\right| = \frac{1}{2}M\left(v_r'^2 + v_\phi'^2\right) \tag{10.1}$$

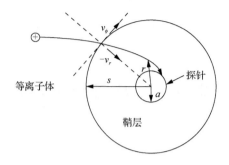

图 10.1　圆柱形朗缪尔探针鞘层内的离子轨道运动

式中，M 为被吸引的离子的质量。根据角动量守恒方程，可以得到

$$sv_\phi = av_\phi'　　　　　　　　　　　　(10.2)$$

由式（10.1）和式（10.2）可以得到

$$v_\phi' = \frac{s}{a} v_\phi　　　　　　　　　　　　(10.3)$$

$$v_r'^2 = v_r^2 + v_\phi^2 + \frac{2e\left|\phi_p - V_p\right|}{M} - \frac{s^2}{a^2} v_\phi^2　　　　　　　　(10.4)$$

对于到达探针的离子，必须有 $v_r < 0$ 且 $v_r'^2 > 0$。设式（10.4）中的 $v_r'^2 = 0$，得到

$$v_{\phi 0} = \left(\frac{v_r^2 + 2e\left|\phi_p - V_p\right|/M}{\left(s^2/a^2\right) - 1} \right)^{1/2}　　　　　　(10.5)$$

因此只有当 $\left|v_\phi\right| \leqslant v_{\phi 0}$ 时，离子才能到达探针。

因为在鞘层边界处只有部分离子能到达探针，所以通过将径向通量 $-n_i v_r$ 对这部分离子的分布函数积分，就能得到探针收集的饱和电流：

$$I = -2\pi sdn_i e \int_{-\infty}^{0} v_r \mathrm{d}v_r \int_{-v_{\phi 0}}^{v_{\phi 0}} \mathrm{d}v_\phi f(v_r, v_\phi)　　　　(10.6)$$

式中，f 为归一化的离子分布函数。假设离子分布函数为各向同性的麦克斯韦分布函数，将它对第三个速度分量求平均后，可得

$$f = \frac{M}{2\pi k_B T_i} \exp\left[-\frac{M\left(v_r^2 + v_\phi^2\right)}{2k_B T_i} \right]　　　　(10.7)$$

式中，T_i 是离子温度。当探针电压值较高时，可通过如下的假设来简化对式（10.6）的计算，即

$$\frac{a}{s} \ll 1 \tag{10.8}$$

$$v_r^2 \ll \frac{e\left|\phi_p - V_p\right|}{M} \tag{10.9}$$

$$v_{\phi 0}^2 \ll \frac{k_B T_i}{M} \tag{10.10}$$

用式（10.8）和式（10.9）推算式（10.5），得到

$$v_{\phi 0} = \frac{a}{s}\left(\frac{2e\left|\phi_p - V_p\right|}{M}\right)^{1/2} \tag{10.11}$$

根据蔡尔德定律，有 $s \propto \left|\phi_p - V_p\right|^{3/4}$，因此在高电压下，式（10.10）的条件是很容易满足的。将式（10.7）和式（10.11）代入式（10.6），并结合式（10.10），可得到

$$I = 2en_i ad\left(\frac{2e\left|\phi_p - V_p\right|}{M}\right)^{1/2} \tag{10.12}$$

式中，I 表示离子饱和电流；ϕ_p 和 V_p 分别为等离子体电势和探针偏置电势。可以看到在此条件下，I 不随 T_i 变化，将 I 和 $\phi_p - V_p$ 的值代入式（10.12）中即可求出离子密度 n_i，且它的值与 T_e 和 T_i 无关。

最简单的朗缪尔探针是一个具有特定的几何形状（平面、圆柱形或球形）的金属电极。探针伸入等离子体中并通过外部电路施加电势 V_p，相对于等离子体局部空间电势 ϕ_p，探针有个偏置电压 $V = V_p - \phi_p$。测量施加不同探针电势 V_p 时的收集电流 $I_p = I(V_p)$，根据该 I-V 特性曲线可以计算出等离子体中离子密度、电子密度、电子温度、空间电势等参数。

探针一般采用高熔点的金属材料制作，而且就理论而言，探针尖端越细对等离子体环境的干扰越小，然而探针太细，制作难度比较大，因此一般探针的半径在数十微米到数百微米之间，长度为几毫米。本实验所使用的探针由钨丝制成，半径为 0.2mm，屏蔽体是一个内径为 0.3mm 的毛细玻璃管，伸出绝缘玻璃管的探针头长 4mm，以尽量减少对等离子体环境的影响以及探针污染，探针和屏蔽体经真空密封处理后与放电玻璃管连接固定。在实验过程中，探针顶端会沉积高阻性的尘埃颗粒，导致探针顶端受到污染，造成探针收集电流发生显著变化。因此，

在扫描电压斜坡之间施加大的偏置电压排斥周围尘埃颗粒，实验中还采用电子轰击的方法对探针顶端加热一定时间，清除探针顶端吸附的尘埃颗粒，并在测量间隙更换清洗探针，达到减少污染的目的。

典型的探针 I-V 特性曲线如图 10.2 所示。它可以划分为三个区域：①$V_p < V_a$，离子饱和电流区，处于该区域时，电子全部被排斥，探针主要收集正离子，相应的探针电流称为离子饱和电流 I_i^{sat}。②$V_a < V_p < \phi_p$，处于该区域时，探针收集离子和电子，离子电流和电子电流同时存在，并且当探针电势等于悬浮电势时（$V_p = \phi_f$），离子电流 I_i 和电子电流 I_e 相等。此外，过渡区的 I-V 特性曲线呈指数函数关系，如果电子是麦克斯韦分布，探针电压的半对数关系应是一条直线。当探针电势等于等离子体电势（$V_p = \phi_p$），I-V 特性曲线发生急剧改变，即存在曲线的拐点，这是因为探针从吸引离子和排斥电子变化到排斥离子和吸引电子。③$V_p > \phi_p$，电子饱和电流区，处于该区域时，所有正离子受排斥电场作用都不能到达探针表面，因此只有电子能被探针收集，探针电流将趋向饱和而达到电子饱和电流 I_e^{sat}。由于离子质量远大于电子质量，电子饱和电流大于离子饱和电流。

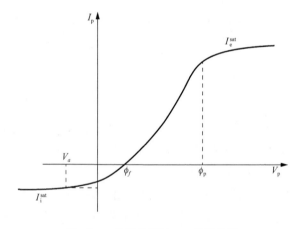

图 10.2　典型的探针 I-V 特性曲线

探针 I-V 特性曲线包含关于电子和离子能量分布的详细信息。可以提取电子、正离子、负离子的密度，电子温度和离子温度（平均能量），等离子体粒子的平均碰撞频率，以及特定探针结构的等离子体流速。电子温度、离子温度和等离子体电势可以从 I-V 特性曲线的过渡区提取，其他基本参量可以从饱和电流中获得。I-V 特性曲线的过渡区还可以提取出电子能量分布函数和离子能量分布函数，该部分包含关于等离子体粒子碰撞频率对能量依赖性的信息和电子在等离子体边界处（探针表面和器壁）的反射系数。因此，原则上通过 I-V 特性曲线可以获得用于等离子体流体或动力学描述的大多数参数。然而，提取未受干扰的等离子体参数的实际可行性在很大程度上取决于等离子体条件和探针结构。通常，对于很宽范围的等离子体条件，都可以提取离子密度 n_i、电子密度 n_e、电子温度 T_e 和等离子体电势 ϕ_p，电子能量分布可以在高达 10^4Pa 气压和十分之几特斯拉的磁场条件下进行测量，而离子能量分布和其他参数只能在特殊情况下进行测量。但对于尘埃等离子体，考虑到负电性尘埃颗粒的存在，朗缪尔探针不再用于电子温度和电子密度的诊断。

实验过程中以放电阳极为参考电极，在探针上施加 –100 ～ 30V 的扫描电压，利用计算机软件进行数据采集，获得不同放电条件下的 *I-V* 特性曲线，如图 10.3 和图 10.4 所示（截取了 –50 ～ – 20V 区间），图 10.3 是在 700Pa 放电气压下不同放电电压时探针的 *I-V* 特性曲线，图 10.4 是在 1000V 放电电压下不同放电气压时探针的 *I-V* 特性曲线。

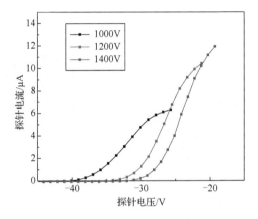

图 10.3　700Pa 放电气压下不同放电电压时探针的 *I-V* 特性曲线
（扫封底二维码查看彩图）

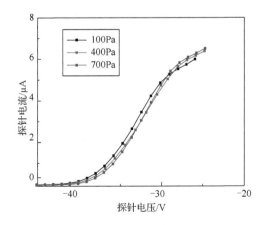

图 10.4　1000V 放电电压下不同放电气压时探针的 *I-V* 特性曲线
（扫封底二维码查看彩图）

从图 10.3 和图 10.4 中可以看出：随着放电电压的升高，悬浮电势 ϕ_f（I-V 特性曲线为 0 处的扫描电压）和电子饱和电流 I_e^{sat} 都有明显的增大；而随着放电气压升高，二者都只有很小幅度的增大。此外，电子电流在达到电子饱和区后会随着电压 V_p 的升高有一定程度的继续增大。原则上来讲，探针曲线从过渡区到电子饱和区应该有明确的拐点，在低温、无磁场、直流放电的理想情况下，曲线的拐点非常尖锐，是测量等离子体电势的简单方法。但是，实际应用中往往拐点不是很明显。由于探针的边缘效应（有限表面积）等，当探针电压 $V_p > \phi_f$ 并继续增大时，鞘层表面积会随着 V_p 而增大。因此进入整个鞘层表面积的电子数继续增加，即探针收集到的电子电流继续增大，导致拐点位置难以确定，等离子体电势也不能直接读取。

在低温无碰撞等离子体的条件下，等离子体的空间电势的获得方法有数种。若电子饱和电流 I_e^{sat} 接近一条直线，则可以在 I-V 特性曲线的过渡区和电子饱和区画两条直线，直线的相交点对应的电势即为等离子体电势。若 I_e^{sat} 是弯曲的，则可以采用另外两种方法。一种方法是通过悬浮电势 ϕ_f 来测量等离子体的空间电势，要求电子温度已知。对于无磁场的等离子体，空间电势 ϕ_p、悬浮电势 ϕ_f 和电子温度 T_e 满足 $\phi_p = \phi_f + \alpha k_B T_e/(2e)$，式中 $\alpha = \ln\left(2m_e/(\pi m)\right)$ 与放电气体种类有关。但对于尘埃等离子体，电子密度随着电子被尘埃颗粒吸附而降低，等离子体电势和悬浮电势之间的差异变大，这种方法并不适用于尘埃等离子体。另一种方法是取电子电流偏离指数增长时的探针电压，也就是通过对 I-V 特性曲线求二阶微商，得到曲线 $I_e''\left(V_p\right)$，曲线为 0 的点对应的扫描电压即为等离子体电势 ϕ_p。对实验测得的 I-V 特性曲线求二阶微商，得到不同放电条件下探针位置处的等离子体电势（相对于放电阳极）变化曲线，如图 10.5 和图 10.6 所示。

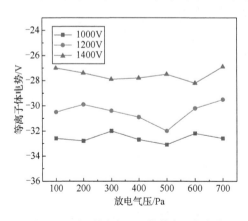

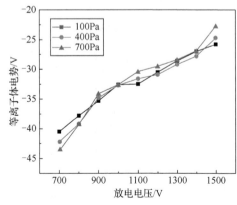

图 10.5　不同放电气压下的等离子体电势　　　图 10.6　不同放电电压下的等离子体电势

可以看到随着放电电压的增大，等离子体电势持续升高，从 700V 的 -42V 左右上升至 1500V 的 -25V 左右。而随着放电气压的升高，等离子体电势没有明显的变化，都是处于-34～-27V。可以看到，在本实验条件下，正柱区与阳极的电势相差不大，电势差都在-50V之内，这也是以阳极作为探针偏置电压的参考电极的主要原因。

10.2　尘埃等离子体探针诊断结果

本节测量了不同放电电压下的离子密度，如图 10.7 所示，放电气压条件分别为 100Pa、400Pa、700Pa。可以看出，在不同放电气压下，随着放电电压的增大，离子密度有很明显的增大，从 700V 时的 $5\times10^{15}\,\mathrm{m}^{-3}$ 增至 1500V 时的 $3\times10^{16}\,\mathrm{m}^{-3}$ 附近，且增速较为稳定[1]。当等离子体放电稳定时，氩原子电离产生离子的速率会与放电腔内离子的吸附速率平衡。若放电气压及尘埃颗粒密度等条件不变，则尘埃等离子体的放电阻抗不变，放电电压的突然增大会导致稳定辉光放电电流增大，放电功率升高导致氩原子电离速率突然增大，电离速率高于离子吸附速率就会造成离子密度增大，同时离子密度的增大会伴随着离子吸附速率升高，最终离子吸附率与电离速率重新相等，尘埃等离子体达到一个新的稳定态。

相应地，不同放电气压下的离子密度如图 10.8 所示，放电电压条件分别为 1000V、1200V、1400V。可以看出，在 100～500Pa，随着放电气压的升高，离子密度有小幅度的增大，500Pa 之后增长趋于平缓。分析其原因，放电气压的升高会导致放电室中的中性粒子密度 n_n 增大，电子与中性粒子碰撞频率升高，对电离速率有正作用，但电离速率还和电子碰撞电离速率系数 K_iz 正相关，放电气压升高会导致电子温度下降，K_iz 会随着电子温度下降而减小，因此，离子密度随放电气压增大是放电气压对 n_n 和 K_iz 作用的叠加结果。

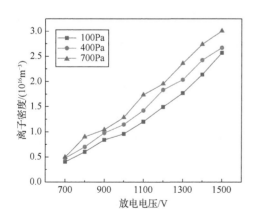
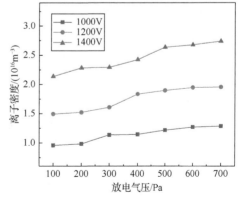

图 10.7　离子密度随放电电压的变化曲线图　　图 10.8　离子密度随放电气压的变化曲线图

接着为了探究尘埃颗粒对离子密度的影响,本节分别在700Pa时不同放电电压条件、1000V时不同放电气压条件下进行了无尘埃普通氩等离子体的探针诊断。离子密度诊断结果分别如图10.9和图10.10所示。可以看出,在本实验中的尘埃颗粒密度条件下(约$10^{12}\,\text{m}^{-3}$),有尘埃颗粒时相比无尘埃颗粒时离子密度略微下降,下降幅度约为$2\times10^{14}\,\text{m}^{-3}$。这可以通过放入尘埃颗粒短时间内等离子体放电能量平衡来解释,等离子体中的尘埃颗粒会吸附电子和离子,当达到充电平衡时,尘埃颗粒吸附离子和电子的通量密度相等,这相当于增大了离子吸附的有效面积,与吸附面积正相关的离子吸附速率也会增大,放电功率一定时,吸附速率的增大会导致等离子体中离子密度下降。此外,离子吸附速率还与离子密度正相关,离子密度的下降又会导致吸附速率减小。最终二者达到平衡稳定的状态,此时相对于无尘埃颗粒时,离子吸附面积增大,离子密度降低,而与二者乘积正相关的离子吸附速率与电离速率重新达到平衡,值得一提的是二者都会比无尘埃颗粒时有一些上升。由于本实验中所撒入的尘埃颗粒数量不多,因此离子密度的下降幅度比较小。

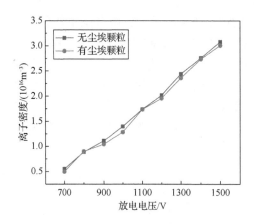

图10.9　不同放电电压下的氩等离子体有无尘埃颗粒时的离子密度对比

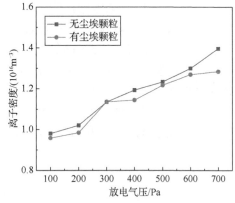

图10.10　不同放电气压下的氩等离子体有无尘埃颗粒时的离子密度对比

这里探针诊断离子密度所使用的是无碰撞鞘层模型,未考虑探针周围空间电荷鞘层中正离子与带电尘埃颗粒的碰撞,这是因为本实验中尘埃颗粒密度远小于中性粒子和正离子,离子和尘埃颗粒的碰撞频率非常小,对离子运动的平均自由程影响不大。

为了探究放电气压对离子密度的影响过程,下面用一个适用于低气压到中等气压状态的简单圆柱形放电模型来模拟尘埃等离子体离子密度随放电气压的变化关系。为了便于计算,假设电子处于麦克斯韦分布,还假设圆柱形主等离子体区内的离子密度分布大致均匀，而它在鞘层边界处迅速下降，密度分布可以用一个离子自由落体模型得到。轴向鞘层边界和径向鞘层边界与主体区内的离子密度 n_{i0} 的比值分别由式（10.13）和式（10.14）决定。

轴向鞘层边界：

$$h_l \equiv \frac{n_{sl}}{n_{i0}} \approx 0.86\left(3 + \frac{l}{2\lambda_i}\right)^{-1/2} \qquad (10.13)$$

径向鞘层边界：

$$h_R \equiv \frac{n_{sR}}{n_{i0}} \approx 0.80\left(4 + \frac{R}{\lambda_i}\right)^{-1/2} \qquad (10.14)$$

式中，n_{sl} 和 n_{sR} 分别是轴向和径向鞘层边界处离子密度；l 和 R 分别是圆柱形主等离子体的长度和半径；λ_i 为离子-中性粒子碰撞的平均自由程，其计算公式为

$$\lambda_i = \frac{1}{n_i\sigma_i} \approx \frac{1}{2.475p}\,\text{cm} \qquad (10.15)$$

其中，p 为气压，单位为 Pa。

根据式（10.13）～式（10.15），可以求出等离子体中离子与器壁碰撞的有效面积：

$$A_{\text{eff}} = 2\pi R^2 h_l + 2\pi R l h_R \qquad (10.16)$$

在普通等离子体中，通过能量平衡方程，即令等离子体总的吸收功率 P_0 和总的损失功率相等，通常可以确定等离子体密度：

$$P_0 = P_{\text{en}} + P_{\text{w}} \qquad (10.17)$$

式中，P_0 是放电吸收的总功率；P_{en} 是通过电子-中性粒子碰撞损失的能量；P_{w} 是等离子体中电子和离子与器壁的碰撞过程中的动能损耗。

但在尘埃等离子体中，能量损失还需考虑电子和离子与尘埃颗粒碰撞过程中的动能损耗 P_{d}，因此式（10.17）应改写为

$$P_0 = P_{\text{en}} + P_{\text{w}} + P_{\text{d}} \qquad (10.18)$$

电子与中性粒子碰撞时所造成的电子能量损失功率为

$$P_{\text{en}} = e n_e n_n V\left(K_{\text{iz}}\varepsilon_{\text{iz}} + K_{\text{ex}}\varepsilon_{\text{ex}} + K_{\text{el}}\frac{3m}{M}T_e\right) \qquad (10.19)$$

式中，n_e 和 n_n 分别表示电子密度和中性粒子密度，可以由 $p = n_n k_B T_g$ 求出 n_n；V 表示等离子体体积；m 和 M 分别表示电子质量和中性粒子质量；T_e 表示电子温度，以 eV 为单位。式（10.19）中的碰撞过程包括电离、激发和弹性散射。在一般情况下，这些过程是弱电离等离子体能量损失的主要原因。对于氩气放电，式（10.19）

中的 ε_{iz} 和 ε_{ex} 分别表示氩原子第一电离能和第一激发能（ $\varepsilon_{iz}=15.76\mathrm{eV}$ ，
$\varepsilon_{ex}=12.14\mathrm{eV}$ ）， K_{iz} 、 K_{ex} 和 K_{el} 表示对应碰撞过程的速率系数。一般来说，可以
将实验测到的碰撞截面数据，以电子分布函数为权重系数，在速度空间做数值积
分得到电子与原子碰撞过程的速率常数，如表10.1所示。虽然表中电子与氩原子
碰撞电离的过程有反应2和反应5，但可以看到反应2的速率常数比反应5要大
一个量级，因此选取反应2的 K_{iz} 。

表 10.1 氩气放电中部分反应速率常数

序号	反应	速率常数/(m³/s)
1	$e+Ar \rightarrow e+Ar$（弹性散射）	$2.34\times10^{-14}\,T_e^{1.609}(e^{0.0618}(\ln T_e)^2-0.1171(\ln T_e)^3)$
2	$e+Ar \rightarrow 2e+Ar^+$	$2.34\times10^{-14}T_e^{0.59}e^{-17.44/T_e}$
3	$e+Ar \rightarrow e+Ar^*$	$2.48\times10^{-14}T_e^{0.33}e^{-12.78/T_e}$
4	$e+Ar \rightarrow e+Ar^*$	$5\times10^{-15}T_e^{0.74}e^{-11.56/T_e}$
5	$e+Ar^* \rightarrow 2e+Ar^+$	$6.8\times10^{-15}T_e^{0.67}e^{-4.20/T_e}$

电子和离子流到器壁上所引起的功率损耗可以写成

$$P_w = en_i u_B A_{\mathrm{eff}}\left(\varepsilon_e + \varepsilon_i\right) \qquad (10.20)$$

式中， ε_e 和 ε_i 分别是一个电子、离子与器壁碰撞带来的平均动能损耗； n_i 是离子
密度； u_B 是波姆速度； A_{eff} 是粒子与器壁碰撞的有效面积。

每一个电子的平均动能损失通常由平均能量通量与电子通量的比值给出，对
于电子能量是麦克斯韦分布的情况，则 $\varepsilon_e = 2T_e$ 。另一方面，每损失一个离子而造
成的平均动能损失是离子进入鞘层时的能量与离子穿越鞘层后从鞘层中所获得能
量的总和：

$$\varepsilon_i = m_i u_B^2/2 - e\phi_w \qquad (10.21)$$

式中， m_i 是离子质量； $u_B = \left(T_e/m_i\right)^{1/2}$ 是波姆速度； ϕ_w 是相对于鞘层-等离子体边
界处的器壁电势（通常是负的）。在器壁处离子通量（假设它在鞘层内保持不变）
为 $\Gamma_i = n_{is}u_B$ ，电子通量为 $\Gamma_e = \dfrac{1}{4}n_{is}\langle u_e\rangle \exp\left(\dfrac{e\phi_w}{T_e}\right)$ ，式中 n_{is} 为鞘层边界处的离子
密度， $\langle u_e\rangle = \left(8T_e/(\pi m)\right)^{1/2}$ 为电子平均速度并且电子接近热平衡。当鞘层上没有外
加电压时，对于悬浮器壁，根据稳态情况下离子和电子的通量密度必须相等，可
以得到器壁电势为

$$\phi_w = -\frac{T_e}{e}\ln\left(\frac{M}{2\pi m}\right)^{1/2} \qquad (10.22)$$

可以看到，ϕ_w 与 T_e 呈线性关系，且 $e\phi_w$ 和 T_e 之间的比例系数是离子与电子质量比的平方根的对数，对于实验使用的氩气，该系数为 4.7。因此，在鞘层-等离子体边界处初始能量为 $\varepsilon_0 = T_e/2$ 的氩离子穿越无碰撞的直流鞘层到达悬浮器壁时，其轰击器壁的能量 $\varepsilon_i = 5.2T_e$。

根据尘埃颗粒充电理论，等离子体中的尘埃颗粒达到充电平衡时其表面将带有一定的负电势 ϕ_d。能量小于 $-e\phi_d$ 的电子将从尘埃颗粒鞘层弹性反射并重新进入等离子体而不改变其能量。能量高于 $-e\phi_d$ 的电子将穿过鞘层，并与剩余的能量一起沉积在尘埃颗粒表面。高能电子在鞘层中损失的能量转化为维持鞘层电势下降的能量，又通过鞘层电势加速正离子进一步将能量转移到尘埃颗粒上。

对于任意的电子能量分布函数 F_0，与尘埃颗粒上的电子电流相关的热电子通量可以写为

$$q_{ed} = \pi r_d^2 n_e \int_{-e\phi_d}^{\infty} \left(1 + \frac{e\phi_d}{\varepsilon}\right)\sqrt{\frac{2\varepsilon}{m}} F_0 \varepsilon^{3/2} \mathrm{d}\varepsilon \qquad (10.23)$$

将麦克斯韦分布的假设代入式（10.23），可以求出：

$$q_{ed} = \frac{1}{2}\pi r_d^2 n_e m \langle u_e \rangle^{3/2} \exp\left(\frac{e\phi_d}{T_e}\right) \qquad (10.24)$$

则在等离子体体积中由电子热通量导致的尘埃颗粒表面功率损失为

$$P_d = e q_{ed} N_d \qquad (10.25)$$

式中，$N_d = n_d V$ 是等离子体中尘埃颗粒的总数。

已知离子进入尘埃颗粒鞘层的平均动能远小于电子动能，因此式（10.25）给出的 P_d 是等离子体中带电粒子在尘埃颗粒表面功率损失的良好近似。

联立式（10.13）～式（10.25），并代入表 10.1 中反应 1～反应 3 的速率常数（K_{el}、K_{iz} 和 K_{ex}），可以得到包含离子密度 n_i 和气压 p 的超越方程。将其他参数设定如下：

$$R = 0.015\mathrm{m}, l = 0.2\mathrm{m}, n_d = 1 \times 10^{12}\,\mathrm{m}^{-3}, r_d = 1\mu\mathrm{m}, P_0 = 50\mathrm{W}, \phi_d = -5\mathrm{V}$$

根据不同放电气压下电子温度的模拟结果[1]，可求出离子密度随放电气压的理论变化曲线，如图 10.11 所示。可以看到，离子密度随着放电气压升高有明显的增大，从 100Pa 时的 $2.83 \times 10^{16}\,\mathrm{m}^{-3}$ 增大到 700Pa 时的 $5.48 \times 10^{16}\,\mathrm{m}^{-3}$，这相比于朗缪尔探针诊断结果（1400V），变化趋势一样，但理论结果整体偏大，且增速也快很多。这验证了实验诊断的结果，同时也说明此理论模型还需改善。

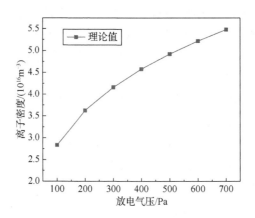

图 10.11 简单圆柱形模型中离子密度随放电气压的变化曲线

朗缪尔探针测量是表征等离子体中带电粒子密度和电子能量的常用技术，电子能量分布函数（EEDF）也可以从探针 *I-V* 特性曲线确定。电子能量分布函数可提供有关电子的详细信息，因此在研究电子-尘埃相互作用方面很有价值，特别是在化学反应等离子体中，高能尾部显著影响电子碰撞反应速率。一般等离子体中电子分布在速度或动能上平衡的假设是理想化的，低气压放电中，电子能量分布函数经常严重偏离麦克斯韦分布。电子在放电的电场中获得动能并在与中性粒子的弹性和非弹性碰撞中失去动能，因此电子能量分布函数的尾部高度耗尽从而电子变成非麦克斯韦分布。此外，在分层辉光放电中，电子能量分布函数甚至变成非单调的分布。

虽然，对于尘埃等离子体，由于带负电尘埃颗粒的存在，探针法难以准确诊断出其电子温度和电子密度等电子相关参数，但利用探针可以测出尘埃等离子体的电子能量分布函数和电子能量概率函数（electron energy probability function，EEPF），并通过对其进行定性分析，更深入地理解不同条件下的尘埃等离子体参数变化规律。

得到的探针 *I-V* 特性曲线经快速傅里叶变换平滑后取二次微分可以获得电子能量分布函数：

$$g_{\mathrm{e}}(\varepsilon) = \frac{2}{eA_{\mathrm{p}}}\left(\frac{2m\varepsilon}{e}\right)^{1/2}\frac{\mathrm{d}^2 I}{\mathrm{d}\varepsilon^2} \tag{10.26}$$

式中，$A_{\mathrm{p}} = 2\pi rl$ 为探针表面积。

电子能量概率函数（EEPF）由下式给出：

$$g_{\mathrm{p}}(\varepsilon) = \varepsilon^{-1/2} g_{\mathrm{e}}(\varepsilon) = \frac{2}{eA_{\mathrm{p}}}\left(\frac{2m}{e}\right)^{1/2}\frac{\mathrm{d}^2 I}{\mathrm{d}\varepsilon^2} \tag{10.27}$$

利用不同放电电压和放电气压条件下的探针 I-V 特性曲线求出相应的 EEDF，如图 10.12～图 10.15 所示。图 10.12 和图 10.13 是在 700Pa 放电气压下不同放电电压时的 EEDF 和 EEPF，图 10.14 和图 10.15 是在 1000V 放电电压下不同放电气压时的 EEDF 和 EEPF，可以看到该条件下的尘埃等离子体中电子基本满足双温麦克斯韦分布。

从图 10.12 和图 10.13 可以看出，在 700Pa 放电气压时，不同放电电压的 EEDF 和 EEPF 都是在电子能量为 5eV 左右时存在峰值。随着放电电压的增大，分布函数的峰值在逐渐增大，且从 EEPF 可以看出无论是低能电子还是高能电子，其数量都会随着放电电压增多，这说明放电电压升高会使电子密度增大，而峰值对应的电子能量基本不变，且不同放电电压时的 EEPF 形状没有太大变化，这说明放电电压改变对电子温度基本没有影响。

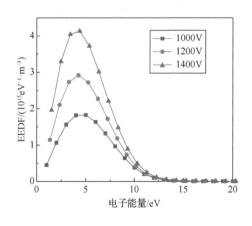 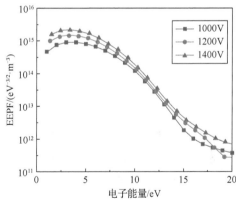

图 10.12　700Pa 放电气压下不同放电　　　图 10.13　700Pa 放电气压下不同放电
　　　　　电压时的 EEDF　　　　　　　　　　　　　　电压时的 EEPF

从图 10.14 和图 10.15 可以看出，当放电电压为 1000V 时，在 100Pa、400Pa、700Pa 放电气压下的 EEDF 峰值对应的电子能量分别约为 7eV、6eV、5eV。随着放电气压的升高，分布函数发生了向电子能量更小方向的偏移，且高能电子的分布也在逐渐减少，这说明放电气压升高会使电子温度降低。然而分布函数的峰值却在逐渐增大，而且 EEDF 中低能电子的数量增加明显高于高能电子数量的减少，这表明电子密度会随着放电气压升高而增大。

　　确定电子能量分布函数需要对朗缪尔探头电流-电压（I-V）特性进行高精度测量，然而这在尘埃等离子体的探针实验中很难实现，这是因为带负电的尘埃颗粒容易被吸附在探针尖端使其污染，该污染会导致探针 I-V 特性的滞后和 EEDF 的畸变，EEDF 和 EEPF 的低能电子区特别容易受到失真的影响。因此，截至目前关于 EEDF 在尘埃等离子体中如何演化的研究主要依赖于计算机模拟[2,3]，实验测量很少。虽然一些实验尝试使用静电能量分析仪来测量尘埃等离子体中的EEDF[4]，但与朗缪尔探针测量相比，这种方法的精度较低。此外，朗缪尔探针和静电能量分析仪方法的探测器表面都容易被尘埃颗粒污染。在探针诊断过程中，虽然通过减小伸出屏蔽层的探针尖端长度、缩短探针电压扫描的时间、在扫描电压斜坡之间施加大的偏置电压、电子轰击加热、经常清洗更换探针等方法尽量减少探针污染，但很难完全避免污染，探针曲线也会相应地有些失真。从上面的 EEPF 结果可以明显地看出，所有的 EEPF 中低能电子区有个不正常的平坦区，因此仅能定性分析 EEDF 和 EEPF 的变化规律，难以通过 EEDF 准确求出电子温度和电子密度。

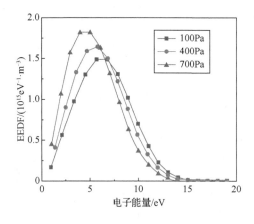

图 10.14　1000V 放电电压下不同放电
气压时的 EEDF

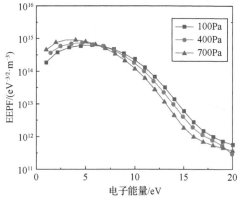

图 10.15　1000V 放电电压下不同放电
气压时的 EEPF

　　值得讨论的另一个现象是在负偏置探针周围会形成没有尘埃颗粒的区域，Thomas 等[5]对此进行了研究。尽管存在无尘埃颗粒区域，但在尘埃等离子体中仍可以获得可靠的 EEPF，原因有以下两个。首先，尘埃颗粒频率 $v_d = \sqrt{\left(Z_d^2 e^2 n_p\right)/\left(\varepsilon_0 m_p\right)}$（式中 Z_d 是颗粒所带电荷数，n_p 是颗粒密度，m_p 是颗粒质量），实验条件下约为 14kHz。颗粒跟随电场变化的时间尺度约为 0.07ms，这比探针完成电压扫描所花费的时间（大约毫秒级）要短得多。这意味着无尘埃颗粒区域尺寸随着扫描电压快速调整，当探针偏置电势很小时无尘埃颗粒区域会缩小到非常小的尺寸。即使探针持续扫描，这种调整仍会发生。其次，当无尘埃颗粒区域尺寸比较大时，探针收集的电子仍然代表尘埃颗粒区域的 EEDF。这是因为无尘埃颗粒区域的尺寸大约为几个德拜半径，然而电子能量弛豫尺度要大得多（大约几个电子平均自由程）。因此，当进入探针周围的无尘埃颗粒区域时，电子会保留有关尘埃颗粒区域的 EEPF 信息。

10.3　机器学习改进朗缪尔探针诊断

在实验研究和工业应用中，等离子体不可避免地会带有尘埃颗粒。在一些情况下人们还会主动添加特定材料和尺寸的尘埃颗粒，使等离子体呈现独特的性质。对于尘埃等离子体的捕获阱进行实验研究时，最重要的一个环节是获得捕获阱的具体参数，特别是电子密度和电子温度，一个合适和精确的诊断方法是尘埃等离子体捕获阱实验研究的核心。

尘埃等离子体中带电尘埃颗粒的存在，使得在实验中准确诊断尘埃等离子体的参数成为非常具有挑战性的问题。由于诊断系统在诊断过程中向探针施加扫描电压，带电的尘埃颗粒将被电场吸附在探针的表面上，从而对探针收集等离子体中电流和探针实际的表面积产生影响[6]。由于尘埃颗粒的吸附过程相对随机，在计算探针数据的过程中无法进行准确的校正，因此虽然探针诊断可以正常获得探针位置处的 I-V 特性曲线，但是无法对其进行有效的计算[7-9]。探针诊断仍然可以正常地读取 I-V 特性曲线，使得对探针诊断进行修正存在可能[10,11]。因此，对现有的诊断方法进行修正是研究尘埃等离子体的一项重要任务，改进传统诊断方法具有重要意义。

在尘埃等离子体中的尘埃颗粒密度对诊断结果有直接影响，这种影响过程通常是非线性的，机器学习算法通过神经网络对已有数据样本进行训练，不局限于具体的拟合方程，可以很好地反映数据样本中的非线性过程，预测数据结果的优劣主要与数据样本的数据容量相关[12]。因此利用机器学习算法修正探针诊断尘埃等离子体数据，进而获得尘埃等离子体电子密度和电子温度[13,14]，具有很大的研究价值。考虑到传统探针诊断原理，探针诊断可以作为机器学习算法的数据源，从而研究尘埃等离子体中尘埃颗粒捕获阱的电子密度和电子温度等参数。

使用 V 型辉光放电管，通过制造尘埃颗粒捕获阱产生具有稳定可控的尘埃颗粒密度的尘埃等离子体，使用朗缪尔探针诊断测量不同等离子体气压、放电电流和尘埃颗粒密度情况下的尘埃等离子体的相关参数。通过机器学习算法对朗缪尔探针获得的诊断结果进行处理，分析不同放电气压和放电电流下预测结果的准确率和损失率，由此得到机器学习结果随等离子体气体压力和放电电流变化的规律，最终获得尘埃等离子体的电子密度和电子温度等参数。

10.3.1　尘埃等离子体改进探针诊断实验

在本节中针对尘埃等离子体对实验方案进行了改进，选择新的等离子体发生装置。针对实验方案和实验装置重新选取输入参数和输出参数，并对改进尘埃等离子体探针诊断的实验中所使用的机器学习模型概念及数据处理方式进行介绍。

1. 尘埃等离子体发生装置和参数选择

为了使用朗缪尔探针诊断获得尘埃等离子体捕获阱的电子密度和电子温度，采用 V 型辉光放电管作为等离子体的发生装置，实验装置示意图如图 10.16 所示，放电装置实物如图 10.17 所示。

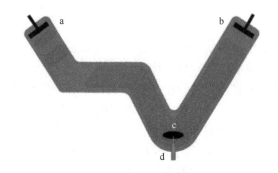

图 10.16　尘埃等离子体放电装置示意图

a. 阳极；b. 阴极；c. 尘埃云；d. 朗缪尔探针

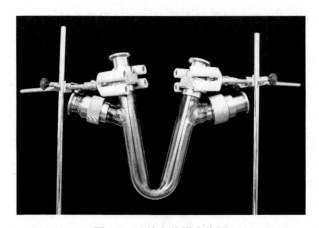

图 10.17　放电装置实物图

　　该实验装置通过简单的 V 型结构，利用尘埃颗粒自身的重力和等离子体内部的双极电场、轴向电场实现尘埃颗粒的捕获阱，可以将尘埃颗粒完全捕获在辉光放电管的弯曲部分，从而控制直流辉光放电等离子体正柱区中尘埃颗粒的分布。在等离子体发生装置示意图中，主体结构是弯曲的长度为 40cm 的玻璃管，内径为 3cm。等离子体发生装置内部的电极为镍金属材质的空心电极。在实验装置放电的过程中，尘埃颗粒通过可振动的尘埃容器穿过空心电极浸入到等离子体环境中，在尘埃颗粒捕获阱的作用下悬浮在等离子体中，形成尘埃等离子体。尘埃颗粒的材质是 Al_2O_3 颗粒，在实验中辉光放电管的弯曲处存在 200～300 个尘埃颗粒，尘埃颗粒是直径为 5μm 的球形颗粒。实验中使用氦气作为放电气体产生捕获尘埃颗粒的等离子体环境。

　　相对于空气，氦气有着更简单的等离子体化学反应过程，如表 10.2 和表 10.3所示[15]，并且氦气辉光放电的正柱区呈现乳白色，更适于在实验室中对尘埃等离子体性质进行研究。

表 10.2　空气的等离子体化学反应[15]

类型	反应方程
激发	$e+O_2 \rightarrow e+O_2^*$
电离	$e+O_2 \rightarrow e+e+O_2^+$
弹性碰撞	$e+O_2 \rightarrow e+O_2$
激发	$e+N_2 \rightarrow e+N_2^*$
电离	$e+N_2 \rightarrow e+e+N_2^+$
弹性碰撞	$e+N_2 \rightarrow e+N_2$

表 10.3　氦气的等离子体化学反应[15]

类型	反应方程
激发	$e+He \rightarrow e+He^*$
电离	$e+He \rightarrow e+e+He^+$
弹性碰撞	$e+He \rightarrow e+He$

　　探针位于图 10.16 中弯曲位置的最底部，恰好位于尘埃颗粒捕获阱的边缘，位于此位置的朗缪尔探针可以测量尘埃等离子体正柱区中捕获阱的电子密度和电子温度。朗缪尔探针的数据采集系统使用 Impedans 商用探针系统。在等离子体发生装置中，利用高温软化放电管壁的玻璃材质，在不影响等离子体发生装置气密

性的情况下使朗缪尔探针穿过管壁。等离子电源为 CE 1500 005T 程控电源，可直接读取电源的输出电流和输出电压，并且可以作为电压源连续调节电源的输出参数。最大的输出电压为 1500V，可以为获得等离子体探针诊断的电子密度和电子温度提供足够的放电条件，以用于机器学习训练和验证。一个额定功率 100kW 的阻值为 1kΩ 的电阻器串联在电路中，起到保护电路的作用。

由于在实验中尘埃颗粒密度 n_d 难以精确控制和测量，因此很难准确分析尘埃颗粒密度对电子密度和电子温度实验结果的影响。但是，通过在 V 型辉光放电管中注入已知固定数量的尘埃颗粒，可以控制尘埃颗粒捕获阱中的尘埃颗粒数量，局部尘埃颗粒密度可以随着等离子体气体压力和放电电流的变化而有规律地变化，尽管无法准确知道尘埃颗粒密度，但是仍然可以通过其他机器学习的输入参数间接地给出尘埃颗粒的密度。因此通过这个实验装置可以充分实现不同参数条件下对尘埃等离子体的诊断，为机器学习算法的训练提供了更加充足的数据源。

由于测量等离子体放电电流存在困难，可以选择电路的总电压和等离子体气体压力作为机器学习算法的输入参数进行分析和程序训练，但电路的总电压并不是影响等离子体电子密度和电子温度的直接参数。因此，在本章的研究中使用尘埃等离子体的放电电流和气体压力作为输入参数，正柱区的电子温度和电子密度用作输出参数。

2. 机器学习的数据处理

考虑到需要使用机器学习算法对已有数据的参数范围之外进行预测，本节选择了在机器学习算法领域具有出色的可扩展性和数据拟合能力的多层感知器算法。在实际的实验中，将多层感知器的输入层输入节点数设置为 $d=2$，对应于输入数据中的等离子体气体压力和放电电流两个参数；同样地，输出层中的输出节点数为 $q=2$，对应着输出数据中的等离子体的电子密度和电子温度两个输出参数。根据前文实验，通过对大量实验数据的初步运算和判断，当神经网络模型达到最佳的性能时，人工神经网络的层数应当为 $l=1$。

神经网络模型中，每一个隐藏层最佳的节点数为 $n_1=20$、$n_2=40$、$n_3=40$ 和 $n_4=20$。在本章的研究中，机器学习算法的代码基于 Python，由 Pytorch 1.0 实现，代码的运行设备配置为 Intel(R)Core(TM)i5-6500 CPU @ 3.20 GHz 和 NVIDIA GeForce GTX 1060 3 GB。为了避免在程序训练过程中出现梯度消失的现象，以及为了使模型更好更快地收敛，需要对朗缪尔探针诊断得到的输入参数和输出参数分别采取高斯正则化处理。在机器学习算法的训练过程中，以实验诊断中获得的尘埃等离子体捕获阱的电子密度和电子温度的真实值作为标准，评估机器学习算法预测数据的准确性。

具体的数据处理方法如下：

$$\mu = \frac{1}{T}\sum_{t=1}^{T} x^t$$

$$\sigma^2 = \frac{1}{T}\sum_{t=1}^{T} (x^t)^2 \tag{10.28}$$

$$x_{\text{reg}} = \frac{x - \mu}{\sigma}$$

式中，x 是输入到机器学习算法程序中需要正则化的数据的向量；x_{reg} 是经过正则化处理之后的数据；T 是输入到机器学习算法程序中的数据的向量长度。

为了判断算法预测结果的准确性，设计了具有一定准确率的计算方法：

$$E(O, \hat{O}) = \frac{|O - \hat{O}|}{\hat{O}} \tag{10.29}$$

$$Ac = \frac{P_{E(O-\hat{O})<R}}{P_{\text{total}}} \tag{10.30}$$

式中，$R \in (0,1)$ 是机器学习算法中预测数据与实际的诊断数据间误差可接受的最大阈值；$P_{E(O-\hat{O})<R}$ 是在机器学习程序测试过程中满足误差可接受的最大阈值的预测数据的数量；O 是测试集上的机器学习算法的预测结果；$\hat{O}$ 是测试集中测试数据的真实值；P_{total} 是总测试数据的数据量，而机器学习算法实际使用的数据 O 和 $\hat{O}$ 都是经过正则化处理过后的真实的尘埃等离子体诊断实验的测量值。

10.3.2　尘埃等离子体诊断机器学习方法

在介绍了实验中使用的等离子体发生装置和所选的输入参数以及输出参数后，需要将尘埃等离子体诊断实验获得的数据输入到机器学习算法中进行学习和训练，并将预测结果与 COMSOL Multiphysics 软件的仿真结果进行比较。在本节中，将介绍尘埃等离子体的仿真模型和具体实验中使用的机器学习算法。

1. 尘埃等离子体仿真模型

为了实现尘埃颗粒捕获阱中不同尘埃颗粒密度分布情况的流体模型的仿真，对 COMSOL Multiphysics 仿真软件生成的一维轴对称模型进行扩展和改进，模拟了不同尘埃云团分布情况下尘埃颗粒对等离子体的影响的结果，得到了直流辉光放电正柱区中电子密度和双极电场场强的径向分布。

通过分析可得到实际实验中尘埃云分布符合 $0.25R \sim 0.5R$ 密度均匀分布的尘埃颗粒分布情况，具体分布情况如图 10.18 所示。同时参考实际实验条件，在 $p = 67\text{Pa}$ 的较低气压和 $T = 293\text{K}$ 的室温条件下，在 $R = 3\text{cm}$ 的辉光放电管内重新进行了仿真模拟，得到了放电管中心轴位置处电子密度与电子温度。

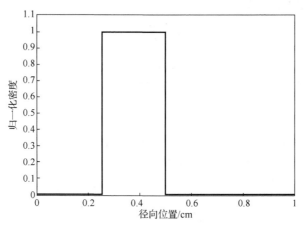

图 10.18　尘埃颗粒归一化密度的径向分布

2. 尘埃等离子体诊断机器学习程序

在本节中将对人工神经网络的相关定义进行介绍。对于改进朗缪尔探针的机器学习方法，Chalaturnyk 等[16]曾设计初步的网络结构和数据的划分，如图 10.19 所示。

本章的研究中使用的多层感知器算法也被称为人工神经网络，是由具有至少一个隐藏层的完全连接的层组成的神经网络。多层感知器算法的每个隐藏层的输出都通过激活函数进行转换，以便人工神经网络可以获得拟合非线性函数的能力。更具体的，对于给定的一个小样本 $X \in \mathbb{R}^{n \times d}$，其中批处理的大小为 n，输入参数的个数为 d。对于层数为 l 的多层感知器算法，它的隐藏层的数量为 $l-1$。它的每一个隐藏层中，神经元的个数为 h_i，i 为对应隐藏层的层数。接下来设定每个隐藏层的输出为 $H_i \in \mathbb{R}^{n \times h_i}$，对于每一个隐藏层而言权重和偏置参数分别为 $W_i \in \mathbb{R}^{h_{i-1} \times h_i}$ 和 $b_i \in \mathbb{R}^{n \times h_i}$。

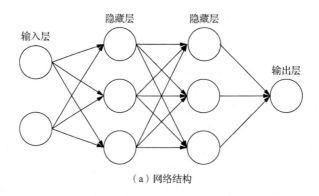

（a）网络结构

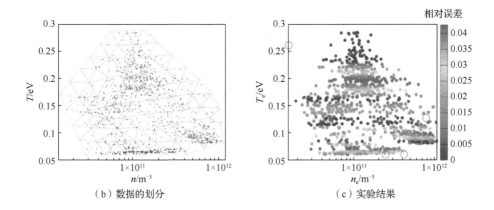

（b）数据的划分　　　　　　　　　（c）实验结果

图 10.19　Chalaturnyk 等[16]使用的模型和结果

（扫封底二维码查看彩图）

因此，人工神经网络的输出 $O \in \mathbb{R}^{n \times q}$ 可以写为

$$\begin{cases} H_1 = \phi(XW_1 + b_1) \\ H_i = \phi(H_{i-1}W_i + b_i), \quad i = 2,3,\cdots,l-1 \\ O = H_n W_n + b_n \end{cases} \tag{10.31}$$

式中，q 是人工神经网络中输出层的神经元的数量；ϕ 是神经网络的激活函数。在本节机器学习的相关研究中，选择 LeakyReLU 激活函数作为算法的激活函数，以避免训练过程中的梯度消失的问题，相应的激活函数表示为

$$\phi(x) = \begin{cases} x, & x \geq 0 \\ ax, & x < 0 \end{cases} \tag{10.32}$$

式中，a 是神经网络的超参数。在具体的机器学习程序中，使用 LeakyReLU 激活函数的初始值，算法中初始值被设置为 $a = 0.01$。

在回归问题中，均方误差是算法中常用的衡量预测数据整体形势优劣的损失函数。均方误差是机器学习算法预测得到的数据和实验诊断得到的真实数据之间差值的平方和的平均值，可以表示为

$$L = \frac{1}{q} \sum (O - \hat{O})^2 \tag{10.33}$$

式中，L 表示均方误差的损失函数；$\hat{O}$ 是通过朗缪尔探针诊断尘埃等离子体得到的训练数据的真实值。为了避免机器学习算法在训练过程中出现局部最优的情况，将动量参数加入到批处理的梯度下降过程中，并且将神经网络的参数的更新规则

设置为

$$v_{t+1} = \mu v_t - \eta \nabla L_{\mathrm{mse}}(\theta_t) \qquad (10.34)$$

$$\theta_{t-1} = \theta_t + v_{t+1} \qquad (10.35)$$

式中，η 是机器学习算法的学习速率，通常有 $\eta > 0$；μ 是动量参数的超参数；$\nabla L_{\mathrm{mse}}(\theta_t)$ 是可调超参数 θ_t 处的梯度。具体的超参数设置见表 10.4。

表 10.4　超参数的设置

学习速率	批处理大小	动量	最大迭代次数
0.1/0.05	全数据	0.9	20000

10.3.3　尘埃等离子体改进探针诊断结果分析

1. 实验数据

在本阶段的实验中，测量了不同尘埃颗粒注入量、等离子体放电电流和放电气压情况下朗缪尔探针诊断的电子密度和电子温度，并在正则化处理后将其作为机器学习算法的输入参数和输出参数。

图 10.20 展示了在尘埃颗粒注入的情况下，等离子体放电电流和放电气压样本数据的分布情况，在单一尘埃颗粒注入量的情况下样本数据量为 2972 组，共选择了 200～300 颗范围内三组不同的尘埃注入量进行机器学习程序的训练。在样本数据中选择了 10%的数据样本作为测试集，余下数据作为机器学习算法的训练集，与上一阶段研究类似，测试集数据所在的等离子体放电电流和放电气压范围完全在训练集的数据范围之外，且参数范围不相交。样本中电子温度和电子密度在不同等离子体放电电流和放电气压情况下的具体数值如图 10.21 所示。

如前文所述，固定单次注入等离子体环境中的尘埃颗粒数量，通过调节等离子体放电电流和放电气压参数可以间接控制尘埃颗粒捕获阱内尘埃颗粒密度。因此，虽然在实验中直接控制尘埃颗粒密度存在困难，但仍然可以清楚地观察并分析不断变化的尘埃颗粒密度对朗缪尔探针诊断结果的影响，同时机器学习算法的通用性允许在尘埃颗粒密度测量手段成熟后添加新的输入参数。最后，将机器学习算法用于在更大的等离子体放电电流和放电气压参数范围内预测电子温度和电子密度，并观察其变化趋势，发现与已有数据样本趋势情况符合，最后选择部分数据与流体模型仿真数据进行对比。

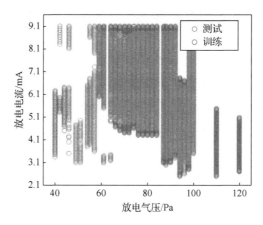

图 10.20　等离子体放电电流和放电气压样本数据的分布情况
（扫封底二维码查看彩图）

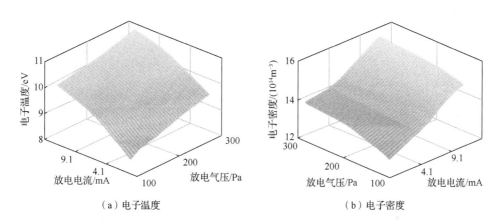

（a）电子温度　　　　　　　　　　　　　　（b）电子密度

图 10.21　特定尘埃数量下实验数据随放电电流和放电气压的变化规律
（扫封底二维码查看彩图）

2. 机器学习程序的结果

将探针诊断实验的样本数据输入机器学习算法中，在训练过程中同时对 $R = 0.1$ 和 $R = 0.3$，即预测数据与诊断数据误差为 10% 和 30%，两种误差判断标准进行运算。机器学习算法的学习速率采取与之前同样的设置，初始速率为 $\eta = 0.1$，在 4000 次迭代之后更改为 $\eta = 0.01$。

图 10.22 中展示了机器学习算法训练过程中电子温度、电子密度准确率和损失率随迭代次数的变化情况。从图中观察可知，在判断标准为 30% 的情况下，电子温度和电子密度的准确率在约 8000 次迭代后接近 100%，说明机器学习算法在较低的判断标准下，可以很快达到理想的训练状态。但是通过迭代曲线可以发现，

在迭代的初始阶段准确率已经非常理想，所以无法判断机器学习算法真实的适用性。

而判断标准为 10% 的情况下，迭代初始阶段数据的准确率较低，在迭代次数到约 10000 次时电子温度和电子密度的准确率曲线同时达到峰值，电子温度准确率曲线的峰值可以接近 100%，而电子密度的准确率曲线仅能达到 92.23%。损失率曲线与准确率曲线变化趋势一致，电子温度同样可以达到相对于电子密度更加理想的状态。

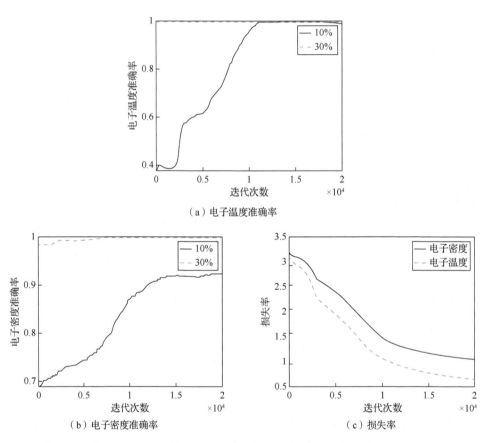

（a）电子温度准确率

（b）电子密度准确率　　　　　　　（c）损失率

图 10.22　机器学习算法训练过程中的迭代曲线

3. 与探针诊断结果的对比

在得到了机器学习算法的预测数据后，针对电子温度和电子密度准确率和损失率的差异，在本节中通过和朗缪尔探针诊断的结果及尘埃等离子体实验现象的对比，具体分析产生该现象的原因。在相同的等离子体参数情况下，尘埃等离子体和无尘埃等离子体的 *I-V* 特性曲线如图 10.23 所示。在尘埃等离子体中，朗缪尔探针测量得到的电子饱和电流略有下降，同时达到电子饱和电流所需的探针扫描电压增加，但是对离子饱和电流几乎没有影响。分析曲线可知，尘埃颗粒主要影响朗缪尔探针收集到的电子饱和电流和等离子体电势。

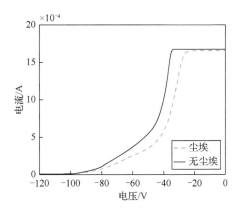

图 10.23　无尘埃等离子体与尘埃等离子体的 *I-V* 特性曲线

根据朗缪尔探针诊断原理，基于 *I-V* 特性曲线，可以通过如下公式计算电子温度：

$$k_{\mathrm{B}}T_{\mathrm{e}} = \frac{e(V_{\mathrm{p}} - \phi_{\mathrm{p}})}{\ln I_{\mathrm{p}} - \ln I_{\mathrm{es}}} \qquad (10.36)$$

式中，I_{p} 是探针电流；V_{p} 是探针电势；ϕ_{p} 是等离子体电势；I_{es} 是探针收集到的电子饱和电流。对于柱状探针，可以进一步利用 *I-V* 特性曲线的过渡区计算电子密度：

$$n_{\mathrm{e}} = \frac{3.7 \times 10^{8} I_{\mathrm{es}}}{A\sqrt{k_{\mathrm{B}}T_{\mathrm{e}}}} (\mathrm{cm}^{-3}) \qquad (10.37)$$

式中，A 是探针测量等离子体参数时的有效表面积。

对于电子密度，在朗缪尔探针诊断尘埃等离子体正柱区的尘埃颗粒捕获阱的过程中，朗缪尔探针的扫描系统会在探针上施加扫描电压，使得带有负电荷的尘埃颗粒附着在探针表面，使探针有效表面积 A 降低，但是在计算电子密度的过程中仍然使用探针原本的表面积。相对于对探针表面积的影响，尘埃颗粒对电子饱和电流的影响较小，因此导致计算出的电子密度小于真实值。通过分析，认为这是机器学习算法预测电子密度的准确率不能达到 100% 的原因。

对于电子温度，在计算过程中主要利用探针 *I-V* 特性曲线过渡区的斜率，不涉及探针的表面积。因此尘埃颗粒对电子温度计算的影响相比于电子密度的影响较小，所以机器学习算法可以获得良好的预测结果，这与图 10.22（a）和图 10.22（b）所示结果相吻合。如上所述，由于同样的原因，电子温度的损失率明显低于电子密度的损失率。

为了详细分析测试集数据误差，分别列出电子温度和电子密度测试集数据和预测数据对比的具体误差，如图 10.24 所示。电子密度和电子温度的具体误差分布符合图 10.22（c）的分布情况差异。同时，图 10.24 显示测试集中误差分布呈规律的周期分布，符合捕获阱中尘埃颗粒密度随等离子放电电流和气体压力等参数周期变化的规律。

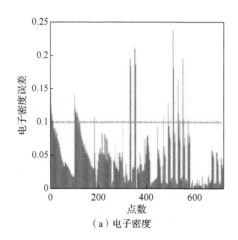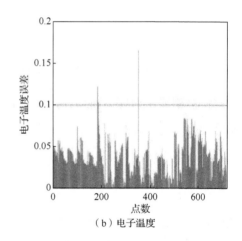

（a）电子密度　　　　　　　　　　　　　　（b）电子温度

图 10.24　机器学习的结果

在具体对比训练集误差结果后，机器学习算法损失率取得较好的结果。但是，利用损失率仅能对预测数据个体的误差进行整体判断，无法对预测数据的整体趋势进行分析。因此为了对机器学习算法结果的整体趋势进行分析，通过训练完成的机器学习程序在已有的等离子体放电电流和放电气压范围之外进行了大规模的预测，并与已有范围内探针诊断数据的变化趋势进行对比，如图 10.25 所示。

图 10.25（b）和图 10.25（d）中预测结果的整体趋势能够很好地反映图 10.25（a）和图 10.25（c）中训练集探针诊断数据的趋势。特别对于电子温度，训练集探针诊断数据受尘埃颗粒影响较小，机器学习算法可以取得更好的预测效果。在实际的探针诊断过程中，由于尘埃颗粒对朗缪尔探针的影响存在随机性，通过常规的物理手段很难对其进行描述，但机器学习算法可以通过大数据拟合很好地重现探针诊断数据的规律。

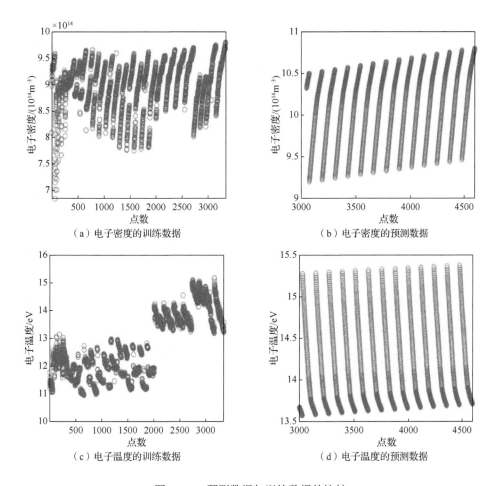

（a）电子密度的训练数据　　　　　　　　　　　（b）电子密度的预测数据

（c）电子温度的训练数据　　　　　　　　　　　（d）电子温度的预测数据

图 10.25　预测数据与训练数据的比较

　　通过以上结果，可以判断机器学习程序在尘埃等离子体诊断领域能起到很好的辅助作用。进一步地，将机器学习算法预测的结果与实际的尘埃颗粒捕获阱实验现象进行对比。在放电气压为 120Pa 直流辉光放电正柱区均匀的情况下，绘制探针的预测数据和实验诊断数据随等离子体放电电流的变化曲线，如图 10.26 所示。

　　在正柱区均匀的情况下，当等离子体放电电流增加时，正柱区电子密度增大，同时机器学习算法预测数据和探针诊断数据间的差值逐渐减小，可认为图 10.26（a）较好地反映和修正了尘埃颗粒密度对探针诊断电子密度的影响。而图 10.26（b）中电子温度的误差随放电电流的变化情况，与尘埃颗粒密度对电子温度诊断影响较小的结论也有着很好的吻合。

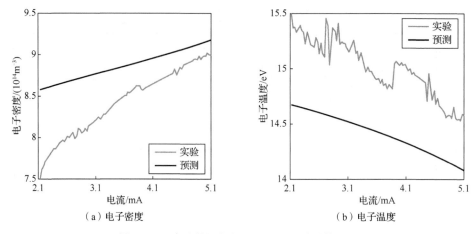

图 10.26　实验数据与机器学习预测结果的对比

4. 仿真结果的对比

图 10.27 为机器学习算法预测数据与 COMSOL Multiphysics 模拟数据的对比。

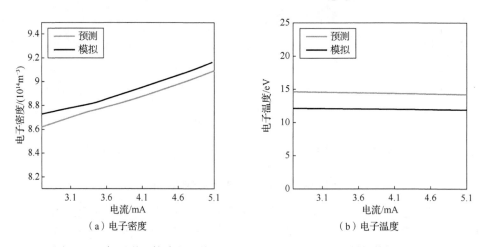

图 10.27　机器学习算法预测数据与 COMSOL Multiphysics 模拟数据的对比

　　具体对比了等离子体气压为 50Pa 情况下，不同等离子体电流的电子密度和电子温度、模拟数据与预测数据实现了很好的吻合。同时可以观察到，机器学习输出数据在等离子体条件改变时，输出曲线更加平滑、规律更加明显，相对于实际的实验曲线，整体结果的特点更加接近于程序模拟数据的特点。在机器学习训练的过程中已经对实验数据的测量误差进行了修正。

　　综上所述，机器学习算法可以实现对尘埃等离子体电子密度和电子温度的准确预测，并成功地复现尘埃等离子体尘埃颗粒捕获阱中尘埃颗粒密度对等离子体探针诊断结果影响的规律。最终通过机器学习程序可以输出可靠的尘埃等离子体电子温度和电子密度等参数。

在探针诊断尘埃等离子体过程中，尘埃颗粒附着在探针表面，导致探针诊断结果偏离真实值。由于尘埃颗粒对探针的附着过程是非线性的，因此这种过程很难通过简单的物理方法进行校正。基于以上原因，在本章的研究中将应用于传统探针理论的机器学习算法扩展到等离子体的探针诊断中。

10.4　尘埃等离子体的发射光谱诊断

10.4.1　一般等离子体发射光谱诊断介绍

由于尘埃等离子体中有负电性的颗粒，朗缪尔探针法在诊断电子相关参数时，尘埃会被探针吸附并附着在探针尖端，导致难以准确测得电子电流，本节将引入发射光谱法诊断尘埃等离子体的电子温度和电子密度[1]。首先介绍发射光谱法中常用的玻尔兹曼曲线斜率法和连续谱绝对强度法的诊断原理，然后对不同放电条件下的电子温度进行了研究，并根据简单圆柱形模型模拟了电子温度与气压的关系。接着对不同放电条件下的电子密度进行了分析，还根据 OML 充电理论计算了尘埃颗粒的平均带电量，通过受力分析验证了此结果。

发射光谱法是普通等离子体应用较为广泛的一种诊断方法，其原理是通过光谱仪得到等离子体的发射光谱，根据光谱相对辐射强度与等离子体电子温度、电子密度和其他粒子成分等参数之间的关系，建立相应的模型，推导出计算方法。由光谱原理可知，尘埃颗粒达到充放电平衡后，对中性粒子的碰撞激发和自发辐射没有影响，因此认为适用于普通等离子体的发射光谱法模型可以直接用于尘埃等离子体诊断。

常见的等离子体光谱法一般可以分为两种测量方法：发射光谱的被动式测量和吸收光谱的主动式测量。对于发射光谱法，记录的是等离子体本身发射的光。其中基本过程是电子碰撞粒子（原子、分子、离子）使其从低能级 p 激发到高能级 q，然后激发态粒子通过自发辐射以跃迁概率 A_{qk} 退激发到中间能级 k，从而导致线状谱辐射 ε_{qk}。对于吸收光谱法，从低能级 p 到高能级 q 的激发过程是由辐射场造成的，即通过跃迁概率为 B_{qk} 的吸收过程，从而导致测量到的辐射场强度减小，最终实现测量光谱的目的。吸收谱线的强度与处于低能级的粒子密度 $n_{(p)}$ 有关，且其在大多数情况下是基态；而发射谱线的强度与激发态的粒子密度 $n_{(q)}$ 有关，不仅可以了解等离子体中各种激发态粒子的信息，还能很方便地得到被测等离子体的一些参数，如电子激发温度、电子密度等。相比于主动式测量，被动式测量系统更简单经济。

发射光谱诊断系统的基本组件有：入射狭缝和出射狭缝，作为色散元件的光栅和成像镜（准直镜和聚焦镜），以及光学探测器。光谱系统的各个组件确定了可测量的波长范围、光谱分辨率和光通量。光栅的特征在于其每毫米的沟槽数（线/毫米）的选择，这对于光谱分辨率是重要的，有一些特殊类型的光栅（例如阶梯光栅）针对高阶衍射进行了优化，从而实现了高光谱分辨率。此外，光栅的闪耀角决定了具有最高反射效率的波长范围，即光栅的灵敏度。光谱仪的焦距影响光谱分辨率，与光栅的尺寸一起限定光圈并因此限定光的通过量。入射狭缝的宽度对于光通量也很重要，较大的入射狭缝会导致更大的入射光强度，但其缺点是光谱分辨率降低。探测器一般有两种类型供选择：光电倍增管和电荷耦合器件（CCD）。光电倍增管安装在出射狭缝后面，出射狭缝的宽度影响光谱分辨率，CCD 阵列直接安装在出口的图像平面上，CCD 的像素尺寸影响系统的光谱分辨率。

本节实验中测量使用的是 Ocean Optics（海洋光学）公司的 HR4000 型高分辨率定制光谱仪。其波长测量范围为 200～1100nm，分辨率为 0.25nm，具有良好的时间分辨率。光谱仪基本工作原理如图 10.28 所示，光源即等离子体发出的光通过成像光学系统成像到入射狭缝或光纤耦合到狭缝。入射光被准直镜平行反射到衍射光栅上，反射光在光栅表面发生衍射和干涉，导致不同频率的光以不同的角度照射到聚焦镜上，达到了不同频率的光空间分散的目的。分散后的光被聚焦镜聚焦在出射狭缝处，最终被光学探测器收集。探测器将不同波长的光信号转换成不同强度的电信号，并在计算机软件中显示出谱线。

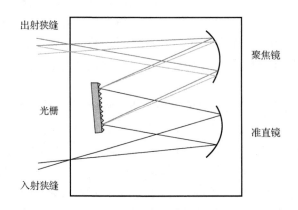

图 10.28　光谱仪基本工作原理示意图

实验测量过程中，在不同放电条件下产生尘埃等离子体，放电稳定后利用去除背景光谱的光谱仪记录其发射光谱，积分时间设置为 300ms。在测量过程中，各仪器的位置始终保持不变，最终得到不同条件下尘埃等离子体的发射光谱。图 10.29 是放电气压 100Pa、放电电压 1000V 时尘埃等离子体的发射光谱，谱线主要集中在 700～900nm，与纯氩气放电的标准谱线对比分析可发现，尘埃等离子体的发射光谱未发生谱线位置移动，这保证了利用发射光谱诊断尘埃等离子体的可行性。此外，从图中还可看到，光谱主要由氩原子的谱线组成，几乎没有氩离子的谱线，这是因为离子的激发能比原子大得多，本实验中的电子能量难以满足。

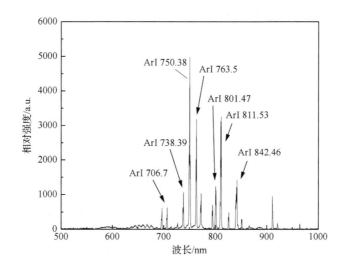

图 10.29　100Pa、1000V 放电条件下尘埃等离子体的发射光谱

图 10.30 是放电气压为 700Pa 时不同放电电压下尘埃等离子体的发射光谱对比图，图 10.31 是放电电压为 1000V 时不同放电气压下尘埃等离子体的发射光谱对比图。可以看到，随着放电电压的升高，光谱强度总体显著增强，且不同波长的谱线强度比没有明显变化。而随着放电气压的升高，光谱强度整体只有小幅度的增强，且从 750.38nm 波长谱线的变化可以看出，不同波长的谱线强度比有明显变化。此外，随着放电条件的变化，光谱未发生频移现象。

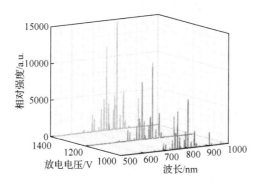

图 10.30　不同放电电压下尘埃等离子体的发射光谱
（扫封底二维码查看彩图）

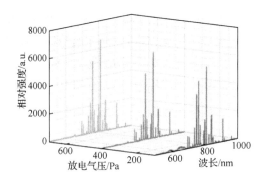

图 10.31　不同放电气压下尘埃等离子体的发射光谱
（扫封底二维码查看彩图）

　　光谱仪的校准对正确使用光谱仪具有重要意义，根据使用目的，光谱仪校准可分为波长校准和强度校准两种类型。几乎所有的光谱仪都需要波长校准，且每使用一段时间后就要重新校准，一般利用特征谱线已知的光谱灯或等离子体本身对波长进行简单校准即可。此外，相对复杂一些的强度校准根据不同的目的也可以分为两种类型。对于不同波长的光信号，光学探测器的灵敏度（光谱仪的量子效率）不一样，光谱仪给出的谱线强度比并不等于对应波长的实际辐照度比，因此光谱仪通常需要校准以得到谱线的相对强度，这种方法被称为相对强度校准。另一种是绝对强度校准，是指用一台已知光谱辐射率的标准灯来校准光谱仪探测器每个像元下的响应强度，可以将探测器的探测信号转换为光源的绝对辐射强度（$W \cdot sr^{-1} \cdot nm^{-1}$）或绝对辐射率（$W \cdot m^{-2} \cdot sr^{-1} \cdot nm^{-1}$）。绝对强度校准的光谱系统是等离子体诊断中较强大的工具之一。

10.4.2　尘埃等离子体发射光谱诊断方法

　　根据发射光谱计算出尘埃等离子体的电子密度，利用的是连续谱的绝对辐射强度法，需要对光谱仪进行绝对强度校准。本节使用了钨丝灯作为校准的标准光源，钨丝灯由一台稳流电源驱动，校准时电源输出功率固定。通过分别测量尘埃等离子体和标准灯的发射光谱强度，并根据已知的标准灯的绝对辐射强度，可以对尘埃等离子体的辐射强度进行绝对校准，校准系统装置示意图如图 10.32 所示。本实验中的光源即是指标准灯和尘埃等离子体，在距光源 30cm 处固定有一块中央开有方孔（1cm×1cm）的方形挡光板（大小 5cm×5cm，厚度 0.3cm），在挡光板和光源之间还固定有一块同样尺寸的吸光板，吸光板中央同样开有方孔，实验中通过调节吸光板的水平位置，以使光源发射的光刚好通过挡光板的透光孔。挡光板右侧是用于聚焦的凸透镜，其右侧焦点处固定有连接至光谱仪的光纤。光透过凸透镜后被光纤收集，最后被光谱仪采集并由计算机记录。校准过程中最关键的一点是光谱系统对光源的成像一致,必须保证系统的光源等组件处于同一水平线,而且光纤收集光线的角度不能发生任何变化。

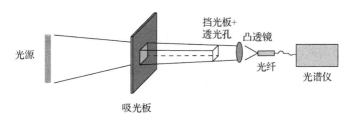

图 10.32　绝对辐射强度校准系统装置示意图

校准过程中,先对尘埃等离子体的发射光谱进行测量,测量时需要去除背景辐射光谱。接着移除等离子体放电装置,将标准灯固定在同样的位置,并确保校准系统的组件处于同一水平线后测量其发射光谱。这个过程中光谱仪的参数设置应始终保持不变。最后根据式(10.38)就可以得到尘埃等离子体的绝对辐射强度:

$$I_\lambda(\lambda) = \frac{S_\lambda(\lambda)}{S'_\lambda(\lambda)} I'_\lambda(\lambda) \tag{10.38}$$

式中, $S_\lambda(\lambda)$ 和 $S'_\lambda(\lambda)$ 分别为测量得到的尘埃等离子体和标准灯的相对强度光谱; $I_\lambda(\lambda)$ 和 $I'_\lambda(\lambda)$ 分别为尘埃等离子体和标准灯的绝对辐射强度光谱。通过对绝对辐射强度光谱进行分析和计算,可以得到尘埃等离子体的电子激发温度、电子密度等参数信息。

目前发射光谱法诊断电子温度的模型主要有两种,分别是玻尔兹曼模型和费米-狄拉克模型。二者都是通过测量出等离子体的电子激发温度,并近似认为等离子体处于局部热平衡态,电子激发温度近似等于电子温度。

玻尔兹曼模型也被称为玻尔兹曼曲线斜率法,它假设等离子体满足热力学平衡态,此时不同能级的粒子数满足玻尔兹曼分布:

$$\frac{N_k}{N_0} = \frac{g_k}{g_0} \exp\left(-\frac{E_k - E_0}{k_B T_{ex}}\right) = \frac{g_k}{g_0} \exp\left(\frac{-E_k}{k_B T_{ex}}\right) \tag{10.39}$$

式中, N_0 与 N_k 分别表示处于基态和 k 激发态的粒子数; E_0 和 E_k 与 g_0 和 g_k 分别表示相应能级的能量与统计权重;令 $E_0 = 0$, T_{ex} 表示电子激发温度; k_B 为玻尔兹曼常数,其值为 $1.3806 \times 10^{-23} \text{J/K}$ 。

总粒子数 N 可写为处于各激发态的粒子数的和:

$$N = N_0 + N_1 + N_2 + \cdots + N_i = \sum_{k=0}^{i} N_k \tag{10.40}$$

将式（10.39）代入式（10.40）中，可以求出：

$$N_0 = \frac{N g_0}{\sum_{k=0}^{i} g_k \exp\left(-\frac{E_k}{k_B T_{ex}}\right)} \qquad (10.41)$$

再将式（10.41）代入式（10.39），可以得到

$$N_k = N \frac{g_k}{Z} \exp\left(-\frac{E_k}{k_B T_{ex}}\right) \qquad (10.42)$$

式中，$Z = \sum_{k=0}^{i} g_k \exp\left(-E_k/(k_B T_{ex})\right)$ 为粒子的内部配分函数。因此，激发态粒子能级跃迁（$k \to i$）的单位立体角辐射能量可写为

$$I_{ki} = \frac{1}{4\pi} \frac{hc}{\lambda_{ki}} N_k A_{ki} = \frac{1}{4\pi} \frac{hc}{\lambda_{ki}} A_{ki} N \frac{g_k}{Z} \exp\left(-\frac{E_k}{k_B T_{ex}}\right) \qquad (10.43)$$

对式（10.43）两边取对数，从而有

$$\ln\left(\frac{I_{ki}\lambda_{ki}}{A_{ki}g_k}\right) = -\frac{E_k}{k_B T_{ex}} + \ln\left(\frac{hcN}{4\pi Z}\right) \qquad (10.44)$$

可以看出，$\ln\left(I_{ki}\lambda_{ki}/(A_{ki}g_k)\right)$ 和 E_k 呈线性关系，且直线斜率就是 $-1/(k_B T_{ex})$。因此，计算过程中，根据发射光谱选出明确的、易分辨的多条氩原子线状谱线。在原子能级数据库中查询出波长对应的 A_{ki}、g_k、E_k 等参数，以 $\ln\left(I_{ki}\lambda_{ki}/(A_{ki}g_k)\right)$ 为纵轴，以 E_k 为横轴，线性拟合并计算斜率，从而得到电子激发温度 T_{ex}。

费米-狄拉克模型是从量子力学角度出发，认为等离子体满足费米-狄拉克分布，并将化学势和电子激发温度看作变量，通过非线性最小二乘算法对谱线数据进行拟合，从而得出电子激发温度。但是，由于化学势是关于温度的隐函数，不能简单地看作独立变量，而要根据电子能量本征态计算，当测量多个谱线时会引入相当大的计算量。而且非线性拟合结果往往很接近直线，和玻尔兹曼模型拟合结果很接近。

电子密度是等离子体研究中重要的参数之一，发射光谱诊断电子密度的一种广泛应用的方法是基于线状辐射谱线的斯塔克展宽法，而事实上，由于线状谱线同时受多种展宽机制的影响，如压力展宽，导致计算斯塔克展宽得到电子密度的

方法对于密度低于 $10^{20}\,\mathrm{m}^{-3}$ 的等离子体并不合适。因此可以利用连续谱线的绝对强度法来计算。

等离子体中连续辐射由某一位置传播至另一处,其光谱强度变化的方程为

$$\frac{\mathrm{d}I_\lambda(\lambda)}{\mathrm{d}s} = j_\lambda(\lambda) - k(\lambda)I_\lambda(\lambda) \tag{10.45}$$

式中,s 表示光传播的距离;$j_\lambda(\lambda)$ 单位是 $\mathrm{W\cdot m^{-3}\cdot sr^{-1}}$;$k(\lambda)$ 的单位是 $\mathrm{m^{-1}}$。

方程(10.45)描述了等离子体中一束光谱强度为 $I_\lambda(\lambda)$ 的光,在等离子体中传播时,在发射系数 $j_\lambda(\lambda)$ 与吸收系数 $k(\lambda)$ 共同的作用下,强度发生改变的过程。

考虑到实验所研究的尘埃等离子体是光学薄介质,光谱的自吸收能够忽略,再假设尘埃等离子体在放电玻璃管中是沿截面径向均匀分布的,可以得到

$$I_\lambda(\lambda) = j_\lambda(\lambda)d \tag{10.46}$$

由等离子体的辐射过程可知,在等离子体中,连续谱的辐射由自由电子同原子、离子的碰撞产生。因此,连续谱的发射系数在等离子体中主要由三部分组成,其形式可以表示为

$$j_\lambda(\lambda) = j_\lambda^{\mathrm{en},ff}(\lambda) + j_\lambda^{\mathrm{ei},ff}(\lambda) + j_\lambda^{\mathrm{ei},fb}(\lambda) \tag{10.47}$$

式中,$j_\lambda^{\mathrm{en},ff}(\lambda)$ 项表示电子和中性粒子的弹性碰撞过程;$j_\lambda^{\mathrm{ei},ff}(\lambda)$ 项表示电子和离子的弹性碰撞过程;$j_\lambda^{\mathrm{ei},fb}(\lambda)$ 项表示电子和离子的复合过程。

在本实验中,尘埃等离子体的电离程度比较低,原子的密度远大于电子、离子的密度,因此式(10.47)中自由电子与原子碰撞过程的贡献是最大的,而后两项 $j_\lambda^{\mathrm{ei},ff}(\lambda)$ 和 $j_\lambda^{\mathrm{ei},fb}(\lambda)$ 可以近似忽略,这样 $j_\lambda(\lambda) = j_\lambda^{\mathrm{en},ff}(\lambda)$。

这里给出 $j_\lambda^{\mathrm{en},ff}(\lambda)$ 与等离子体参数之间的关系:

$$j_\lambda^{\mathrm{en},ff}(\lambda,T_\mathrm{e}) = c_0 \frac{n_\mathrm{e}n_\mathrm{n}}{\lambda^2} T_\mathrm{e}^{3/2} \left\{ Q^{\mathrm{Ar}}(T_\mathrm{e}) \left[1 + \left(1 + \frac{hc}{\lambda k_\mathrm{B}T_\mathrm{e}}\right)^2 \right] \exp\left(-\frac{hc}{\lambda k_\mathrm{B}T_\mathrm{e}}\right) \right\} \tag{10.48}$$

$$c_0 = \frac{32e^2}{12\pi\varepsilon_0 c^2}\left(\frac{k_\mathrm{B}}{4\pi m_\mathrm{e}}\right)^{3/2} = 1.026\times10^{-34}\left(\mathrm{J\cdot m^2\cdot K^{3/2}\cdot s^{-1}\cdot sr^{-1}}\right) \tag{10.49}$$

式中,m_e 是电子质量;ε_0 是真空介电常数;c 是真空中光速;k_B 是玻尔兹曼常数。等离子体的参数分别为电子密度 n_e、氩原子密度 n_n 以及电子温度 T_e。Q^{Ar} 表示电

子与氩原子碰撞发生动量转移时的平均碰撞截面，它是通过对电子与原子碰撞的动量转移按照电子能量分布的碰撞截面求平均得到的。本次试验直接使用 Milloy 等[17]的电子温度处于 0～4eV 区间内的 Q^{Ar} 数据的拟合结果：

$$Q^{Ar}(T_e) = -0.38839 + 1.94591T_e - 0.26633T_e^2 + 0.04031T_e^3 \qquad （10.50）$$

由式（10.48）可以得出电子密度的表达式：

$$n_e = \frac{j_\lambda(\lambda)}{g_\lambda(\lambda, T_e)n_n} \qquad （10.51）$$

式中，$g_\lambda(\lambda, T_e)$ 为

$$g_\lambda(\lambda, T_e) = \frac{c_0}{\lambda^2} T_e^{3/2} \left\{ Q(T_e) \left[1 + \left(1 + \frac{hc}{\lambda k_B T_e} \right)^2 \right] \exp\left(-\frac{hc}{\lambda k_B T_e} \right) \right\} \qquad （10.52）$$

n_n 可以根据式（10.53）求出：

$$p = n_n k_B T_g \qquad （10.53）$$

其中，T_g 为气体温度。$j_\lambda(\lambda)$ 可以通过标准灯校准光谱仪的绝对辐射强度得到。

综上所述，通过对尘埃等离子体发射光谱中连续谱绝对强度的测量，再结合式（10.51）、式（10.52）和式（10.53）就能够得出尘埃等离子体的电子密度。

10.4.3 发射光谱诊断结果

基于玻尔兹曼曲线斜率法，将式（10.44）改写为以下形式：

$$\lg\left(\frac{I\lambda}{gA} \right) = -\frac{5040}{T_{ex}} E + \text{const} \qquad （10.54）$$

在发射光谱上选取多条激发能不同的线状谱线，以激发能 E 为横坐标，以 $\lg(I\lambda/(gA))$ 为纵坐标，通过线性拟合得到直线斜率，即可求出相应的电子激发温度 T_{ex}。为了使直线拟合结果更为准确，以激发能相差较大作为选用线状谱的准则，最终选用的线状谱如表 10.5 所示，通过查询原子能级数据库获得各谱线的相关参数。

表 10.5　氩原子谱线参数

谱线波长/nm	跃迁概率 A/s^{-1}	激发能 E/eV	统计权重 g
706.7	$38×10^5$	13.30	5
750.38	$44.5×10^5$	13.47	1
763.5	$245×10^5$	13.17	5
801.47	$92.8×10^5$	13.09	5
811.53	$250×10^5$	13.15	3

最终得到 Ar 辉光放电尘埃等离子体的电子激发温度随放电电压和放电气压变化曲线，如图 10.33 和图 10.34 所示。从图 10.33 可以看出，随着放电电压的升高，电子激发温度变化没有明显的规律，100Pa 时电子激发温度在 2.43～2.52eV 区间上下浮动，400Pa 时电子激发温度整体下降到 2.4eV 附近，700Pa 时电子激发温度又整体下降到 2.3eV 附近并上下浮动。因此可以认为放电电压对尘埃等离子体的电子激发温度几乎没有影响。从图 10.34 可以明显地看出，随着放电气压的升高，电子激发温度不断降低，而且不同放电电压的下降趋势基本一致，都是从 100Pa 时的 2.5eV 降至 700Pa 时的 2.25eV。

综上可以看出，利用发射光谱法诊断得到尘埃等离子体的电子激发温度处于 2.2～2.6eV，随着放电电压的增大，电子激发温度没有明显变化，且随着放电气压的升高，电子激发温度逐渐降低，由于电子激发温度近似等于电子温度，发射光谱诊断得到的数据与前文探针诊断结果基本一致，因此可以初步认为发射光谱法诊断尘埃等离子体电子激发温度的结果比较可靠。

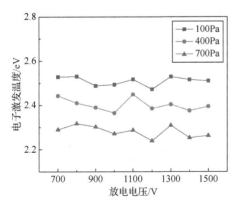

图 10.33　电子激发温度随放电电压的
变化曲线图

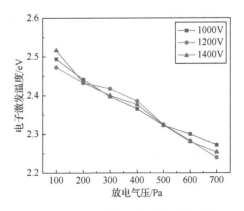

图 10.34　电子激发温度随放电气压的
变化曲线图

接着为了探究尘埃颗粒对电子激发温度的影响，分别对放电气压为 700Pa 时不同放电电压条件下、放电电压为 1000V 时不同放电气压条件下有无尘埃普通氩等离子体的发射光谱进行诊断。计算得到的电子激发温度结果如图 10.35 和图 10.36 所示。

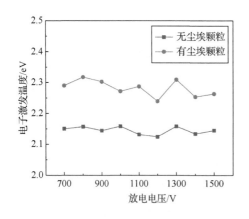 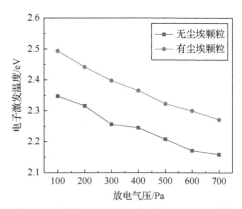

图 10.35　不同放电电压下氩等离子体有　　　　图 10.36　不同放电气压下氩等离子体有
无尘埃颗粒时电子激发温度对比　　　　　　　　无尘埃颗粒时电子激发温度对比

可以明显看出，放电电压和放电气压对加入尘埃颗粒之前和之后的氩等离子体电子激发温度的影响基本一致，放电电压对电子激发温度的影响较小，但随着放电气压的升高，电子激发温度呈现明显降低的变化趋势。此外，未加入尘埃颗粒时，电子激发温度在 700Pa 下基本维持在 2.15eV 左右，在 1000V 条件下随放电气压升高从 2.35eV 降低至 2.15eV 附近，相比于未加入时，加入尘埃颗粒后的电子激发温度整体上升高了 0.15eV 左右，且上升幅度基本不随放电条件变化而改变。尘埃颗粒会导致离子密度下降，显然电子密度也会随着下降，但氩原子电离速率会增大，因此为了维持电离速率，电子-原子碰撞电离速率系数必然增大，即电子温度及电子激发温度必然升高。

为了探究放电气压对电子温度的影响过程，建立简单圆柱形放电模型来模拟尘埃等离子体电子温度随放电气压的变化关系。对于普通等离子体，利用离子数平衡方程，令离子在器壁表面总的吸附速率与在主等离子体区中总的电离速率相等，即

$$n_{i0}u_{B}A_{\text{eff}} = K_{iz}n_{n}n_{e0}V \tag{10.55}$$

式中，n_{i0} 和 n_{e0} 分别是主等离子体区离子和电子密度；n_{n} 是氩原子密度；u_{B} 是波

姆速度；$V=\pi R^2 l$ 是等离子体的总体积；A_{eff} 是离子与器壁碰撞的有效面积；K_{iz} 是电子-中性粒子碰撞电离速率系数。

在尘埃等离子体中，离子与尘埃颗粒吸附碰撞过程也会引起离子数损失 $K_{\text{id}} n_{i0} n_d V$，其中，$K_{\text{id}}$ 是离子-尘埃颗粒的吸附速率系数，可以通过式（10.56）求出：

$$K_{\text{id}} n_{i0} = I_i / e \tag{10.56}$$

式中，I_i 为尘埃颗粒充电平衡后的离子充电电流，其计算公式为

$$I_i = 4\pi r_d^2 n_{i0} e \left(\frac{k_B T_i}{2\pi m_i}\right)^{1/2} \left(1 - \frac{e\phi_d}{k_B T_i}\right) \tag{10.57}$$

其中，m_i 是氩离子质量，T_i 是离子温度，ϕ_d 是尘埃颗粒的悬浮电势。

根据计算结果，发现不同放电气压条件下尘埃颗粒的悬浮电势 ϕ_d 的变化并不明显，为了便于计算，此处选取 $\phi_d = -4.5\text{V}$，因此 I_i 变成了与电子温度和放电气压都无关的常量。

故式（10.55）应改写为

$$K_{\text{iz}} n_n n_{e0} V - n_{i0} u_B A_{\text{eff}} - K_{\text{id}} n_{i0} n_d V = 0 \tag{10.58}$$

从表 10.1 中可以看出，电子与原子碰撞电离过程中反应 2 占主导作用，则

$$K_{\text{iz}} = 2.34 \times 10^{-14} T_e^{0.59} \exp\left(-17.44 / T_e\right) \tag{10.59}$$

由于尘埃颗粒的密度很小（约 $10^{12}\,\text{cm}^{-3}$），充电电荷对电子密度的影响可以忽略，可以认为 $n_{i0} \approx n_{e0}$。则式（10.55）可以写成

$$K_{\text{iz}} n_n V - u_B A_{\text{eff}} - K_{\text{id}} n_d V = 0 \tag{10.60}$$

联立式（10.56）～式（10.60）即可得到关于电子温度 T_e 和放电气压 p 的超越方程：

$$K_{\text{iz}}(T_e) n_n = \frac{u_B(T_e) A_{\text{eff}}(p)}{V} - \frac{I_i n_d}{n_{i0} e} \tag{10.61}$$

选取参数 $R = 0.015\text{m}$，$l = 0.2\text{m}$，$n_d = 1 \times 10^{12}\,\text{m}^{-3}$，$r_d = 1\mu\text{m}$，$T_i = 0.03\text{eV}$，$n_n = 2.5 \times 10^{22}\,\text{m}^{-3}$（相当于气体温度为 350K，$p = 100\text{Pa}$），求解超越方程。模拟出电子温度随放电气压的变化曲线，如图 10.37 所示。

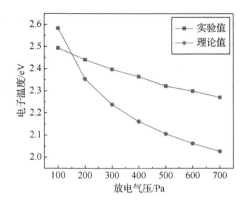

图 10.37 简单圆柱形模型中电子温度随放电气压的变化曲线

从图 10.37 中可以看出，在简单圆柱形放电模型中，电子温度随放电气压升高逐渐下降，而且下降的斜率越来越小，这与发射光谱诊断结果较为吻合。但理论值是从 100Pa 时的 2.58eV 下降至 700Pa 时的 2.03eV 附近，而实验值是从 2.5eV 左右下降到 2.3eV 附近。在 100～200Pa，二者大小比较接近，但理论值随放电气压减小速度明显更快；在 300～700Pa，理论值比实验值小 0.25eV 左右，然而前者的下降速度越来越接近后者。综合分析，理论值和实验值有偏差的原因可能是离子数平衡方程中未考虑器壁鞘层中正离子与中性粒子的碰撞的影响，而随着放电气压升高，这种影响越来越明显，导致理论值和实验值偏差越来越大，同时，放电气压越高对二者偏差的影响就越小，即二者的下降速度越来越接近。根据尘埃等离子体的发射光谱，选取连续谱中常用的 648nm 处，利用连续谱的绝对强度法，分别计算出不同放电电压和放电气压条件下的电子密度变化曲线，如图 10.38 和图 10.39 所示。

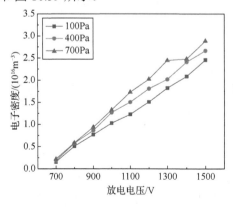

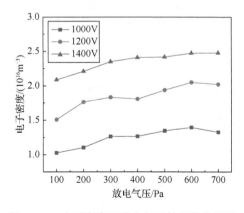

图 10.38 电子密度随放电电压的变化曲线图 图 10.39 电子密度随放电气压的变化曲线图

观察图 10.38 可以发现，随着放电电压的上升，电子密度有明显的增大，而且不同放电气压的增长趋势基本一致，都是从 700V 时的 $2 \times 10^{15} \mathrm{m}^{-3}$ 逐渐增大到 1500V 时的 $2.75 \times 10^{16} \mathrm{m}^{-3}$ 左右。与离子密度随放电电压升高而增大的原因一样，其他条件不变的情况下，放电腔的阻抗不变，放电电压升高导致放电功率上升，从而电离出的电子增多，即电子密度增大。从图 10.39 中能够看到，随着放电气压的升高，电子密度也在增大，但增大的速率相对平缓。随着放电气压从 100Pa 升至 700Pa，1000V 时电子密度从 $1.0 \times 10^{16} \mathrm{m}^{-3}$ 升至 $1.4 \times 10^{16} \mathrm{m}^{-3}$，1200V 时电子密度从 $1.5 \times 10^{16} \mathrm{m}^{-3}$ 升至 $2 \times 10^{16} \mathrm{m}^{-3}$ 左右，1400V 时电子密度从 $2.45 \times 10^{16} \mathrm{m}^{-3}$ 升至 $2.48 \times 10^{16} \mathrm{m}^{-3}$ 左右。而且放电气压达到 500Pa 左右时，电子密度增大的幅度变得很小。

离子密度随放电气压的增大是放电气压对 n_{n} 和 K_{iz} 作用的叠加结果，电子密度的变化原因相同。为了从动态平衡的角度验证此分析，画出电子-原子碰撞电离速率系数 K_{iz} 随电子温度的变化曲线，如图 10.40 所示。可以看到随着电子温度的上升，K_{iz} 在逐渐增大，即 K_{iz} 与电子温度正相关，电子温度随着放电气压上升而降低，因此 K_{iz} 也随着放电气压升高而减小。

根据气体状态方程：

$$p = n_{\mathrm{n}} k_{\mathrm{B}} T_{\mathrm{g}} \qquad (10.62)$$

可得

$$n_{\mathrm{n}} K_{\mathrm{iz}} = \frac{p}{k_{\mathrm{B}} T_{\mathrm{g}}} K_{\mathrm{iz}} \qquad (10.63)$$

式中，$n_{\mathrm{n}} K_{\mathrm{iz}}$ 表示电离率；T_{g} 表示气体温度，定为室温 350K。

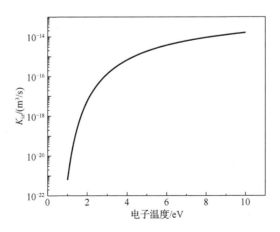

图 10.40　氩气中电子碰撞电离速率系数 K_{iz} 与电子温度的关系

联立式（10.59）和式（10.63），并将不同放电气压条件下的电子温度代入其中，可以得出 $n_{\mathrm{n}}K_{\mathrm{iz}}$ 与放电气压的关系曲线，如图 10.41 所示。可以看到，电离率随着放电气压的升高在逐渐增大，而且增大的速率在逐渐变慢。因此，离子密度和电子密度随着放电气压的升高而增大的现象得到了很好的解释。

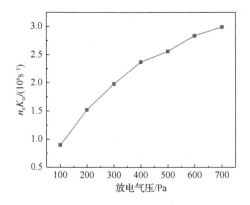

图 10.41　电离率 $n_{\mathrm{n}}K_{\mathrm{iz}}$ 与放电气压的关系曲线

为了探究尘埃颗粒对电子密度的影响，分别对比了放电气压为 700Pa 时不同放电电压条件下、放电电压为 1000V 时不同放电气压条件下，氩等离子体有尘埃颗粒和无尘埃颗粒时的电子密度诊断结果，如图 10.42 和图 10.43 所示。

可以明显看出，加入尘埃颗粒后，电子密度整体下降了约 $4\times10^{15}\,\mathrm{m}^{-3}$，下降的原因和离子密度下降的原因一样，都是粒子损失面积增大所导致。但电子密度下降幅度明显大于离子密度的下降幅度，这是因为电子的热速度远大于离子，尘埃颗粒充电平衡后通常会带负电荷。

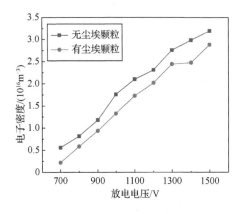

图 10.42　不同放电电压下氩等离子体有
无尘埃颗粒时电子密度对比

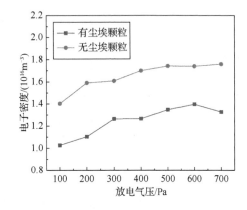

图 10.43　不同放电气压下氩等离子体有
无尘埃颗粒时电子密度对比

在 OML 充电理论基础上求解尘埃颗粒的平均带电量：尘埃颗粒处在等离子体中，由于收集电子和离子而携带电荷，或由于光电发射、二次电子发射等引起电荷的改变。忽略光电发射和二次电子发射等对尘埃颗粒充电过程的影响，此时尘埃颗粒稳态时携带的电荷由到达尘埃颗粒上的电子流和离子流的通量相等的条件决定，在电荷平衡时尘埃颗粒上的净电流为 0，即

$$I_e + I_i = 0 \tag{10.64}$$

根据 OML 充电理论，到达尘埃颗粒表面的离子电流和电子电流分别为

$$\begin{cases} I_i = 4\pi r_d^2 n_i e \left(\dfrac{k_B T_i}{2\pi m_i} \right)^{1/2} \left(1 - \dfrac{e\phi_d}{k_B T_i} \right) \\ I_e = -4\pi r_d^2 n_e e \left(\dfrac{k_B T_e}{2\pi m_e} \right)^{1/2} \exp\left(\dfrac{e\phi_d}{k_B T_e} \right) \end{cases} \tag{10.65}$$

式中，n_i 和 n_e 分别是离子密度和电子密度；T_i 和 T_e 分别是离子温度和电子温度；m_i 和 m_e 分别是离子质量和电子质量。考虑到电容模型，尘埃颗粒悬浮电势为

$$\phi_d = \frac{Q_d}{4\pi\varepsilon_0 r_d} = \frac{Z_d e}{4\pi\varepsilon_0 r_d} \tag{10.66}$$

将式（10.65）代入式（10.66）得

$$\phi_d = -\frac{k_B T_e}{e} \left[\ln\left(\frac{m_i T_e n_e^2}{m_e T_i n_i^2} \right)^{1/2} - \ln\left(1 - \frac{e\phi_d}{k_B T_i} \right) \right] \tag{10.67}$$

根据尘埃等离子体的参数诊断结果，将不同条件下的离子密度、电子温度和电子密度代入式（10.67）中，离子温度选取 $T_i = 0.03\text{eV}$，然后利用数值求解，得到尘埃颗粒的悬浮电势 ϕ_d。将 ϕ_d 代入式（10.66）中求出尘埃颗粒的平均带电量，计算结果如图 10.44 和图 10.45 所示。

从图 10.44 中可以看到，尘埃颗粒的平均带电量均处在 $1.9 \times 10^3 e$ 和 $2.3 \times 10^3 e$ 之间。随着放电电压的升高，带电量变化没有明显趋势。这是因为根据轨道限制理论，对带电量有影响的变量有电子温度、电子密度、离子密度，随着放电电压升高，电子密度和离子密度都在增大，但二者始终差距不大，它们的比值变化很小，因此颗粒带电量主要是随着电子温度在变化，而电子温度不随放电电压改变而改变，导致尘埃颗粒带电量也没有变化。但可以发现，计算出的颗粒带电量有较大的浮动，这是因为有很多物理效应会降低尘埃颗粒所带的负电荷，比如，场发射、

电子和离子及亚稳态粒子与颗粒的碰撞、紫外光吸收以及热电子发射等效应，此外由于颗粒收集到的电荷是以基本电荷 e 为单位量子化的，带电量还存在散粒噪声涨落，这些因素都会导致尘埃颗粒电荷的随机涨落。

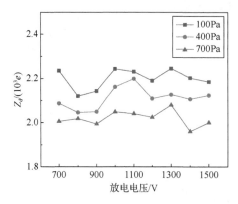

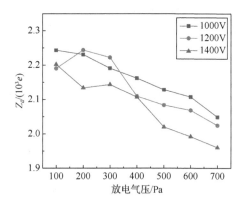

图 10.44　尘埃颗粒平均带电量随放电电压的变化曲线图

图 10.45　尘埃颗粒平均带电量随放电气压的变化曲线图

从图 10.45 中可以看到，随着放电气压的升高，颗粒平均带电量有明显的下降趋势，从 100Pa 时的最大值 $2.25\times10^3 e$ 减少到 700Pa 时的最小值 $1.95\times10^3 e$。这是因为电子温度会随着放电气压升高而下降，根据李嘉巍等[18]的计算结果，尘埃颗粒的悬浮电势与等离子体电子温度密切相关。在一定电子温度范围内，尘埃颗粒的悬浮电势为负值，并会随着电子温度的升高而降低，这是由于电子的热运动速度远大于重离子的热运动速度，尘埃颗粒会吸收更多的电子，从而达到负的悬浮电势。当电子温度升高到某一特定值时，尘埃颗粒的悬浮电势会逐渐升高并最终变成正值。这是因为，随着单位时间入射电子数的增加，颗粒表面发生二次电子发射的概率增大，导致总的电子电流反而减小。对于所使用的 Al_2O_3 颗粒，二次电子发射系数很小，不足以与电子充电电流相比，这也是理论计算中忽略二次电子发射的原因。

参 考 文 献

[1] 李磊. 尘埃对直流辉光放电等离子体参数影响[D]. 哈尔滨: 哈尔滨工业大学, 2019: 42-47.

[2] Sukhinin G I, Fedoseev A V. Influence of dust-particle concentration on gas-discharge plasma[J]. Physical Review E, 2010, 81(1): 016402.

[3] Schweigert I V, Alexandrov A L, Ariskin D A, et al. Effect of transport of growing nanoparticles on capacitively coupled RF discharge dynamics[J]. Physical Review E, 2008, 78(2): 026410.

[4] Tachibana K, Hayashi Y, Okuno T, et al. Spectroscopic and probe measurements of structures in a parallel-plates RF discharge with particles[J]. Plasma Sources Science and Technology, 1994, 3(3): 314-319.

[5] Thomas E, Avinash K, Merlino R L. Probe induced voids in a dusty plasma[J]. Physics of Plasmas, 2004, 11(5): 1770-1774.

[6] 丁哲. 尘埃等离子体捕获机制及诊断方法研究[D]. 哈尔滨: 哈尔滨工业大学, 2022: 79-81.

[7] Kytzia S, Korzec D, Schmidt M, et al. Characterization of a microwave discharge by thermography[J]. Surface and Coatings Technology, 2005, 200 (1-4): 769-773.

[8] Loboda E L, Agafontsev M V, Fateev V N, et al. Application of thermography in experimental studies of plasma jets[C]. 21st International Symposium on Atmospheric and Ocean Optics—Atmospheric Physics, 2015: 96802J.

[9] Patel V, Patel M, Ayyagari S, et al. Wafer temperature measurements and end-point detection during plasma etching by thermal imaging[J]. Applied Physics Letters, 1991, 59 (11): 1299-1301.

[10] Yin Z Q, Wang Y, Zhang P P, et al. Numerical simulation of a direct current glow discharge in atmospheric pressure helium[J]. Chinese Physics B, 2016, 25 (12): 125203.

[11] DenHartog E A, O'Brian T R, Lawler J E. Electron temperature and density diagnostics in a helium glow discharge[J]. Physical Review Letters, 1989, 62 (13): 1500-1503.

[12] Lyu X, Yuan C, Avtaeva S, et al. A large-area DC grid anode glow discharge in helium[J]. Plasma Physics Reports, 2021, 47(4): 369-376.

[13] Pustylnik M Y, Pikalev A A, Zobnin A V, et al. Physical aspects of dust-plasma interactions[J]. Contributions to Plasma Physics, 2021, 61(10): e202100126.

[14] Ghosh S. Erratum: Homoclinic chaos in strongly dissipative strongly coupled complex dusty plasmas[J]. Physical Review E, 2021, 104(1): 019901.

[15] Rafatov I, Bogdanov E A, Kudryavtsev A A. On the accuracy and reliability of different fluid models of the direct current glow discharge[J]. Physics of Plasmas, 2012, 19(3): 033502.

[16] Chalaturnyk J, Marchand R. A first assessment of a regression-based interpretation of Langmuir probe measurements[J]. Frontiers in Physics, 2019, 7: 63.

[17] Milloy H B, Crompton R W, Rees J A, et al. The momentum transfer cross section for electrons in argon in the energy range 0-4 eV[J]. Australian Journal of Physics, 1977, 30: 61-72.

[18] 李嘉巍, 李中元. 空间尘埃的充电过程及与等离子体参数的关系[J]. 空间科学学报, 2004, 24(5): 321-325.